祁连山生态系统安全与适应性管理

丁文广　勾晓华　李　育等　著

科学出版社
北　京

内 容 简 介

本书围绕生态系统与生态安全、生物多样性保护与可持续利用等热点问题，从祁连山水资源、森林生态系统、农田生态系统、湿地生态系统、草地生态系统、大气资源、生物物种资源等方面对祁连山生态系统安全与适应性管理进行了多角度、全方位地研究和论述，汇集了祁连山国家公园最新研究进展，比较立体地呈现了祁连山“山水林田湖草冰沙”复合生态系统现状以及优化路径，突出了适应性管理反馈速度快、能够及时揭露不良管理积弊、因地制宜优化生态系统管理的特点。

本书可供生态学等专业的科研人员及高校师生参考，也可作为科普性读物，帮助大众了解祁连山生态环境保护和国家公园建设的科学意义。

图书在版编目 (CIP) 数据

祁连山生态系统安全与适应性管理/丁文广等著. —北京：科学出版社，2023.6

ISBN 978-7-03-075594-0

Ⅰ. ①祁… Ⅱ. ①丁… Ⅲ. ①祁连山–森林生态系统–系统管理 Ⅳ. ①S718.55

中国国家版本馆 CIP 数据核字（2023）第 092404 号

责任编辑：郭允允 赵 晶 / 责任校对：郝甜甜
责任印制：吴兆东 / 封面设计：图悦盛世

科学出版社 出版
北京东黄城根北街 16 号
邮政编码: 100717
http://www.sciencep.com

北京建宏印刷有限公司 印刷
科学出版社发行 各地新华书店经销
*
2023 年 6 月第 一 版 开本：720×1000 1/16
2023 年 6 月第一次印刷 印张：12 3/4
字数：250 000

定价：158.00 元

(如有印装质量问题，我社负责调换)

作者名单

主 笔 人 丁文广 勾晓华 李 育

其他作者 （按姓氏笔画顺序排列）

万志纲 马敏劲 马静雯 王 龙

王 蕊 王亚丽 王亦悦 冯杰文

刘 勇 刘梦园 苏同宣 李 平

李文添 李宇宁 杨振平 吴岩松

张卫国 张立勋 张宝庆 陈 龙

陈刘洋 郑振康 赵长明 赵侦竹

郝 璐 侯扶江 高琳琳 曹宗英

崔斌凯 康国强

作者简介

丁文广　兰州大学资源环境学院教授、博士生导师，教育部、科技部咨询专家，甘肃省政府参事，甘肃省人民政府文史研究馆研究员，受邀兼任世界银行、亚洲开发银行等国际机构在中国实施项目的环境和社会发展专家。长期从事环境社会学、国家公园管理等方面的跨学科研究，在*Renewable Energy*、*Environmental Science & Policy*、*Applied Energy*、《中国人口·资源与环境》等国内外学术期刊发表SCI和CSCI论文百余篇，在科学出版社、社会科学文献出版社、北京大学出版社、兰州大学出版社等出版专著（著作）16部，先后荣获第五届全国道德模范提名奖、感动甘肃·2015十大陇人骄子、甘肃省第十二届社会科学优秀成果奖一等奖、2018年甘肃省高等教育教学成果奖一等奖等20多项荣誉和奖项，多次受到中央和省级领导的接见，有关中央、省级和国际媒体采访报道其事迹500多次；创建的甘肃一山一水环境与社会发展中心，是国内具有影响力的社会智库和发展机构之一。近年重点围绕西部生态环境、自然保护区保护等开展跨学科研究，主持了世界银行、亚洲开发银行等国际机构资助的50多个生态环境、职业教育、文化遗产保护、可持续农业发展、林业生态发展、金融服务体系建设等项目的社会影响评估、监测评估、移民安置计划、尽职调查及甘肃省省级政府部门委托的发展项目；向国家部委及甘肃省委省政府提交了10多份与生态环境、职业教育、乡村振兴、文化旅游等相关的政策建言，先后得到中共中央办公厅领导及近20位省部级领导批示并被相关部门采纳执行，为国家治理提供了决策参考。

勾晓华　自然地理学博士，教育部“长江学者奖励计划”特聘教授，博士生导师，兰州大学副校长、资源环境学院院长、祁连山研究院院长，西部环境教育部重点实验室主任，主要从事西北干旱半干旱地区山地树轮气候记录机制和生态响应方面的科研工作。在国内外核心刊物上发表研究论文170余篇，其中在SCI收录的刊物上发表90余篇，发表在一区和二区的SCI论文50余篇。先后主持了中国科学院战略性先导科技专项（A类）子课题“祁连山生态系统变化归因与善治对策任务”、第二次青藏高原综合科学考察研究项目“祁连山森林灌丛生态系统变化任务”、教育部“长江学者特聘教授支持计划”项目和系列国家自然科学基金项目等，是国家自然科学基金创新研究群体先后三期骨干成员。曾获“中国青年科技奖”、“中国青年女科学家奖”、“青藏高原青年科技奖”、“宝钢优秀教师奖”、“甘肃省科技进步奖一等奖”和“甘肃省自然科学二等奖”等多项科技奖励。兼任中国地理学会生物地理专业委员会副主任委员、“未来地球计划”中国国家委员会委员、教育部高等学校地理科学类专业教学指导委员会副主任委员等。

李育 兰州大学教授、博士生导师、兰州大学萃英学者、甘肃省领军人才、兰州大学资源环境学院科研副院长，2018 年获得国家自然科学基金优秀青年科学基金资助。担任 Future Earth-PAGES 专题研究组成员，中国第四纪科学研究会和中国环境科学学会等多个专业委员会委员，曾任教育部高等学校地理科学类专业教学指导委员会常务副秘书长。主要从事古气候及古生态学研究，先后主持了 5 项国家自然科学基金项目，担任国家重点研发计划项目、中国科学院战略性先导科技专项（A 类）、第二次青藏高原综合科学考察研究项目课题骨干。在 *Nature Geoscience*，*Earth's Future*，*Earth and Planetary Science Letters*，*Water Resources Research*，*Earth-Science Reviews*，*Quaternary Science Reviews*，*Climate Dynamics* 等期刊发表论文 120 余篇，被引用 2300 余次，出版著作 7 部。多次到美国加州理工学院、科罗拉多大学、犹他大学，北海道大学，NOAA，NCAR 等国际知名学术机构访问交流，开展了卓有成效的国际合作研究。

前　言

祁连山国家级自然保护区地处甘肃、青海两省交界处，东起乌鞘岭的松山，西到金山口，北临河西走廊，南靠柴达木盆地，总面积 265.3 万 hm^2。一般海拔 3000～5000 m，主峰海拔 5547 m。祁连山是我国西部重要的生态安全屏障，是冰川与水源涵养国家重点生态功能区，祁连山保护区的建立，在涵养水源、调节气候、净化水质、防风固沙、减轻沙尘暴危害，阻止腾格里、巴丹吉林和库姆塔格三个沙漠南侵，特别在维系黑河、石羊河和疏勒河三大内陆河流域经济社会可持续发展，阻断京津地区西路沙尘，确保完成国务院确定的下游年分水指标，维护区域生态安全等方面具有极其重要的作用。祁连山扼守丝绸之路咽喉，孕育了敦煌文化，是汉族、藏族、蒙古族、哈萨克族、裕固族等多民族经济、文化交流的重要集聚地，是我国履行作为大国的国际责任，造福“一带一路”沿线国家和人民，共同发展、共享福祉的生态安全屏障。

祁连山生态系统适应性管理以生态系统安全为总目标，运用自然科学研究与系统工程管理并重的方式，对祁连山森林、农田、湿地、草地等多个生态系统的生态与物种安全状况以及水、大气资源的资源利用现状进行了全方位的分析。祁连山水资源安全问题影响着祁连山及其周边内陆河流域经济–生态可持续发展，明确其水资源现状并将其合理规划利用对祁连山“山水林田湖草冰沙”生态系统优化调配有重要意义。水资源层面的适应性管理研究详细介绍了祁连山水资源来源及现状，分析了地表、地下水资源量变化情况，并基于研究案例对祁连山水资源适应性管理方式进行阐述。祁连山森林作为中纬度山地森林的典型代表，不仅一直深受国内外科学研究者的广泛关注，也是我国西北生态安全屏障建设的重点。森林生态系统层面的适应性管理研究在梳理祁连山森林生态系统的现状、变化与气候响应以及森林碳汇状况的基础上，评估了近期与未来祁连山森林生态系统可能面临的安全问题，并针对突出的三方面问题现状提出了具体的对策建议。祁连山农田生态系统是典型的灌溉农业，有很大一部分农田和山区草原依靠祁连山冰雪融水及自然降水灌溉。祁连山农田生态系统的自然环境条件十分脆弱，农田生态系统层面的生态系统安全与适应性管理研究分析了祁连山农田生态系统服务功能与碳收支动态，明确了祁连山生态环境保护与农业健康可持续发展的重要性，也提出了农田生态系统的治理对策，并致力于做好对祁连山系内陆河流发源地和生态孕育区的保护。祁连山湿地生态系统具有涵养水源、调节气候以及保护生物多样性等不同的生态功能。湿地生态系统层面的生态系统安全与适应性管理研究基于对祁连山及周边地区尾闾湖沉积物年代序列、代用指标变化和人类活动特征的探讨提出了相关认识：祁连山周边尾闾湖湿地演化是基于长时间尺度下人为因素和自然因素的叠加；近2000年以来，祁连山周边尾闾湖地区出现人类活动痕迹，且在1800年以来人类活动明显增强；研究区湿地修复应该建立在自然修复的基础上，并以人工修复为辅。祁连山草地生态系统作为祁连山生态脆弱区主要的生态系统，具有多种草地类型的土壤理化性质和植被特征。草地生态系统层面的生态系统安全与适应性管理研究详细介绍了祁连山草地生态系统第一生产力和植物的多样性，阐述了祁连山放牧家畜对生态区植被恢复产生的三种影响，并通过对祁连山地区水源涵养、气候变化、冰川冻土变化、植被覆盖变化、植被生产力以及生物多样性保护等生态环境的研究，为祁连山草地生态系统修复提供了理论基础。祁连山气候复杂多变，具有典型的大陆性气候和高原气候特征以及复杂多样的大气资源。其安全问题的研究对祁连山生态脆弱区各生态系统的发展有重要影响。大气资源层面的适应性管理研究详细介绍了祁连山气候变化及气象资源开发，分析了祁连山天气灾害及气象次生灾害可能造成的影响和损失，并根据理论基础详细研究分析了祁连山大气成分及污染。生物物种层面的安全与适应性管理研究以祁连山珍稀濒危野生动物为研究对象。结合气候、地形、植被和干扰等环境因子，在当前气候情景下，利用 MaxEnt 模型探讨有蹄类动物潜在生境和栖息地分布格局，采用 Linkage Mapper 模型构建祁连山基于未来21世纪50年代（2050s）和21世纪70年代（2070s）两个时期 RCP4.5、RCP8.5 情景下的野生动物生态廊道。预测珍稀濒危野生动物的潜在生境分布和潜在生态廊道，评估了气候变化对其适宜栖息地和潜在廊道的影响。并且基于核心生境斑块和生态廊道的重要性和廊道质量两个指标评估了祁连山生物物种的生态网络。

祁连山水资源安全与适应性管理、森林生态系统安全与适应性管理、农田生态系统安全与适应性管理、湿地生态系统安全与适应性管理、草地生态系统安全与适应性管理、大气资源安全与适应性管理的相关研究受到中国科学院战略性先导科技专项（A 类）项目（XDA20100102）、国家重点研发计划项目（2019YFC0507401、2019YFC0507405）、第二次青藏高原综合科学考察研究项目（2019QZKK0208）的资助，并得到兰州大学的鼎力支持。

本书的主要作者均为生态与资源相关研究领域的一线科研人员，在撰写过程中对本领域的前沿进展进行了充分的考量与借鉴，并根据未来国家形势与政策提出了相关对策建议。第1章由丁文广、崔斌凯、万志纲、王龙、吴岩松、马静雯撰写完成，第2章由张宝庆、苏同宣、李宇宁、冯杰文、郑振康撰写完成，第3

章由高琳琳、勾晓华、陈龙、曹宗英、张卫国撰写完成，第 4 章由李平撰写完成，第 5 章由李育、郝璐撰写完成，第 6 章由侯扶江撰写完成，第 7 章由马敏劲、赵侦竹、康国强、李文添、刘勇撰写完成，第 8 章由张立勋、赵长明、陈刘洋撰写完成，第 9 章由丁文广、王亚丽、王蕊、刘梦园、王亦悦、杨振平撰写完成。感谢刘世增、侯扶江、高琳琳、李平、马敏劲、张立勋等专家对撰写工作提供的帮助与支持，感谢王龙与刘梦园两位统稿人对稿件编辑工作付出的努力。

对于书中的不足与疏漏之处，恳请读者批评指正。

作　者

2022 年 9 月

目 录

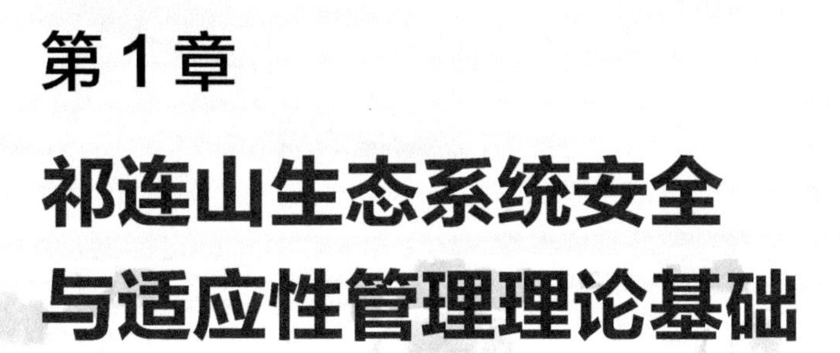

第1章

祁连山生态系统安全与适应性管理理论基础

祁连山地处青藏高原东北部，生态系统多种多样，并具备保持水土、调节气候、保护物种多样性、涵养水源等多重功能。然而，近几十年来，在全球气候变化以及人类对生态系统不合理经营的相互影响下，祁连山生态系统安全问题日益突出，祁连山生态系统管理者正面临着愈发复杂的形势与挑战，保障生态系统安全的工作任务比以往任何时候都更加紧迫。良好的生态系统管理模式将社会经济发展目标、可持续发展观与生态系统安全结合，适应性管理就是在这一过程中指导生态系统管理者的工作模式，具备着广阔的前景。到目前为止，适应性管理在专业领域内被广泛认同并不断开发，逐渐演变为一种顺应自然、持久且有效的保护生态系统安全的方法。

1.1 生态系统安全理论基础

1.1.1 生态系统

1. 定义

生态系统是指在自然界一定的空间内，生物与环境构成的统一整体，在这个统一整体中，生物与环境之间相互影响、相互制约，并在一定时期内处于相对稳定的动态平衡状态。生态系统是开放系统，为了维系自身的稳定，生态系统需要不断输入能量，否则就有崩溃的危险；许多基础物质在生态系统中不断循环，其中碳循环与全球温室效应密切相关。生态系统是生态学领域的一个主要结构和功能单位，属于生态学研究的最高层次。

2. 特点

生态系统的动态平衡系统由生物群落及其生存环境共同组成。生物群落由存在于自然界一定范围或区域内并互相依存的一定种类的动物、植物、微生物组成。生物群落内不同生物种群的生存环境包括非生物环境和生物环境。非生物环境又称无机环境、物理环境，如各种化学物质、气候因素等；生物环境又称有机环境，如不同种群的生物。生物群落同其生存环境之间以及生物群落内不同种群生物之间不断进行着物质交换和能量流动，处于互相作用和互相影响的动态平衡之中。

生态系统的范围可大可小，相互交错，太阳系就是一个生态系统，太阳就像一台发动机，源源不断地给太阳系提供能量。

生态系统各要素之间最本质的联系是通过营养来实现的，食物链和食物网构成了物种间的营养关系。

生态系统类型众多，一般可分为自然生态系统和人工生态系统。自然生态系统还可进一步分为水域生态系统和陆地生态系统；人工生态系统则可以分为农田、城市等生态系统。地球上最大的生态系统是生物圈；最为复杂的生态系统是热带雨林生态系统，人类生活在以城市和农田为主的人工生态系统中。

1.1.2　生态系统安全

1. 定义

生态系统安全是指自然和半自然生态系统的安全，即生态系统整体性和健康水平的反映，包括自然生态系统、人工生态系统和自然与人工复合生态系统（肖笃宁等，2002）。生态系统安全从研究尺度可分为全球性生态系统安全、区域性生态系统安全和微观性生态系统安全等层次。从生态学视角看，一个安全的生态系统需要具有一定的弹性，即在一定的时间和尺度下能恢复其原始状态或保持当前状态。生态系统安全的本质是自然资源在社会经济、人口和生态环境三个约束条件下得到有序、协调、稳定和永续的利用。

2. 特点

（1）生态系统安全的整体性：随着全球性气候变化和人类活动，生态系统功能破坏和退化已不仅仅是小范围的，而是带有区域性、国际性乃至全球性的生态系统安全问题。任何生态系统的破坏都有可能影响全球大环境的整体生存条件。

（2）生态系统安全的综合性：在当下全球错综复杂的社会–经济–生态系统之中，自然因素和社会因素的相互影响使生态系统安全的综合性凸显无遗。

（3）生态系统安全的区域性：由于不同区域研究重点不同，选取的对象不同，生态系统安全问题的研究结果、表现形式也不同。

（4）生态系统安全的动态性：一个生态系统的安全驱动因子一般较多，有时一个驱动因子的变化会影响整个生态系统，但大多数情况下，是两个或多个驱动因子相互叠加影响生态系统，且这些驱动因子具有不确定性，不断变化，导致生态系统也随之变化。

（5）生态系统安全的战略性：生态系统的严重破坏已经威胁到人类的生存和发展，只有维持生态系统安全，才能实现经济和社会的可持续发展。在当今世界，生态系统安全已经是各个国家优先关注的大事，具有重要的战略意义。

（6）生态系统安全破坏的不可逆性：生态系统安全具有一定的弹性，在受到人为或自然因素干扰后具有恢复其原始状态或保持当前状态的能力。但当干扰超过弹性阈值时，生态系统遭受到的破坏就是不可逆的。

（7）生态系统安全管理的公众参与性：生态环境问题的产生主要是人为的，是人类一些不恰当的活动破坏了生存环境，因此这就需要人类自己来解决这些问题。公众参与包括国际、国家、政府、个人等多个方面。

（8）生态系统安全的长远性：良好的生态系统安全是人类生存和社会发展所必需的，从可持续发展的科学角度来看，人类要长久发展就必须保护生态系统的可持续性，其中就包括持续有效地保障保护生态系统安全。

3. 典型案例

生态系统是生态环境的基本组成部分，各个类型的生态系统只有平衡稳定，才能为人类生存发展提供更加充足可靠的生产生活资料，实现人与自然之间绿色健康的永续共存。

1）以河南省济源市生态安全为例（陈丹等，2018）

河南省济源市在地形上位于第二级阶梯向第三级阶梯过渡的地带，以山地、丘陵地貌为主。济源市共有森林、湿地、农田和城市四大生态系统，其中森林生态系统和湿地生态系统是济源市最重要的生态本底及资源特色。

随着工业化、城镇化进程的加快，济源市增加的大量人口涌向中东部平原地区，经济利益的驱动导致城市土地资源利用严重失衡，而生态系统保护措施的落实进度又落后于生态恶化的冲击：中东部城市开发建设力度空前加大，引发了森林资源分布不均衡进一步加重、耕地减少、水质恶化等问题；丘陵及山区矿藏资源开采遍地开花，生态破坏严重，恢复难度大；黄河湿地国家级自然保护区以外湿地资源保护缺乏系统性，地下水资源逐年减少；城市绿化特色欠缺，绿地布局不合理；各生态系统之间发展不平衡等。

随着城乡居民生活水平的提高，人们对和谐生态环境的需求明显提高。因此，在新时代背景下，保护与建设合理的生态结构、优质高效的生态系统，提高生态承载能力和拓展城市生态环境容量，修复和重构济源市生态安全格局，成为实现济源市绿色 GDP 增长、城市可持续发展的迫切需要。

由于诸多历史原因和生态系统遭到破坏，曾经的济水在济源市境内已经踪迹寥寥，但“济水”的“魂”与“形”深深地印刻在济源市的土地上，济源市以“济水”复兴为立足点，展开了济源市生态系统保护与建设。“水”的千百年兴衰只是生态环境的表象之一，其内在是生态系统安全的重要体现。因此，济源市着眼于“水”所依存的综合生态环境，以四大生态系统为载体，采取综合保护与建设措施，使全市生态环境得到明显改善，构筑起以“北屏绿太行、南伴黄河水”为骨架的综合生态安全屏障。此外，济源市还通过实施引水、水系连通、水质治理等工程技术措施，恢复济水在济源市范围内的水质、水流、水量，使因水生城的济源市重拾昔日人与自然和谐共生的风采。

2）以福建沿海城市生态安全为例（林福柏，2009）

在自然生态安全方面：随着福建沿海城市化进程的不断发展和产业经济规模的不断扩大，人口密度逐年增大，生态环境保护方面制度的不完善和防治设施的不足，使得城市环境质量出现下降趋势，水资源安全、空气质量、固体废物和生活垃圾污染及城市热岛效应等问题出现的危害性逐渐加重，制约城市可持续发展和生态安全。同时，由于近年来城市城区水域面积不断缩小和污染严重，包括内河、湖塘等在内的城市湿地在城市生态系统中的生态调节功能遭到严重削弱。此外，生物技术环境安全也已对福建的生物多样性和人体健康形成威胁。例如，有些生物技术及其产品在无规范的安全性评估审查情况下已经进入市场和环境，给生态环境和人类健康带来了不可估量的潜在危害，一些不明身份的微生物菌剂在生活垃圾处理、河道污染治理等环境中应用，已经产生了不良影响。

在社会生态安全方面：福建沿海城市的企业多为外向型，当地原材料、能源等供给不能满足日益增长的生产发展需要，只能依靠外部的输入来平衡；而产品多销往国内外其他地区，外部的消费需求起到关键作用，这就造成福建沿海城市经济发展的不稳定性。一旦出现外部条件的恶化，就会对城市经济系统带来冲击，从而影响城市生态安全。同时，饲料添加剂、农药、化肥对食品的污染，特别是转基因食品对人类健康影响的未知也都极大地影响食品安全乃至生态安全与经济安全。

4. 保障生态系统安全的意义

人类所有的包括政治、经济、文化在内的活动都必须依托于所栖息的生态环境，生态系统为人类提供了必不可少的生存环境和从事各种活动所必需的最基本的物质资源（肖笃宁等，2002）。良好的生态系统为人类提供着多样且丰富的生态系统服务：湿地生态系统向社会提供调节气候变化、净化水质、保证水资源供给、物种栖息地等主要服务，被人们广泛看作“物种基因库”和“生物超市”（张素珍等，2005）；农田生态系统提供粮食供给、固碳释氧、气体净化等服务，其中粮食供给是其主要的功能（李帅和任奚娴，2019）；森林生态系统作为地球上复杂且具有多物种、多功能的生态系统，提供大气环境净化、固碳释氧、林木营养物质积累、涵养水源、土壤保肥、水土保持等服务功能（王效科等，2019）。生态系统安全是生态系统提供生态服务的前提，是民生福祉的根本。没有生态的安全就没有经济的发展和政治的稳固，生态安全深刻影响着经济安全、政治安全、文化安全、社会安全与军事安全，是“最大的安全”（凤启龙，2022）。

在全球性气候变化和人类活动的影响下，生态系统安全面临着巨大威胁。联合国《千年生态系统评估报告》指出，全球约60%的生态系统服务呈现退化趋势，这严重影响了人类福祉，直接威胁到生态系统的可持续发展。生态系统安全具有一定的弹性，当干扰超过弹性阈值时，生态系统遭受到的破坏就是不可逆的，这时生态系统服务功能将会减弱甚至消失，对人类生存与发展带来严重威胁。

1.2 适应性管理理论基础

1.2.1 适应性管理

1. 定义

适应性管理在自然资源管理中的运用最早可追溯到20世纪60年代，最初是用来进行渔场管理。1978年，霍林（Holling）将适应性管理作为术语正式定下来。随后适应性管理在众多学者的完善下，其思想逐步形成并在生态管理、自然资源管理和教育等领域得到普遍应用。由于适应性管理应用广泛，且研究者认知与研究背景不同，适应性管理的含义也不尽相同，表1-1列举了国内外部分学者定义的适应性管理。适应性管理具有应对不确定性的优势，众多学者将适应性管理的理念引入生态系统的管理当中，以此来应对生态系统的复杂性和生态系统管理中存在的诸多不确定性，从而更好地进行生态系统的管理。叶功富等（2015）在全球气候变化的背景下，提出了森林生态系统适应性管理的概念，将适应性管理相对细致地施用到生态系统管理中。在气候变化、地形因素和冻融等自然因素和过度放牧、草地不合理利用、修路、采矿和药材采集等人为因素的影响下，为缓解和治理青藏高原草地退化，实现高寒草地的可持续利用，孙建等（2019）提出了青藏高原高寒草地生态系统的适应性管理。本书认为，适应性管理是一个旨在管理复杂和动态的社会生态系统的框架，其中决策遵循结构化和迭代过程，通过监控和评估管理行为来减少不确定性。该方法旨在促进从管理成果中学习，从而促进对所管理的社会生态系统的学习，并应用获得的新知识调整先前既定的目标和采取的行动，达到迭代过程重新启动的地步，实现一个持续管理改进的周期。虽然众多学者用“适应性管理”这一术语来描述各种包含边学边做意思的方法，但以下几种情况需要注意：第一，适应性管理并不是一个“试错”尝试，而是一个在实践中强调“边做边学”，通过已有数据和监测建立模型对所解决问题的几种方案进行预测，从中找出最优管理方案的过程；第二，适应性管理不能与解决冲突相混淆，解决冲突侧重于在相互竞争的利益之间进行权衡；第三，完全采取专家意见和建议来进行决策的管理方法也不是适应性管理；第四，在决策过程中无法对需要管理的生态系统进行监测，即反馈调节循环，也不能将其称为适应性管理。

表 1-1　适应性管理概念

研究者	核心概念
Holling（1986）	通过决策的制定来强调结构化学习的管理方法，管理者必须在管理结果不确定的情况下采取行动，以减少这种不确定性
Taylor 等（1997）	适应性管理形成一个从被动适应到主动适应连续的方法
Parma（1998）	适应性管理通过学习知识，来调整现有的管理方法
Sexton 等（1999）	适应性管理是一种通过学习管理成果来改进资源管理，将学习、政策、执行联系起来的系统方法
Oram 和 Marriott（2010）	适应性管理是借助迭代方法来减少不确定性的管理过程
郑景明等（2002）	适应性管理是将科学分析、民主、学习、法规等结合起来，借助连续的监测、规划、实施、评价、调整等行动，在不确定性环境中持续进行资源管理的过程
刘芳（2009）	适应性管理是通过系统性、结构性、重复性的决策优化，来减少不确定性的过程

2. 起源与发展

适应性管理的概念在 1978 年正式提出后引起了当时部分资源管理专家的共鸣，但它更多停留在理论层面，因此导致外界对其也产生了不少的误解。适应性管理被认为是一种试错的尝试，一种用于改善管理结果的管理方式（Walters and Holling，1978）。然而，与传统的试错方法不同，适应性管理有明确的结构，包括明确研究对象、识别管理目标、因果关系假设以及评估和数据收集程序。适应性管理这一研究领域当下已经日趋成熟，并形成两大思想流派：弹性实验学派（强调利益相关者的参与、具有弹性且复杂的模型）和决策理论学派（通过强调利益相关者的参与来确定管理目标、相对简单的模型）。它们都聚焦于识别和控制可能存在的不确定性，并通过加强管理经验学习来减少这些不确定性。

适应性管理有着深厚的历史，是一种自然资源管理演进的方法，用于提供具有普适性的结构化决策，它借鉴了商业、实验科学、系统理论和工业生态学等领域的决策方法。在自然资源管理中首次提到适应性管理这个理念最早可以追溯到 Beverton 和 Holt（1957）在渔业管理方面的 Beverton-Holt 模型研究中。但直到被公认称为适应性管理之父的霍林在 1978 年出版 *Adaptive Environmental Assessment and Management*《适应性环境评估与管理》一书之后，“适应性管理”一词才成为科研领域的常用语，并且这都源于霍林与同事在遵循弹性理论前提下得到的科研结论。生态系统的弹性概念是指生态系统存在着多种可选择的稳定状态，有以下两个原则：第一，管理人员应该尽量只改变一个所在管理系统状态的阈值。第二，对于处于有利状态的生态系统，管理方法应当注重保持这种良好的状态及其恢复力。适应性管理是一种探索系统动态和弹性的方法，通过管理实验来加强学习和减少不确定性，并且以此强化之后继续进行的管理。

后来，沃尔特斯在霍林的 *Adaptive Environmental Assessment and Management* 一书的基础上进一步发展了后者的思想，特别是在数学建模领域（Walters，1986）。霍林最初强调的是弥合科学与实践之间的鸿沟，而沃尔特斯则强调设计实验以减少管理活动中的不确定性。两位科学家都在寻求一种能使资源管理和开发得以继续，同时可以通过管理来减少不确定性的管理理论。1986 年，沃尔特斯提出适应性管理的过程必须始终遵循如下规则：管理应是一个持续性的学习过程，不能将功能简单地划分为监管和研究，并且要认识到永远不可能只靠经验就能保持系统的最佳状态。适应性管理从此被划分为定义管理问题和界定管理问题范围两个过程，它通过假设和预设的动力学模型来定义各项指标，并且通过进一步经验学习去识别不确定性的可能来源并更新替代假设，最后拟定政策进行资源管理或生产以及再学习。

在适应性管理引用的六十多年来，尽管有着辉煌的理论史，但在现实世界的自然资源管理决策中，适应性管理仍然具有一定的挑战。实施适应性管理的挑战源于：①缺乏清晰的定义和方法；②缺乏大量的成功案例；③自然资源管理的管理、政策和资金范式倾向于被动方式，而不是主动方式；④未能认识预料到目标变化的潜在能力；⑤未能认识到社会因素。这些挑战都减缓了作为自然资源管理方式的适应性管理的发展，并导致适应性管理的不完整、低效甚至不恰当的实施。尽管在定义适应性管理方面存在挑战，但人们对这一主题及其应用的兴趣仍在不断增长。当研究结果为可信度较差的推理时，适应性管理是解决不确定性的理想方法。例如，美国内政部先后出版了 *Technical Guide to Adaptive Management* 《适应性管理技术指南》和 *Adaptive Management Application Guide*《适应性管理应用指南》，描述了适应性管理的操作定义与过程，确定了适应性管理的操作条件，并将适应性管理原则合理纳入部门管辖下的资源管理，为适应性管理落于实践提供了比较系统的理论指导。

3. 理论构成

（1）善治理论：适应性管理要求考虑利益相关者的诉求，制定政策、法规解决生态问题，使生态得以可持续发展。善治理论是指在生态环境保护中充分兼顾利益相关方的基本诉求并发挥利益相关方的不同作用，利用法律、行政、经济、社会和文化手段，改变环境保护仅由政府单方主导并过分依赖行政手段的局面（俞可平和王颖，2001）。从 20 世纪末开始，我国环境治理结构就逐渐演变为政府、市场和公众参与互动与合作的多元治理阶段，如今我国正处于环境多元治理结构形成的早期阶段。政府、市场和公众参与在环境治理中的角色和定位、参与方式及其作用大小等都对我国环境治理结构产生了重大影响。

（2）可持续理论：适应性管理更注重测算当前行动对系统的未来影响。随时间变化的思想是适应性管理的基础，无论是不断变化的环境条件，还是管理策略的反复调整，就其本质而言，适应性管理要求管理人员维持生态系统的稳定结构和健全功能，以便实现生态系统的可持续性。而可持续性不仅要求满足当代人的发展要求，更强调不损害后代人满足其自身需要的能力（李冬华等，2016），即可持续发展就是要实现经济、社会、资源与环境保护全面协调发展（孟如萍和梁蓥，2019）。适应性决策以其足够的灵活性学习系统知识并调整管理策略，以应对生态系统管理中的不确定性，只有这样生态系统安全及其价值才能在未来得到永久保障与可持续发展。

（3）动态原理：生态系统是动态的，随着时间、环境条件和管理办法变化而发生变化，而环境条件和管理办法本身随着时间而变化（覃家君等，1998）。生态系统的动态特征要求在适应性管理过程中采用动态的模式研究生态系统的动态化问题，即通过管理行为的实施和对管理结果的监控、评估和经验总结，管理者能更切合实际地调整后续的生态系统管理策略。适应性管理是一种周期性动态管理方法，涉及管理和学习双重过程。对于许多生态系统管理问题，在以学习为导向的环境中使用适应性管理是获得更有效管理知识的最佳方法。在生态系统中，适应性管理意味着边做边学，通过对管理结果进行监测以获取生态系统中的新信息，并对其进行分析和经验交流，同时学习生态系统知识，针对目前存在的问题进行目标性和策略性的调整，这也是适应性管理的关键。

（4）弹性理论：对于生态系统来说，弹性理论是指生态系统在受到人为或自然因素干扰后具有恢复其原始状态或保持其当前状态的能力（McFadden et al.，2011）。生态系统的弹性具有以下特性：第一，弹性阈值表示生态系统的极限状态，超出该状态将使其失去恢复能力。第二，生态系统在失去恢复能力之前具有吸收应变的能力。第三，阈值与系统实际状态之间的差异可以看作抵抗非预期外源性变化的安全储备。生态弹性阈值表示生态系统或物质状态发生本质变化的那一点或区间，也是生态系统发展中出现临界状态（或质变状态）的表征。在没有人为干扰时，退化的生态系统具有自我恢复能力，但需要较长的恢复时间，并且生态系统的自我恢复能力是有限的，如果干扰过于强烈，超出了生态系统弹性阈值，则生态系统的结构发生变化，生态系统功能可能会被破坏甚至丧失，在缺乏外来管理的情况下，生态环境功能只会每况愈下直至最终崩溃。弹性理论要求在生态系统适应性管理制定策略的过程中留有余地，当生态系统受到自然或人为因素干扰时外界能够及时根据实际情况进行策略调整，避免对生态系统造成永久性伤害（李湘梅等，2014）。

4. 适应性管理适用条件

由于面对复杂多变的社会、经济、生态系统，难以很详细地制定出生态系统管理计划，同时也不可能有适用于任何生态系统的万能管理策略，因此在很多情况下适应性管理是不适用的。适应性管理适用于不确定性高、可控性强的情况。可控性允许管理者通过监测数据对假设方案进行检验来判断管理的效果，从中选取最优假设方案。并且当实施的管理行为发生意外所需成本很高或风险较大时，也可应用适应性管理。适应性管理在科学不确定性高、资源充足、存在有限并可检验的竞争假设时是最为适用的。

1.2.2 积极意义

生态系统管理是全球讨论的热点话题，受到了众多学者的广泛关注，健全的生态系统管理将社会经济价值观与可持续的生态系统安全相结合，取得最大的生态、经济、社会效益。然而，随着人类社会的发展，人们逐渐认识到自然因素（环境退化、全球气候变化等）和自身发展过度消耗生态资源会使生态系统遭受破坏，而破坏的生态系统，使其降低甚至丧失具有的服务功能，对人类生存与发展会产生威胁。因此，科学管理生态系统成为维护生态系统可持续发展的关键。生态系统问题比我们想象得更复杂，人类与生态系统的关系不仅是生态问题，更是一个社会经济问题，社会经济的发展时刻影响着生态系统的变化，生态系统的变化也影响着社会经济的发展，这使生态系统成为一个复杂和动态的社会–经济–生态系统，同时社会–经济–生态系统具有动态性、持续性、开放性、多样性等复杂的特点。面对复杂和动态的社会–经济–生态系统，生态系统管理者必须做出决策。此外，只有将经济价值和社会文化与生态系统属性相结合，才能进行合理的生态系统管理。因此，对生态系统的管理不能再是线性的，而应该侧重系统性思维。传统的管理方式应用于社会–经济–生态系统的管理将会出现很多问题，因此具有系统性思维的适应性管理模式应运而生，它强调“边做边学”，将科学和社会结合起来，随时调整策略，使管理者能够处理具有复杂性和不确定性的生态系统问题，并应对不断变化的生态系统和社会条件，实现生态系统可持续管理。很多国家在生态系统管理过程中采用适应性管理取得了重大成就。南非克鲁格国家公园采用生态系统适应性管理将目标、计划、管理、实施、监测和评估集成在一起，同时鼓励利益相关方参与决策，更好地应对管理中的不确定性，确保公园长期稳定发展，为其他地区、国家施行生态系统的适应性管理提供了成功的经验（李奕和丛丽，2021）。美国黄石国家公园应用适应性管理考虑利益相关者的利用分配问题、重视本地社区的发展与参与、注重生态系统的动态性、应用多学科知识，在机构体系设置、管理框架、管理内容、资金运作和宣传教育等方面取得了成功，维护了公园生态系统安全（毕艳玲和冯源，2017）。在生态系统管理中实施适应性管理能够提升生态系统管理的有效性，降低系统的不确定性，维持生态系统安全，让生态系统获得可持续发展，取得经济、社会和生态效益的协调发展。

1.2.3 应用程序

1. 参与者

适应性管理涉及多个层次并依赖团队合作，对于所有系统的适应性管理来说，确保适合的利益相关者参与进来是极其关键的。尤其是要让利益相关者参与到生态问题的评估工作当中，并就其范围、目标和潜在的管理办法达成一致。如果利益相关者没能组织在一起参与决策，会出现如表 1-2 所述的几种情况。

表 1-2　不同情景决策分析

情景	参与者			分析
	研发人员	管理人员	当地社区	
1	√			方法过于理想化，不贴合实际管理目标，难以实现应用
2		√		技术性不强，缺乏本土化指导
3			√	管理实施策略难以获得专业技术与管理人员的认可

生态系统适应性管理方法要求利益相关者都参与决策，这为生态管理人员、生态学专家、当地社区管理生态系统建立起了连通的桥梁，使他们能够更好地传递信息、交换意见。只有所有相关利益群体真正参与到过程中，适应性管理计划才能够充分利用研究人员在相关领域的专业知识，获得当地社区的支持和本土化的意见方案，并将得到必要管理者的支持，从而实现管理决策的求同存异。

2. 应用流程

适应性管理实施主要包括商议与迭代两个阶段：商议阶段进行涉及利益相关者、管理目标与备选方案、模型和监控协议等方面的框架设计。迭代阶段则是在管理系统中利用所选元素进行多次学习、经验总结与模型方案精进，从而实现长效动态管理。适应性管理在生态系统管理中的应用流程如图 1-1 所示。

适应性管理应用的具体步骤包括：①信息收集与交换。收集和汇编每个待管理生态系统的现有信息，并与利益相关者交流想法和信息。起始准备包括生物调查、文献检索、民意调查、市场分析以及数据库和地图的准备工作。信息收集与

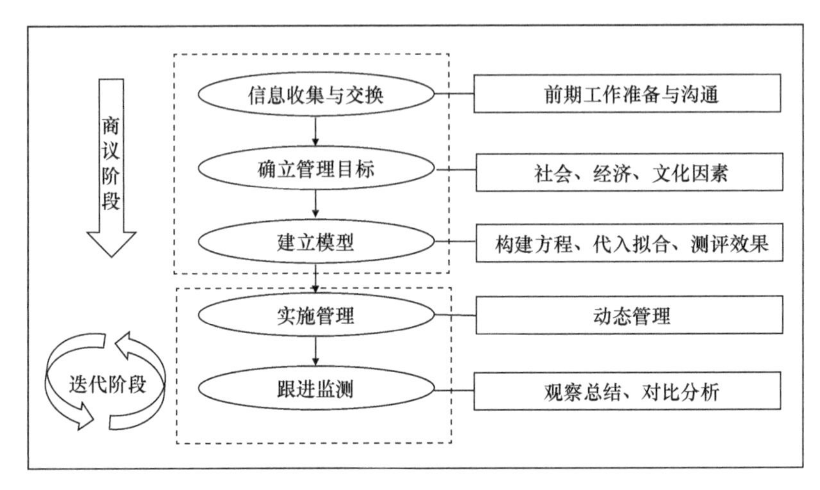

图 1-1 适应性管理的应用流程

交换用于提供衡量变化的基准，这有助于确定管理方向、风险、收益和目标，具体包括：生态系统安全管理人员、生态学专家以及其他利益相关者在一起讨论管理方案，进行民意调查，在当地社区举行公开会议，分享想法，找到共同点并化解争议。②确立管理目标。在汇编和分析初步信息之后，需要为每个被管理的生态系统制定明确的目标。目标应反映与利益相关者交流期间收集的信息，包括社会、经济和文化因素。管理目标必须明确，因为目标在评估绩效、减少不确定性和改进管理方面起着至关重要的作用。在管理一开始就要有明确、可衡量的目标能够指导决策和评估，实现更为顺畅的管理。③建立模型。模型可以帮助利益相关者更精确地判断和理解各个指标、变量之间的关系。通过建立方程并代入数据运算，模型就能预测结果并指导管理者做出有效的管理决策。④实施管理。与任何迭代决策过程一样，适应性决策会考虑被管理的生态系统当前的状态，在每个决策点选择合适的管理办法。⑤跟进监测。适应性管理的核心是将基于模型的预测与观察到的反应进行比较分析，总结经验后付诸实践。正是通过这些比较才能掌握生态系统的动态情况，从而构建最合适的管理方案。

1.3 祁连山生态系统安全

1.3.1 祁连山生态系统安全现状

1. 淡水生态系统

祁连山地处中国西北腹地，青藏高原北缘，年降水量在 150～800 mm，祁连山有效利用了不同来源的水汽，孕育了多元化的生态系统，如森林、草原、高山草甸等（李宗省等，2019）。亚高山灌丛林是祁连山水源涵养林的主要组成部分，被称作“绿色水库”，其分布面积约 4.13×10^5 hm^2，占山区林业用地面积的 68%左右，有效涵蓄水量在 3 亿 m^3 以上（车克钧等，1998；王金叶等，2006）。祁连山内有近千条大小河流，年径流量约 158 亿 m^3，在山前形成了富饶的绿洲。从祁连山国家公园青海省管理局得知，祁连山国家公园青海片区年径流量总体呈增加趋势，与多年（1956～2000 年）平均相比增加 27.5%。截至 2021 年 11 月，祁连山国家公园青海片区共调查到水生生物 500 种，说明青海片区及周边区域内河流和湿地总体水环境质量较好，基本能够满足地表水环境质量标准Ⅱ类以上要求，部分指标在部分断面能达到地表水环境质量Ⅰ类标准。祁连山是河西走廊内陆河重要的水源供给区，是我国西北地区重要的生态安全屏障，不仅抑制着我国沙尘源的形成与扩展，而且保障着河西走廊绿洲的稳定和生态安全。

2. 森林生态系统

祁连山森林主要分布于海拔 2300～3300 m 的阴坡、半阴坡，主要森林类型为青海云杉林，还分布有大面积的灌木林和少量的祁连圆柏、桦木、山杨林等。青海云杉一般都以纯林的形式分布在阴坡或半阴坡位置，高山草原以及灌木则分布在阳坡，祁连圆柏则是呈零星分布的状态。

祁连山保护区的中龄树木较多，面积占森林整体的半数以上，其次是接近成熟的林木以及成熟林木，幼龄林木以及过熟林数量较少。因此从其未来的发展状况来看，由于幼小林木的支撑不足，那么树种组成分化很容易形成单一的形式，森林整体成长的稳定性比较差，不敢保证能够长期进行持续性的经营活动（刘明龙，2020）。

最新研究结果表明（袁虹等，2022），1990～2010 年，林地面积持续增加，2000～2010 年林地面积增加比例较大，为 44.09%。2010～2016 年，林地面积有所减少：2010～2014 年林地面积减少比例较大，为 6.97%；2016～2017 年，林地面积呈微弱增加趋势，增加比例为 0.04%。

3. 农田生态系统

农田主要分布在祁连山海拔 2600 m 以下，地形上主要表现为谷地、河漫滩、阶地及丘陵台地，热量条件高，太阳年辐射量 145 kcal①/cm 左右，年降水量在 300～400 mm，是热量较高而相对干旱的区域。耕地占主要优势，耕地面积为 24 km^2，占青海全省耕地面积的 42.5%，牧业和林业占有一定比例，牲畜以羊为主，舍养与放牧结合（申元村，1990）。河西走廊是典型的绿洲灌溉农业区。农业以小麦、玉米、油料作物、棉花、瓜菜、水果等种植业为主。2001 年玉米总

① 1 kcal=4.1868 kJ。

制种面积不到 100 km^2，而到了 2010 年，玉米制种面积达到 1300 km^2 左右，增长速度非常快（吴玲玲和李玉忠，2011）。

4. 湿地生态系统

甘肃省地处黄河上游，因其众多的冰川、雪山和河流湖泊造就了很多湿地，如甘南草原的若尔盖沼泽湿地、尕海湿地和河西走廊的河湖湿地。这些湿地与河流、湖泊、冰川雪山、地下水相伴而生、相互作用（朱承忠，2022）。

祁连山保护区内已调查存在的湿地资源总面积为 2038 km^2，湿地类型主要为天然湿地，人工湿地较少。其中，天然湿地面积为 2021 km^2，占比达到 99.2%；人工湿地面积为 17 km^2，占比仅为 0.8%，湿地面积占保护区整体面积比例为 7.61%，且分布相对较广，已经成为影响区内生态系统健康状况的重要组成。

5. 草原生态系统

祁连山区地势高、气温低、冷季长，植物的生长季短，利于微生物的分解，但各类型草地环境的地形、母质等因素存在差异，导致多种草地类型在小区域共存（张德罡，2002）。研究表明，祁连山区草地随着类型的变化，植被组成、盖度、高度及地上/下生物量发生变化（姚喜喜等，2018）。祁连山草原海拔较高，平均气温较低，因此牧草的生长期较为短暂，而且生长期十分不稳定，适用于建立夏季牧场，南麓以及北麓的草原则适合作为冬季牧场。山区草原的枯草期较长，一年中枯草期超过 7 个月，一般在 5 月才能转绿，到了 9 月末又会变枯黄，导致牧草的生长期较为短暂，并且产草量较低。

1.3.2 祁连山生态保护历程

2016 年底，中央第七环保督察组对甘肃省开展环境保护督察，并指出祁连山生态破坏情况严重，且在 2015 年环境保护部和国家林业局对当地有关部门约谈后依然没有明显改善。2017 年，由中央电视台集中报道了祁连山以及祁连山国家级自然保护区生态破坏情况，通报表示祁连山地区由于长期以来存在大规模不规范地探、采矿等活动，造成了祁连山地区局部植被破坏、水土流失、地表塌陷等问题。这次通报使祁连山生态环境问题彻底暴露在大众视野中，也使人们再一次加强了对生态环境的关注。为了保护具有代表性的大面积自然生态系统，实现自然资源科学保护和合理利用，促进社会可持续发展这一战略目标的实现。同年 9 月，中共中央办公厅、国务院办公厅印发《祁连山国家公园体制试点方案》。党的十九大报告指出："构建国土空间开发保护制度，完善主体功能区配套政策，建立以国家公园为主体的自然保护地体系”。2018 年 10 月，祁连山国家公园管理局成立，成为我国首批国家公园体制试点之一。至此，祁连山的生态保护工作进入了历史的新阶段。

1.4　祁连山适应性管理

1.4.1　祁连山环境管理与政策分析

祁连山有比较丰富的矿产资源，东段有黄铁矿型铜矿，北段有菱铁–镜铁矿、赤铁–磁铁矿，肃北和酒泉南山一带有黑钨矿、石英脉型钨钼矿，是中国西部地区钨矿蕴藏最丰富的地区之一（王尧，2018）。正因其独特、丰富的矿产资源，自 1980 年以来，受经济利益的驱动，人们开始大规模开采矿山。根据甘肃省政府报告，20 世纪 90 年代至 21 世纪初，祁连山保护区范围内仅肃南就有 532 家大小矿山企业，根据央视记者的调查和中央环保督察组的检查，祁连山自然保护区的生态问题十分突出，尤其是违反相关的法律法规进行勘探、开采矿产资源，甚至有些企业在中央环保督察组检查后，打着治理环境的幌子大肆挖矿，牟取暴利。据调查，某家公司 2005 年非法采矿，规模发展迅速，在建厂第 2 年就开采了 270 万 t 煤炭，2011 年产煤 359 万 t，2012 年的产能再创新高，达到了 445 万 t。经统计，2007～2014 年，该公司累计开采了 2050 万 t 煤炭，按照市场价格来算，收入约有 110 亿元。2015～2020 年，该公司并没有因为之前的整改警告和巨额罚单而罢休，依旧顶风偷采了 500 多万吨煤炭，收入有 40 多亿元。总体来看，2006～2020 年，该公司在 14 年里共采煤 2500 多万吨，非法获利 150 多亿元。

过度采矿对祁连山生态环境造成了极大的损害：第一，加剧草场退化、水土流失。若在地上采矿，大量的尾矿和矿渣露天堆积，不可避免地会掩埋高原草场以及灌木植被，加剧高山地带的水土流失和荒漠化进程。至于地下采矿，则容易引发地质塌陷，破坏山区的原有地形地貌。塌陷区连成带状，有可能会切断野生动物的迁徙通道，导致物种的索饵、繁育受到影响。第二，引发大气污染。采矿的机械设备排放大量废气，矿产资源在挖掘时也会产生大量粉尘。第三，引发严重的水污染。由于矿物元素渗漏，矿区废水中往往含有砷、铅、六价镉、汞、氰化物等有毒物质，危害极大。在遇到地表强降雨时，废渣中的有毒物质便随着地表径流转移到河流、湖泊中，可能对野生动物和居民的健康造成危害。这并非耸人听闻，国内已经发生很多类似的事件，如震惊全国的“阳宗海砷污染事件”。

为解决祁连山生态环境破坏问题，在中央纪委、国家监委和国务院有关部门的推动下，甘肃省委省政府把祁连山生态环境问题整治作为重大政治任务来抓，认真学习领会习近平生态文明思想，深入实施“生态立省”战略，加强组织领导，精准发力施治，扎实推进祁连山保护区生态环境问题整治，并制定了以下政策：一是积极推进祁连山国家公园体制试点，会同青海省编制《祁连山国家公园体制试点方案》，编制完成《祁连山国家公园甘肃片区总体规划》，并纳入《祁连山国家公园总体规划》。二是全面开展自然资源资产管理改革试点，制定印发《祁连山地区自然资源产权制度改革试点工作方案》和《甘肃省流域上下游横向生态保护补偿试点实施意见》，编制完成祁连山地区自然资源资产负债表，出台《甘肃省祁连山地区自然生态空间用途管制办法（试行）》。三是开展整改验收工作，制定《祁连山自然保护区生态环境问题整改验收办法》，完成保护区矿业权、水电站、旅游设施等问题整治省级验收工作。四是加强政策性研究，组建专业团队开展祁连山地区生态保护与经济社会长期发展研究，努力探索适合祁连山区域的绿色长效发展模式。

1.4.2 祁连山实施适应性管理的必须性

在这几年的努力下，祁连山生态系统的恢复愈见成效，主要体现在以下几方面：一是生态状况方面，祁连山自然保护区草地面积明显增加，森林、灌丛略有增加，植被生长状况总体改善，明显改善区域占保护区总面积的比例增加了37.5%。植被指数、植被盖度、植被生产力均呈显著提升趋势，植被盖度增幅7.81%，植被生产力增幅 14.8%，为祁连山生态环境保护提供了基础保障。二是在生态环境质量方面，祁连山保护区地表水、饮用水水源地水质均达到优良，其中 I 类水比例达到 58%；空气质量优良率达到国家标准要求，土壤环境质量总体良好，符合国家管控要求。总体上，祁连山生态环境保护已取得较大成效，生态环境质量稳中向好。

祁连山地处黄土高原、蒙新高原、青藏高原三大高原交会地带，是我国重要的生态功能区、水源涵养地和西北地区的生态安全屏障和战略资源通道。祁连山北麓形成了石羊河、黑河、疏勒河三大内陆河和 56 条大小支流，灌溉了河西走廊和内蒙古额济纳旗的 70 万 hm^2 农田、110 万 hm^2 林地和 800 万 hm^2 草场，保障着河西走廊 500 多万人口的生产生活用水，祁连山生态系统安全事关河西走廊的稳定与发展。

然而，近十年来，在自然和社会因素的相互驱动下，祁连山生态系统安全遭受严重的破坏。例如，在全球气候变暖导致的雪线上升、冰川融化、水体流失加剧等不利背景下，祁连山生态环境依旧遭受到无节制的开发、超负荷的草原放牧等人为活动的严重破坏，致使草地严重退化，荒漠化日趋扩大，生物多样性遭到严重威胁，地区生态环境持续恶化。

为实现祁连山生态系统可持续发展，采取科学的管理方式保护祁连山生态系统安全是关键。由于祁连山生态系统管理具有很大不确定性，传统管理方式已不适于当下祁连山生态系统的管理。适应性管理作为一种新兴的管理方法，特别强调了结构或过程的不确定性，通过适应性决策来减少生态关系的不确定性以及管理对其的影响，以此更好地推动生态系统安全管理。

自祁连山国家公园试点工作启动以来，中央有关部门和相关省区密切配合、迅速行动，切实把《祁连山国家公园体制试点方案》建设任务落到实处。区划落界、自然资源本底调查和确权登记、总体规划、管理机构组建等各项工作稳步推进，自然植被保护更加严格，生态修复、生态系统监测全面推进，坚决清理关停违法违规项目，综合执法得到加强。这些措施虽然取得了阶段性的成果，但在自然与社会因素的相互作用下，祁连山的生态系统依然面临着严重的威胁。为深入贯彻习近平总书记对祁连山生态环境保护工作的重要讲话和重要指示批示精神，全面落实把握新发展阶段，贯彻新发展理念，构建新发展格局，全面落实新时期、新发展理念、新格局下的生态文明建设要求，守好筑牢祁连山国家生态安全屏障，在祁连山实行生态系统安全与适应性管理相结合的方法进行科学有效的研究将会是很有意义的尝试。

参 考 文 献

毕艳玲, 冯源. 2017. 生态系统管理的原则——以美国黄石国家公园为例. 安徽农业科学, 45(8): 64-65, 68.

车克钧, 傅辉恩, 王金叶. 1998. 祁连山水源林生态系统结构与功能的研究. 林业科学, (5): 31-39.

陈丹, 雷霄, 张谊佳. 2018. 加强生态保护修复 维护生态系统安全——以河南省济源市为例. 林业经济, 40(9): 10-13, 17.

凤启龙. 2022. 新时代中国特色社会主义生态安全观研究. 南京工业大学学报, 21(3): 12-20.

李冬华, 苗通, 周晟葆. 2016. 基于可持续理论的太湖流域污染与治理研究. 江苏科技信息, (29): 78-80.

李帅, 任奚娴. 2019. 山西省农田生态系统服务价值评估. 青海农林科技, (2): 54-59, 108.

李湘梅, 肖人彬, 王慧丽, 等. 2014. 社会–生态系统弹性概念分析及评价综述. 生态与农村环境学报, 30(6): 681-687.

李奕, 丛丽. 2021. 适应性管理视角的国外国家公园野生动物保护与游憩利用案例研究. 中国生态旅游, 11(5): 691-704.

李宗省, 冯起, 李宗杰, 等. 2019. 祁连山北坡稳定同位素生态水文学研究的初步进展与成果应用. 冰川冻土, 41(5): 1044-1052.

林福柏. 2009. 福建沿海城市生态安全评价研究. 厦门: 厦门大学.

刘芳. 2009. 山东省水资源适应性管理及其评价研究. 济南: 山东大学.

刘明龙. 2020. 祁连山保护区森林生态系统现状与保护对策分析. 农业与技术, 40(24): 87-89.

孟如萍, 梁蓥. 2019. 福建省农村经济发展方式转变的路径分析——基于可持续发展理论的视角. 农村经济与科技, 30(22): 144-145.
覃家君, 杨青梅, 林伟斌. 1998. 论管理的动态原理及其运用. 科技进步与对策, 15(6): 71-72.
申元村. 1990. 祁连山区立体农业结构的初步研究. 干旱区研究, (2): 1-7.
孙建, 张振超, 董世魁. 2019. 青藏高原高寒草地生态系统的适应性管理. 草业科学, 36(4): 933-938.
王金叶, 王彦辉, 王顺利, 等. 2006. 祁连山林草复合流域降水规律的研究. 林业科学研究, (4): 416-422.
王效科, 杨宁, 吴凡, 等. 2019. 生态效益及其特性. 生态学报, 39(15): 5433-5441.
王尧. 2018. 对祁连山自然保护区环境问题思考——从矿业权退出及生态环境修复治理问题角度. 法制与社会, (16): 162-164.
吴玲玲, 李玉忠. 2011. 河西走廊玉米制种产业可持续发展探析. 辽宁农业职业技术学院学报, 13(3): 10-12.
肖笃宁, 陈文波, 郭福良. 2002. 论生态安全的基本概念和研究内容. 应用生态学报, (3): 354-358.
姚喜喜, 宫旭胤, 白滨, 等. 2018. 祁连山高寒牧区不同类型草地植被特征与土壤养分及其相关性研究. 草地学报, 26(2): 371-379.
叶功富, 尤龙辉, 卢昌义, 等. 2015. 全球气候变化及森林生态系统的适应性管理. 世界林业研究, 28(1): 1-6.
俞可平, 王颖. 2001. 公民社会的兴起与政府善治. 中国改革, 15(6): 38-39.
袁虹, 王零, 郭生祥, 等. 2022. 甘肃祁连山国家级自然保护区林地面积变化调查分析. 林业科技通讯, (6): 65-70.
张德罡. 2002. 祁连山区高寒草原土壤肥力特征及肥力因子间的关系(简报). 草业学报, (3): 76-79.
张素珍, 李晓粤, 李贵宝. 2005. 湿地生态系统服务功能及价值评估. 水土保持研究, (6): 129-132.
郑景明, 罗菊春, 曾德慧. 2002. 森林生态系统管理的研究进展. 北京林业大学学报, (3): 103-109.
朱承忠. 2022. 强化退滩还湿工程 营造碧水变金环境. 农家参谋, (12): 31-33.
Beverton R J H, Holt S J. 1957. On the Dynamics of Exploited Fish Populations. London: Her Majesty's Stationery Office.
Holling C S. 1986. Resilience and stability of ecological systems. Annual Review of Ecology and Systematics, 4: 1-23.
McFadden J E, Hiller T L, Tyre A J. 2011. Evaluating the efficacy of adaptive management approaches: Is there a formula for success? Journal of Environmental Management, 92(5): 1354-1359.
Oram C, Marriott C. 2010. Using adaptive management to resolve uncertainties for Wave and Tidal Energy Projects. Oceanography, 23(2): 92-97.
Parma A M. 1998. What can adaptive management do for our fish, forests, food, and biodiversity? Integrative biology: Issues, news, and reviews. The Society for Integrative and Comparative Biology, 1(2): 16-26.
Sexton W T, Malk A, Szaro R C, et al. 1999. Ecological Stewardship: A Common Reference for Ecosystem Management (Volume 3): Values, Social Dimensions, Economic Dimensions, Infor-

mation Tools. Oxford: Elsevier Science.
Taylor B, Kremaster L, Ellis R. 1997. Adaptive Management of Forests in British Columbia. Ottawa: Ministry of Forests.
Walters C J, Holling C S. 1978. Adaptive Environmental Assessment and Management. Hoboken: John Wiley & Sons: 16-26.
Walters C J. 1986. Adaptive Management of Renewable Resources. New York: McMillan.
Walters C J, Holling C S. 1990. Large-scale management experiments and learning by doing. Ecology, 71: 2060-2068.

第2章

祁连山水资源安全与适应性管理

张宝庆

兰州大学资源环境学院教授、博士生导师，主要研究方向为旱区生态水文与水文气象

祁连山位于青藏高原东北部，是河西内陆河的水塔区域，其水资源安全问题影响着祁连山及其周边内陆河流域经济–生态可持续发展，明确其水资源现状并将其合理规划利用对祁连山“山水林田湖草”系统优化调配有重要意义。本章将结合现有资料，详细介绍祁连山水资源来源及现状，分析地表、地下水资源量变化情况，最后基于研究案例对祁连山水资源适应性管理方式进行阐述。本章研究结果是对祁连山区水资源现状及水资源安全问题的综述与总结，为进一步开展祁连山区的水源涵养与保护、水资源合理利用等工作提供了理论支撑。

2.1 祁连山水资源来源及现状

祁连山地处中国西北腹地，青藏高原北缘，约有1/3的山脉海拔超过4000 m，大多数山脉为西北—东南走向，山峰终年覆盖着冰川或积雪。祁连山具有典型的大陆性气候和高山气候特征，年降水量在150～800 mm，年平均气温在–6～5℃。青藏高原的地形强迫作用削减了西风环流，同时，太平洋季风挟带的水汽在祁连山的抬升作用下，形成降水，使得祁连山东部成为中国西北干旱半干旱地区的一个湿润岛屿（吴国雄等，2005）。因此，祁连山也成为周边内陆河流域的“水塔”区域，为经济和生态用水提供保障。水资源作为西北内陆地区经济社会生态健康发展的重要基础，研究祁连山水资源来源及现状具有重要意义。作为典型的山地生态系统，祁连山的构造地貌使区域内水系呈辐射–格状分布，由东至西的石羊河、黑河和疏勒河三个内陆水系发源于祁连山北麓、流入河西走廊。河西走廊光热、土地资源丰富，但由于干旱缺水，水资源量一直是制约该区域发展的重要因素，而在河西走廊地区降水资源与冰川资源并不能被直接利用，只有转化为地表径流，由河流输出山口才能被广泛利用。因此，地表水资源仅指河川径流量，用出山口的河川径流量和山区净耗用水量之和算作地表水资源，地表水资源控制着绿洲发展，阻止内蒙古沙漠扩张，同时是河西走廊地区灌溉农业的关键性生态因子（蒋积荣等，2012）。本节对祁连山高寒山区冰川积雪储量分布以及三大内陆河流域径流资源进行综合分析，明确祁连山地区水资源来源及现状。

2.1.1 冰川

现代冰川是高寒山区水资源存在的一种特殊形式，它是由降水转变成径流过程的中间滞留，通常比作“高山固体水库”。冰川和积雪融水对河川径流的作用十分明显，在丰水低温年份可大量储存固体水，而在干旱高温年份，冰川积雪消融，与降水径流之间相互补充，使河流的年径流量趋于稳定，有利于提高流域供水的保证程度（康兴成等，2002）。冰川是气候的产物，其变化与气候变化密切相关，冰川的积累和消融强度主要受降水和气温的控制，是对气候变化的一种直接响应。受全球气候变暖的影响，近 50 年来中国平均气温升高了 1.38℃，大部分冰川出现退缩状态，冰川的面积减小，冰储量也相应减少，造成以固体形式存在的水资源量出现剧烈变化。因此，应该加强对祁连山冰川状态的监测，明确冰川储量的分布现状及其时空变化。

冰川的积累与消融同祁连山的降水量有密切关系，这也直接影响河西地区水资源的利用。祁连山现拥有近 2684 条现代冰川，冰川面积为 1597.81 ± 70.30 km^2，冰储量约 84.48 km^3（孙美平等，2015）。这些冰川集中分布在海拔 4700～5300 m 及以上的高山地带。祁连山东部比较湿润而西部相当干燥，但祁连山作为青藏高原的东缘，整体走势呈现西高东低，使西部地区具有与东部近似的降水条件和更加适宜冰川储存的低温条件。因此，祁连山主要的冰川区位于 99°E 以西的山地西部，冰川粒雪线和末端位置均从东向西递增。小型冰川在冰川总数中占绝对优势。受山文特征的影响，冰川朝向以近似垂直于山脉走向的北、北东、北西和南西方向为主，并因山脊高度不同而分别呈梳状、不对称羽状和星状排列（伍光和等，1980）。

到目前为止，祁连山的冰川共进行了两次编目，第一次编目时间为 1956～1983 年，第二次编目时间为 2005～2010 年。现代冰川下限，北坡为 4100～4300 m，南坡为 4300～4500 m，且西部较东部高 200～300 m。冰雪融水主要补给山北的河西走廊和山南的大通河。冰川沿山脊呈羽状分布，其分布特征是：99°E 以东的走廊南山、冷龙岭，降水条件较好，冰川数量多、规模小，多数是悬冰川和冰斗冰川；99°E 以西地区冷储大，冰川数量少但规模大，多数是山谷冰川，有大雪山、斑赛尔山索珠连峰、疏勒南山、土尔根达坂山和党河南山 5 个较大的冰川区。山系内最长的山脉——走廊南山冰川数目数最多，最高的山脉——疏勒南山冰川面积最大。

最大的冰川是位于大雪山的老虎沟 12 号冰川和土尔根达坂山的敦德冰川。老虎沟 12 号冰川属于山谷冰川类型，长 10.1 km，面积为 21.9 km^2，冰储量达 2.6 km^3。敦德冰川跨甘肃、青海两省，属平顶冰川类型，面积 57.1 km^2，长度 6.2 km，冰储量 4.3 km^3，冰川平均厚度为 50 m。最大厚度在老虎沟 12 号冰川为 120 m。

“七一”冰川位于肃南西部托勒山北坡，距嘉峪关市约 116 km，属冰斗山谷冰川，全长 30.5 km。该冰川的冰舌部海拔 4302 m，冰峰海拔 5145 m，冰川面积约 5 km^2。冰川平均厚度为 78 m 左右，最厚处达 120 m，年储水量约为 1.6 亿 m^3，融水量 70 万～80 万 m^3，是一个大固体淡水水库。

宁缠河现代冰川位于冷龙岭北坡，属于亚大陆性山地冰川，冰川面积为

0.77 km^2，海拔范围为4260～4640 m，共有6条冰川，2010年冰川面积为0.47 km^2，该冰川冰面平坦，冰面表碛覆盖较少（潘保田等，2021；曹泊等，2010）。

祁连山冰川主要分布在冷龙岭、走廊南山、托勒山、托勒南山、大雪山、疏勒南山、党河南山、察汗鄂博图岭以及土尔根达坂山这九条山脉。其中，冷龙岭冰川面积为64.8 km^2，走廊南山冰川面积为307.7 km^2，托勒山冰川面积为10.1 km^2，托勒南山冰川面积为90.0 km^2，大雪山冰川面积为159.5 km^2，疏勒南山冰川面积为471.4 km^2，党河南山冰川面积为160.1 km^2，察汗鄂博图岭冰川面积为15.9 km^2，土尔根达坂山冰川面积为274.7 km^2。

祁连山冰川融水是河西走廊和柴达木盆地内陆河流的重要补给来源。初步估算，河西走廊各主要河流的冰川补给量平均占年径流总量的13%，东部所占比例最小，如石羊河水系的杂木河只占1.4%，向西至丰乐河增加到17.8%，至党河更增加到49%。柴达木盆地西北部的哈勒腾河，冰川融水占年径流量的55.6%。发源于山系内部的长大河流，比外部山区的短小河流接纳的冰川融水更多，因而冰川补给的占比也较后者大（中国科学院兰州冰川冻土研究所和祁连山冰雪利用研究队，1980）。

2.1.2 河流

水资源作为人类生产生活必需的重要资源，对整个人类社会的可持续发展具有显著影响。干旱内陆地区环境恶劣，水资源量匮乏，加之气候干旱、降水稀少、蒸发强烈，导致这一地区水资源的供需矛盾尤为突出，河流成为能够直接供给水资源的重要途径，在干旱地区，径流量直接代表了区域可利用水资源的总量，明确其总水量的多少具有重要意义。中国西北部的内陆河流域呈现出高山与盆地交替的特征，流域上游山区通常为内陆河的水源地，通过降水、融雪和冰川融水汇流形成径流。内陆河流域中下游地区是降水稀少的耗水区，径流量直接决定了下游地区生态农业发展。径流量短缺，导致绿洲无法继续保持而出现荒漠化；过多的径流量会导致地下水位上升，造成土地盐碱化。

祁连山地区气温处于 0℃以下，冰川消融弱，大部分面积无径流，无法形成产流区，而农业需水却占全年的34%，春末气温稍有回升，3～5 月产生的径流量占年径流量的 10%～20%，因此春季河西走廊地区易遭受春旱。冰川融水补给期主要是在夏季高温季节，同时夏季又是祁连山区的自然降水相对集中的季节，自然降水量占据了全年降水量的 70%～80%。这就决定了冰川融水和降水年内分配不均给河川径流带来的分配不均性。因此，祁连山作为河西走廊三大内陆河的发源地，其水文水资源状况无疑对河西地区的水资源有重要的影响，明确祁连山河流分布状况及其时空分布具有重要意义。

1. 祁连山河流概况

祁连山水系呈辐射–格状分布。辐射中心位于 38°20′N，99°E，被称为“五河之源”，北大河、黑河、疏勒河、大通河和布哈河五条河流均发源于祁连山。河流分为内陆水系和外流水系。由辐射中心沿毛毛山一线，再沿大通山至青海南山东段一线为内外流域分界线，此线东南侧的黄河支流有庄浪河、大通河，属于外流水系；西北侧的石羊河、黑河、托勒河、疏勒河、党河属于河西走廊内陆水系；哈勒腾河、鱼卡河、塔塔棱河、阿让郭勒河属于柴达木的内陆水系；另有青海湖、哈拉湖两独立的内陆水系。上述各河多发源于高山冰川，以冰川融水补给为主，西部冰川融水补给比例远大于东部。河流流量年际变化较小，而季节变化和日变化较大。流域总面积 138948.0 km^2，多年平均径流量 138.06 亿 m^3，其中内陆河流域面积 104147.0 km^2，多年平均径流量 86.09 亿 m^3；外流河流域面积 34801 km^2，多年平均径流量 51.97 亿 m^3。

内陆河流包括河西走廊水系、柴达木水系和哈拉湖水系的 60 多条大小河流，其中，黑河流域面积 27139.0 km^2，多年平均径流量 36.67 亿 m^3；石羊河流域面积 8985.0 km^2，多年平均径流量 15.74 亿 m^3；疏勒河流域面积 46124.0 km^2，多年平均径流量 15.95 亿 m^3；苏干湖水系流域面积 7287.0 km^2，多年平均径流量 4.17 亿 m^{3}及其他水系多年平均径流量 6.22 亿 m^3。巴音郭勒河流域面积 7462.0 km^2，多年平均径流量 3.20 亿 m^3；鱼卡河流域面积 2382.0 km^2，多年平均径流量 0.91 亿 m^3。哈拉湖水系流域面积 4768.0 km^2，多年平均径流量 3.23 亿 m^3。外流水系主要包括黄河 1 级支流湟水河和庄浪河。湟水河流域面积 17700.0 km^2，多年平均径流量 21.50 亿 m^3。其中，湟水支流大通河流域面积 15100.0 km^2，多年平均径流量 28.50 亿 m^3。庄浪河流域面积 2001.0 km^2，多年平均径流量 1.97 亿 m^3（表 2-1）。

2. 祁连山北坡的内陆水系

祁连山北坡的内陆水系是维系河西走廊生态安全的重要基础，具体可分为石羊河流域、黑河流域、疏勒河流域三大流域。

1）石羊河流域

石羊河流域位于河西走廊东部，流域面积为 8985 km^2。其径流形成区主要位于冷龙岭以东、祁连山出山口以西、天祝乌鞘岭以北、甘肃民乐与永昌中间线以南，地理坐标为 101.8°E～102.7°E，31.6°N～32.4°N 的区域。石羊河水系自东向西由大靖河、古浪河、黄羊河、杂木河、金塔河、西营河、东大河、西大河八条河流及多条小沟小河组成，河流补给来源为山区大气降水和高山冰雪融水，产流面积 1.11 万 km^2，多年平均径流量 15.74 亿 m^3，其中西大河多年平均径流量为 1.55 亿 m^3，

表 2-1 祁连山流域河流信息表

流域	水系名称	河流名称	测站（位置）	境内集水面积/km^2	径流量/亿 m^3
黄河流域	湟水水系	湟水河		17700.0	21.50
		大通河	连城站	15100.0	28.50
	庄浪河		武胜驿站	2001.0	1.97
	合计			34801.0	51.97
内陆河流域	苏干湖水系	哈勒腾河	哈尔腾站	5967.0	2.98
		小哈勒腾河	出山口	1320.0	0.66
		前山区			0.53
		小计		7287.0	4.17
	疏勒河水系	白杨河	天生桥站	741.0	0.48
		石油河	玉门市	656.0	0.41
		疏勒河	昌马峡站	19820.0	9.94
		榆林河	蘑菇台站	2474.0	0.65
		党河	党城湾站	14325.0	3.16
		安南坝河	安南坝站	316.0	0.03
		小沟小河		7792.0	1.28
		小计		46124.0	15.95
	黑河水系	洪水河	上湾村站	578.0	1.20
		大渚马河	瓦房城站	217.0	0.87
		黑河	莺落峡	14628.0	15.50
		酥油河	酥油口水库	147.0	0.45
		梨园河	梨园堡站	2240.0	2.31
		马营河	红沙河站	619.0	1.16
		丰乐河	丰乐河站	568.0	0.99
		洪水坝河	新地站	1574.0	2.87
		托勒河	沙沟站	4502.0	6.41
		小沟小河		2066.0	4.91
		小计		27139.0	36.67
	石羊河水系	西大河	插剑门站	811.0	1.55
		东大河	沙沟寺站	1614.0	3.11
		西营河	四沟咀站	1455.0	3.79
		金塔河	南营站	841.0	1.44
		杂木河	杂木寺站	851.0	2.46
		黄羊河	水库坝下	828.0	1.46
		古浪河	大靖峡站	878.0	0.78
		大靖河		389.0	0.13
		马营河			0.09
		小沟小河		1318.0	0.93
		小计		8985.0	15.74
	其他水系				6.22
	柴达木水系	巴音郭勒河		7462.0	3.20
		鱼卡河		2382.0	0.91
		小计		9844.0	4.11
	哈拉湖水系			4768.0	3.23
	合计			104147.0	86.09
总计				138948.0	138.06

东大河多年平均径流量为 3.11 亿 m^3，西营河多年平均径流量为 3.79 亿 m^3，金塔河多年平均径流量为 1.44 亿 m^3，杂木河多年平均径流量为 2.46 亿 m^3，黄羊河多年平均径流量为 1.46 亿 m^3，古浪河多年平均径流量为 0.78 亿 m^3，大靖河多年平均径流量为 0.13 亿 m^3。石羊河流域按照水文地质单元又可分为三个独立的子水系，即大靖河水系、六河水系及西大河水系。大靖河水系主要由大靖河组成，隶属大靖盆地，其河流水量在本盆地内转化利用；六河水系上游主要由古浪河、黄羊河、杂木河、金塔河、西营河、东大河组成，该六河隶属于武威盆地，其水量在该盆地内经利用转化，最终在盆地边缘汇成石羊河，进入民勤盆地，石羊河水量在该盆地全部被消耗利用；西大河水系上游主要由西大河组成，隶属永昌盆地，其水量在该盆地内利用转化后，汇入金川峡水库，进入金川–昌宁盆地，在该盆地内全部被消耗利用。

2）黑河流域

A. 概况

黑河发源于祁连山北麓，流经青海、甘肃和内蒙古三省区。黑河是我国第二大内陆河流，全长 821 km，流域面积为 27139 km^2。河川径流 95%靠山地降水和积雪融水补给，年际变化不大而年内分布不均，祁连山口以上的径流占全河天然水量的 88%。黑河干流以莺落峡、正义峡为上下游分界点，上游地势高峻，气候严寒湿润；中游光热资源充足，昼夜温差大，是甘肃省重要的灌溉农业区；下游地势开阔平坦，气候非常干燥，植被稀疏，是戈壁沙漠围绕天然绿洲的边境地区。

B. 主要支流（引自《甘肃大辞典》）

托勒河是黑河最大支流。源于青海省祁连山区纳嘎尔当沼泽地，自西北流入甘肃，经托勒山与托勒南山间宽广的谷地，汇南北两山 30 多条支流，北流过镜铁山，出祁连山进入河西走廊，称北大河，东北流经嘉峪关市南入酒泉市，汇南来的洪水坝河、丰乐河；再东北流切穿走廊北山（夹山），过鸳鸯池和解放村水库，经金塔绿洲，至鼎新入黑河。因水流被水库拦蓄，灌溉金塔绿洲，下游河床终年干涸。全长 360 km，甘肃省内长 250 km。冰沟水文站以上流域面积 6880 km^2，年径流总量 6.53 亿 m^3，靠山区降水和冰雪融补给，是嘉峪关市、酒泉市和金塔县城乡和工农业用水的主要水源。

丰乐河是托勒河的支流，位于酒泉市东南部。源于肃南裕固族自治县祁连山的大台脑子、光滑岭、综冰达板、牛头沟脑，东北流称马氏河。至甘坝口转向北流称丰乐河，有香子沟、浪头河两支流，在三大坂出山口引水灌溉，导致下游河床干涸。河长约 100 km，流域面积 568 km^2，年均径流量 0.99 亿 m^3，以降雨及冰川融水为补给。河源山区有冰川 54 条，面积 23.25 km^2，储冰量 7.379 亿 m^3，冰川融水量 0.1598 亿 m^3，占河流多年平均径流量的 15.1%。

洪水坝河是托勒河支流，位于酒泉市南部。上游源于肃南裕固族自治县的走廊南山与托勒山之间的分水岭，汇集大陇沟、小陇沟、南过陇、大洪沟、奥水沟、大卡洼等支流。西北流有羊路河、黑水河汇入，再北流至新地坝入河西走廊平原，东北流到临水入托勒河。全长 140 km，流域面积 1574 km^2，年径流量 2.87 亿 m^3，以降水补给为主。山区冰川面积 130.84 km^2，冰川储量 53.26 亿 m^3，年融水量 0.83 亿 m^3。河流出山区，河道干涸。出山口建有东、西引水干渠，灌溉酒泉市东南 133.4 km^2 的农田。

马营河源于肃南裕固族自治县祁连山北麓的野牛达坂、九山达坂，集黄水沟、青羊沟、多龙沟、小沙陇、大沙陇之水而成马营河，在勒子梁处汇支流错沟河。北流出祁连山区，入河西走廊灌溉酒泉市屯升、清水一带农田。平均纵坡为 1/50，流域面积 619 km^2，年径流量 1.16 亿 m^3，水源以冰雪融水及降水补给。山区冰川面积 19.52 km^2，冰川储存 5.41 亿 m^3，每年平均融水量 0.1755 亿 m^3，冰川融水量占河流径流量的 12.2%。

梨园河是黑河支流，位于临泽县南部。上游有西岔河和摆浪河，均源于走廊南山之野牛达坂。两条河流流向均为自西北向东南方向，至双岔汇合后称隆畅河。至肃南裕固族自治县白泉门与白泉河汇合，折向东北，至红湾寺，汇东、西柳沟河后，称为梨园河，再东北经鹅鸽嘴水库、梨园堡，出祁连山区，入河西走廊，称大沙河，再北经临泽县城东，北流注入黑河。全长 180 km，梨园堡以上长 130 km，流域面积 2240 km^2，年径流量 2.31 亿 m^3。山区冰川面积 16.18 km^2，冰川储量 3.88 亿 m^3，年冰川融水量 0.12 亿 m^3，是临泽绿洲的重要水源。梨园河发源于祁连山，与黑河西岔相邻，由山区降水和冰雪融水汇流而成。出山后流经临泽县城，从鸭暇乡汇入黑河，全长 160 km。出山口径流量多年平均为 2.31 亿 m^3，7 月、8 月为洪水期，来水量约占全年径流量的 55%，4～6 月是农业用水关键季节，来水量仅占全年径流量的 25%，供需矛盾十分突出。

山丹河南北纵贯山丹县境。上游名白石崖河，源于祁连山冷龙岭，北流至山丹军马场称马营河，花寨子以下潜流地下，至山丹县城南出露成泉，又汇流成山丹河并折向西北流，至张掖市北入黑河，全长 128.7 km，支流有粗城河、童子坝河等。年径流量 0.86 亿 m^3，建有李桥和祁家店水库，是山丹县绿洲的主要水源。

大野口河位于甘州区南部山区，干流出山后流经甘州区花寨乡柏杨树村，在出山口附近与左岸祁连山北麓浅山区的季节性河流红沟石河、珠山河及大苦水河汇合后折向东流，最终流经甘州区碱滩镇后汇入山丹河，干流全长 56.13 km，流域总面积 160.0 km^2。流域内有花寨乡、龙渠乡和大满镇 3 个乡镇。花寨乡距城区 40 km，地势东南高西北低，海拔在 1810～2300 m。龙渠乡和大满镇距城区 20 km，地势西南高东北低，海拔在 1560～1680 m。

洪水河是山丹河支流，纵贯民乐县境，源于祁连山龙孔大坂北坡，流域径流来源于青羊岭至卡登山之间的高山冰川、积雪融水以及山区降水，北流入河西走廊，过双树寺水库，西北流纳海潮坝、大渚马河、小渚马河，再北流入山丹河。全长 100 多公里，山区范围河长 26 km，流域面积 578 km^2。年径流总量 1.2 亿 m^3。水库以下河道干涸，水流引入灌区，灌溉民乐 108.7 km^2 的农田。

大渚马河是黑河支流，位于民乐县西部。源于肃南裕固族自治县祁连山的野牛山，北流入民乐县，经瓦房城水库入河西走廊，在西北注入山丹河。全长 70 多公里，山区河长 21 km，流域面积 320 km^2。年径流量 0.87 亿 m^3，主要靠山区降水和高山冰川积雪融水补给。水库以下河床干涸，水流引入灌区，灌溉民乐西部农田。

童子坝河位于民乐县东南部。源于祁连山俄博岭北坡，北流至扁都口出祁连山。上游河谷古称大斗拔谷，是丝绸之路南道必经之要隘，今有 227 国道通过。全长 90 多公里，流域面积 700 多平方公里，年径流量 0.76 亿 m^3，主要靠山区降水和冰雪融水补给，河水引入灌区，灌溉民乐东部农田。

3）疏勒河流域

“疏勒”源自蒙古语，为多水之意。河流发源于祁连山区疏勒南山与托勒南山之间的疏勒脑，西北流经沼泽地，汇集高山积雪、冰川融水及山区降水，至花儿地折向北流入昌马盆地，称昌马河。出昌马盆地，过昌马峡入河西走廊冲洪积平原。河道呈放射状，水流大量渗漏，成为潜流；至冲积扇前缘出露形成十道沟泉水河；诸河北流至布隆吉汇合为布隆吉河，亦称疏勒河。再西流经双塔水库，过酒泉市瓜州县，至敦煌市北，党河由南注入，再西流注入哈拉湖（又名黑海子，今名榆林泉）。全长 580 km。流域面积 4.6 万 km^2。疏勒河在史前曾注入新疆罗布泊，由于气候变化和人类活动的影响，今尾闾已退缩到瓜州西湖一带。昌马水库以上祁连山区，河长 328 km，流域面积 1.1 万 km^2，是径流的形成区，年径流量 8.39 亿 m^3。昌马水库以下河西走廊地区是径流的消失区，水流被引入灌区，是瓜州农业生产、城镇工业和人民生活用水的水源。主要支流包括党河和榆林河。

党河，古名氐置水，亦称龙勒水、甘泉水、都乡河。清代始称党河，是党金郭勒的简称，党金是人名，“郭勒”蒙古语为“河流”。上游有二源，大水河与奎腾河，分别源自肃北蒙古族自治县巴音泽尔肯乌拉和崩坤达坂，沿谷地西北流，在盐池湾汇合，再西北流，纳党河南山和野马南山之间的诸多支流，至党城湾进入山前冲洪积平原，再西北流，切穿鸣沙山，经党河水库，拐向东北，入敦煌绿洲，至敦煌市北注入疏勒河，全长 390 km，流域面积 1.4 万 km^2。年径流量 3.16 亿 m^3（沙枣园水文站）。山区冰川面积 232.66 km^2，冰川储量 111.24 亿 m^3，年融水量 1.23 亿 m^3，是党河的主要补给水源，也是肃北和敦煌二县市工农业生产及人畜用水的可靠水源。

榆林河在瓜州县南部。下游流经踏实堡，又名踏实河。源于肃北蒙古族自治县石包城盆地，汇入野马山和大雪山北麓地下潜水，北流切东巴兔山，过万佛峡，进入山前冲积扇，渗入地下。全长 90 km，流域面积 2474 km^2，年径流量 0.65 亿 m^3。上游高山区冰川面积 5.37 km^2，冰川储量 2.092 亿 m^3，年融水量 0.029 亿 m^3。建有榆林河水库，灌溉踏实乡农田 28.7km^2。

2.1.3 小结

水资源一直是制约西北干旱区经济–生态可持续发展的重要因素之一，祁连山作为西北地区的重要生态安全屏障，是河西走廊疏勒河、黑河与石羊河三条内陆河的发源地，是我国水源涵养重点区域，其水资源状况对河西走廊地区的水资源具有重要影响。本节基于文献调研、资料统计以及遥感数据分析，对祁连山水资源量及分布状况统计如下。

1. 冰川

祁连山地区共有冰川 2684 条，冰川总面积为 1597.81 ± 70.30 km^2，主要分布于 4700～5300 m 高程带和正北朝向，占全国冰川总面积 3.09%，冰川储量为 84.48 km^3。总体上，祁连山地区冰川发育规模自东向西逐渐增大，主要集中在山区中、西段，东段分布相对较少。

祁连山的冰川资源为内陆河流域的重要水量来源，作为河西走廊内陆河源头的冰川总面积为 501.33 km^2，冰川总储量为 162.273 亿 m^3。为清楚表明区域水资源总量，本节按照祁连山地区三大内陆河流域划分的冰川存储面积及其储量分布进行分析。

其中，东部的石羊河流域的冰川面积和冰川储量为 64.82 km^2 和 1.434 亿 m^3，分别占河西走廊内陆河源头冰川总面积和总储量（总面积 501.33 km^2，142.264 亿 m^3）的 12.93%和 1.01%；中部的黑河流域的冰川面积和冰川储量为 420.55 km^2 和 136.7 亿 m^3，分别占 83.89%和 96.09%；西部的疏勒河流域的冰川面积和冰川储量为 15.96 km^2 和 4.13 亿 m^3，分别占 3.18%和 2.90%。

2. 河流

祁连山三大内陆河流域水资源在径流方面主要与冰川融雪径流量以及流域集水面积有关。祁连山多年平均冰川融水径流量为 11.56 亿 m^3，占全国冰川融水径流量的 2%。其中补给河西走廊三大水系的冰川融水量约为 10 亿 m^3。三大水系冰川融水补给量占比由东向西增大，其比例分别为石羊河水系3.7%、黑河水系8.2%、疏勒河水系约32%。河西走廊三大水系河流均发源于祁连山高寒山区，分布有冰川、永久积雪和季节性积雪，多年冻土和季节性冻土等冻原系统，因此呈现明显的季节性变化。

石羊河流域集水面积为9057 km^2，山区地表水资源量为15.6268亿m^3（浅山区径流不计），出山径流量为15.4068亿m^3；黑河流域集水面积为24901 km^2，山区地表水资源量为36.9555亿m^3（浅山区径流不计），出山径流量为36.8055亿m^3；疏勒河流域集水面积为1368 km^2，山区地表水资源量为0.85亿m^3，山区内部无消耗，出山径流量为0.85亿m^3。祁连山区地下水资源丰富。山区地下水依赖大气降水补给，由于祁连山北麓强烈褶皱，这一特殊的地质构造形成了天然屏障，使绝大部分地下径流不能直接流出山区，而在出山前溢出地表，汇入河流从出山口集中排出。水资源总量就是山区地表水资源量，为57.4182亿m^3。

综上所述，在全球气候变暖背景下，祁连山冰川持续退缩，径流变化更加剧烈，祁连山水源涵养功能出现一定程度的退化，局部生态环境面临严峻考验，这些问题都严重影响了祁连山区生态水文系统发挥其服务功能和屏障作用，同时，其中，下游地区由于对水资源的高度依赖，社会经济可持续发展将会受到制约。因此，明确祁连山水资源的空间分布及其时间变化规律具有重要意义，对于解决祁连山以及高寒山区区域水资源利用、保障水资源安全和生态系统维护等科学问题具有重要的现实意义。

2.2　祁连山水资源安全问题

祁连山区水资源较为丰富，山区内拥有2684条现代冰川（孙美平等，2015）、84万km^{2}流域山体中上部降水量为年均400～500 mm，明显高于西北地区平均降水量。丰富的冰川融水和降水为区域提供了充足的地表水与地下水资源，从而形成了水资源丰饶的祁连山水源涵养区。然而近年来气候变化导致的水量来源变化和不科学的用水方式导致区域内水资源出现了水量短缺、水质退化等安全问题，山区工业、农业用水以及生活用水开发利用受到了影响。本节将对祁连山地区水资源安全问题以及问题归因进行讨论。

2.2.1　水资源安全问题现状

作为国内面积较大的自然保护区之一，祁连山国家级自然保护区的水资源主要包括内陆水系、外流水系等地表水资源以及区域内赋存地下水资源。祁连山地区充沛的水源是青海、甘肃两省重要的用水来源，当降水、气温等关键气候要素发生变化时，区域蒸散发、径流等水文要素也会随之变化，加上人类活动带来的干扰，从而导致自然条件下可利用水资源总量的变化，而作为扰动水资源变化的关键因素，人类活动还会造成水污染等水质安全问题。进而多方面影响区域水资源安全，威胁经济发展和生态保护。

1. 天然来水量短缺问题

天然来水是人类生产生活及生态用水最重要的补给源，而冰川积雪融水和降水是祁连山地区天然水资源两个主要补给源（贾文雄等，2008；李宗省等，2019）。近年来，祁连山区冰川缩减与降水的不显著增加（Tian et al.，2014；王利辉等，2021），以及人类的不合理利用等因素（梁永玉等，2021），致使区域内自然地表水与地下水资源总量出现安全问题。

地表水是人类用水的重要来源之一，其变化会显著影响区域内可用水资源总量。祁连山地区地表水量主要由内陆河流域和外流河流域构成，由于冰川积雪融水和降水的增加，疏勒河的山地径流呈增加趋势（蓝永超等，2012）。1954～2009 年，疏勒河基流流量也有所增加，在此期间，降水是影响其变化的主要因素（董薇薇等，2014）。1961～2010 年，疏勒河流域的年径流呈波动增加趋势，冰川融水增加是影响其径流增长的主要原因，与降水变化没有统计学上的正相关关系（Xu et al.，2008）。黑河流域在自 19 世纪 60 年代以来降水增加和冰川退缩的情况下，年平均径流也逐渐增加（Cui et al.，2015），1998 年后增加趋势加快（郭巧玲等，2011）。石羊河径流在 1961～2005 年呈下降趋势，尤其是在夏季，径流与降水、蒸发变化呈统计学正相关（王万祯，2020）。从长远来看，冰川消融虽然在短时间内增加了径流，但从可持续发展的角度分析，这种径流的增加会长期危害水资源安全，这也为未来祁连山地区的水资源安全问题敲响了警钟。

由于丰富的冰川资源以及降水的补充，祁连山地区有着丰富的地下水资源，区域内地下水主要以基岩裂隙水的形式赋存在包气带以下，水量丰富，分布广泛，水质适宜，是祁连山及其周边内陆河流域生产生活、生态建设主要可以利用的水资源。然而，近年来由于自然及人为因素的影响，祁连山地区不同区域地下水资源量也在遭受不同程度的破坏。例如，位于石羊河流域下游的民勤盆地本为“有水一片绿，无水一片沙”的灌溉型绿洲，然而却在近几十年来，地下水位持续下降，造成了一系列的用水矛盾（魏士禹等，2021）。据 1990～2010 年的观测资料显示，民勤盆地地下水位平均下降 10～12 m，年均下降 0.57 m，最大下降幅度为 15～16 m，与民勤盆地毗邻的武威盆地地下水位平均下降 6～7 m，年均下降 0.31 m。《2020 年甘肃省水资源公报》显示，位于武威盆地的水源——朱王堡降落漏斗和武南—黄羊镇降落漏斗 2020 年末中心水位埋深分别为 19.69 m 和 67.11 m，较年初分别增深 1.34 m 和 0.37 m。位于民勤盆地的民勤大滩降落漏斗 2020 年末中心水位埋深为 28.60 m，较年初减少 0.01 m，说明区域内地下水亏缺仍较严重，且并无明显改善趋势。广义地讲，多年冻土层中的地下冰也是区域地下水储量中的重要组成部分（赵林等，2010），薛健等（2022）对 1980～2017 年祁连山地区地下冰储量进行研究，发现从时间变化来看，地下冰储量呈现出持续减少的变化特征，平均每年减少量约为 2.21 km^3，且平均气温每上升 0.1℃，多年冻土地下冰储量约减少 5.95 km^3；地表温度每上升 0.1℃，多年冻土地下冰储量约减少 6.61 km^3，也就是说，随着祁连山区域内气候变暖（敬文茂等，2022），祁连山地区地下冰资源储量会呈不断减少的趋势。总之，作为水资源总量的重要组成部分，地下水资源储量的减少同样威胁着祁连山地区水资源的安全。

2. 水质安全问题

水质安全问题是饮用水水源保护的核心（何艳梅，2022）。近年来，祁连山地区不同区域地表水以及地下水都出现了不同程度的污染，使得水质安全问题也成为祁连山地区水资源安全问题的另一突出重点。

自 20 世纪 90 年代中期以来，石羊河及红崖山水库水质开始有污染物超标项目，且超标项目逐年增加，污染物含量逐渐增高，在 2003 年达到最为严重的程度。化学需氧量、生化需氧量、高锰酸盐指数、非离子氨、类大肠菌群、总磷六项指标超标，水质属劣 V 类。水体有机污染严重，变黑发臭，鱼类大量死亡，富营养化严重，中央电视台《焦点访谈》节目和多家新闻媒体多次作出相应报道（郜延华，2008）。据统计，祁连山地区三大内陆河流域每年接收大量污水的排放，因内陆河流域完全封闭，所以受到污染物排放影响较为严重。据《2020 年甘肃省水资源公报》显示，2020 年大约有 6591 万 t 废水排入石羊河流域，其中生活污水 4783 万 t、工业废水 1808 万 t；黑河流域入河污水量为 8431 万 t，其中生活污水 6754 万 t、工业废水 1677 万 t；疏勒河流域入河污水量为 2598 万 t，其中生活污水 2382 万 t、工业废水 216 万 t。随着工业的发展和用水量的不断增加，污染物的排放量难减易增，所以水资源污染的潜在威胁同样不可小觑。

2.2.2　水资源安全问题归因

根据水资源安全问题的类型不同，其归因大致分为天然来水因素变化问题和水资源开发利用问题两个方面，现就这两个归因问题进行讨论与分析。

1. 天然来水因素变化问题

1）冰川变化

冰川的退缩直接影响祁连山地区的水资源总量。对冰川的调查和编目工作是冰川研究的重点之一，这对于厘清区域水资源储量、探究气候变化对区域水资源影响具有重要意义。20 世纪，施雅风院士率领团队通过实地考察以及遥感分析的方式，对祁连山地区冰川进行了两次编目，对冰川位置、体积等四十多项参数进行记录。第一次冰川编目时间为 1956～1983 年，第二次冰川编目时间为 2005～2010 年。根据两次冰川编目的对比，1956～2010 年祁连山区冰川面积和冰储量分别减少 420.81 km^2（–20.88%）和 21.63 km^3（–20.26%）（孙美平等，2015）。面积小于 1.0 km^2 的冰川的急剧萎缩是祁连山区冰川面积减少的主要原因（张太刚等，2021）。遥感影像显示或者考察结果表明，海拔 4000 m 以下山区冰川已完全消失，海拔 4500 m 以下冰川面积损失均大于 50%，海拔 4350～5100 m 冰川面积减少量占冰川面积总损失的 84.24%。冰川数量和面积在各个朝向均呈减少态势（孙美平等，2015）。从局部区域和单个冰川的案例研究更能看出明显的冰川退缩，祁连山西段的遥感分析表明，1956～1999 年冰川面积减少了 10.3%，冰储量减少了 14.1%（刘时银等，2002）；祁连山中段包括黑河流域和北大河流域的冰川变化遥感和实测结果表明，1956～2003 年冰川面积共缩小了 21.7%，其中黑河流域冰川面积缩小了 29.6%、北大河流域面积缩小了 18.7%（陈辉等，2013）；祁连山西段老虎沟 12 号冰川的监测结果显示，1957～2009 年老虎沟冰川面积减少了 11.59%（张明杰等，2013），2000～2014 年在海拔平均减薄值为 0.29 m（张其兵等，2017）；刘宇硕等（2012）对 1972～2009 年祁连山东段冷龙岭地区宁缠河 3 号冰川的实测和遥感分析对比表明，冰川末端退缩约 6%，面积减小 13.1%，冰川体积减小 35.3%；曹泊（2013）通过高精度差分 GPS 测量，对冷龙岭北坡宁缠河和水管河的 9 条冰川测量表明，1972～2010 年，这 9 条冰川都处在退缩状态，长度从 250 ± 57.4m 退缩到 91 ± 57.4 m，平均退缩速率为 4.7 ± 1.5 m/a。综上基于遥感和实测分析的结果可知，祁连山区冰川数量随时间持续减少、高度降低，导致区域水资源总量减少，对区域内水资源安全产生威胁。

2）降水变化

降水是祁连山地区内陆河流域和外流河流域以及地下水的主要补给来源，降水的变化会直接导致人类可用取水量的变化。中国气象数据网“中国地面气温/降水月值 0.5°×0.5°格点数据集（V2.0）”数据显示，1961～2018 年石羊河流域平均降水量增加速率为 0.8537 mm/a，总体呈不显著增加趋势，除古浪河流域和大靖河流域增加趋势显著外，其余子流域均不显著（薛东香，2021）。王杰（2019）计算了黑河流域上游各气象站 56 年（1960～2015 年）的观测数据，结果显示黑河上游流域降水量也呈微弱增加趋势，其线性拟合速率为 0.87 mm/a。赵玮（2017）对疏勒河流域 1961～2010 年的降水变化趋势进行分析，得出研究区的平均降水变化速率为 0.39 mm/a，同样呈微弱增加趋势。Tian 等（2014）选取了 29 个气象站的降水数据对 1961～2010 年祁连山区域气候趋势进行分析，发现年降水量有所增加，但增加幅度不显著，为 0.37～1.58 mm/a。综上所述，祁连山地区降水增加的不明显使得地表水与地下水资源在消耗后不能得到充分的补充。

2. 水资源开发利用问题

水资源开发利用因素是威胁祁连山地区水资源安全的另一主要因素，当难以通过改变自然因素来改善区域水资源安全状况时，水资源如何开发利用就显得尤为重要。目前，祁连山地区水资源的开发利用主要分为消耗型用水和非消耗型用水两种基本形式，其中，消耗型用水是指城乡居民生活用水和工农业生产用水，非消耗型用水主要指水力发电、旅游、渔业等借助水体和水能而基本不消耗水资源的开发利用形式。祁连山区丰富的水资源为该地区人民的生产和生活提供了可靠的保障。水资源开发利用的不合理与监管的不到位，使得祁连山水资源面临着安全问题。2017 年中共中央办公厅、国务院办公厅就甘肃祁连山国家级自然保护区生态环境问题发出通报，在中央有关部门的督促下，甘肃省虽然做了一些工作，但是情况并没有发生明显改善，这从侧面也突出了问题的严峻性。在过去的一段时间里，水资源利用存在着许多问题，总结如下。

1）消耗型用水效率低、体量大、浪费多

祁连山区水资源利用低效，浪费用水问题日益突出。生活用水方面，城市水价偏低，生活用水无限量，单位及个人的用水约束机制不完善，缺少相应的鼓励节水机制，居民生活用水设施老化，这些均导致生活水资源浪费现象难以避免。工业用水方面，重复利用效率低，其原因是污水净化、循环用水等配套设施缺乏，工厂中存在地下水违规、过度开采现象，这些除了会导致水量方面的安全问题，还可能致使地下水矿化度提高，从而进一步危害水资源安全。农业用水方面，仍存在许多不科学的高耗水型农业，中游灌区大量节水灌溉，农业区灌溉工程老化失修，田间渠系混乱，在输水过程中仅渠系渗漏就损失 50%以上的水；大水漫灌使得水资源利用效率过低，单位农业产量耗水量极高。这些问题均使得水资源安全状况处于下降的趋势。

2）非消耗型用水效率不高

过去祁连山区水资源非消耗型用水方式以水力发电为主。祁连山部分区域存在高强度开发水电项目，且多处涉及违规审批、未批先建、手续不全，在设计、建设、运行中对生态流量未纳入考虑或考虑不足。这使得流域生态系统遭受不同程度的破坏，同时，在设计、建设、运行中对流域河道流量考虑不足，河西走廊各流域上游大量修建水库，致使下游河段出现减水甚至断流现象，保护生态用水与各行业用水的强烈冲突，导致下游生态环境剧烈恶化，戈壁、沙漠连成一片。与此同时，部分工业企业节水意识、环境意识落后，防污、排污技术不足，严重者甚至完全没有配备节水、净水设施，加剧了祁连山区水资源短缺和地下水污染问题。另外，祁连山地区丰富的渔业、旅游业资源未得到充分合理开发，致使水资源利用价值下降。

3）水资源开发利用监管方式不够健全

由于体制不够健全，管理观念不够新颖到位，祁连山水源地产生了许多用水安全问题，供水问题、排水问题、水污染问题充斥各方各面，且得不到有效解决。水产业链严重脱节，水污染难以遏制。此类问题若得不到及时解决，势必会造成更加严重的水安全隐患。

2.2.3 小结

本节内容对祁连山地区水资源安全问题现状及其归因进行了分析。自然因素变化导致的冰川缩减以及降水增加不明显使祁连山地区水资源总量离安全指标渐行渐远，而人为因素造成的水量及水质方面安全问题虽能改善，但目前已经造成的一系列后果也让工作难度加大，此种形势面对起来也颇为严峻。张利平等（2009）在研究中指出，21 世纪中国的水资源矛盾将进一步加剧，与此同时，我国必须进行大规模的改革和采取强有力的措施，以缓解我国水资源的供需矛盾，实现经济和社会的可持续发展。

2.3 祁连山水资源适应性管理

节水是祁连山区各流域水资源适应性治理的根本措施，流域综合治理与开发利用要坚持“南护水源、中建绿洲、北治风沙”的建设方针（邓振镛等，2013）。在全球气温变暖的背景下，祁连山雪线逐年上升，流域水源涵养区来水逐年减少；加之近年来频繁且剧烈的人类活动严重超过了祁连山生态环境可承载的限度，使得流域内水资源进一步短缺。因此，祁连山区各流域水资源综合治理与开发利用的适应性对策中，节水以实现流域内水资源科学配置、综合调度和高效利用是其根本出路。

2.3.1　水资源适应性管理案例

流域作为一个具有明确边界的地理单元，以水为纽带，将上、中、下游组成一个普遍具有因果联系的复合生态系统，是实现资源和环境管理的最佳单元。流域综合管理已经被认为是实现资源利用和环境保护相协调的最佳途径。流域综合管理涉及多学科、多部门，内容非常广泛。面对石羊河流域、黑河流域严重的水文生态问题，流域综合管理是这两个流域目前的重要管理手段。

1. *石羊河流域综合治理*

1）民勤绿洲的生态退化

石羊河流域是甘肃省河西走廊内陆河流域中人口最多、经济较发达、水资源开发利用程度最高、用水矛盾最突出、生态环境问题最严重的地区。其生态退化主要表现在下游民勤盆地。民勤盆地东北区域被腾格里沙漠包围，西北有巴丹吉林沙漠环绕；中部是石羊河冲积、湖积而形成的狭长、平坦的绿洲带，是我国典型的荒漠绿洲之一。民勤盆地生态恶化的主要表现为：湖泊萎缩、干涸，天然植被枯萎、死亡，土地沙漠化、盐渍化进程加快，地下水位下降，矿化度上升。其北部生态恶化形势最严峻，范围逐步向南延伸，速度呈加快之势。目前，民勤盆地地下水矿化度每年大约增加 0.12 g/L，地下水矿化度普遍高达 2～4 g/L，最高地区可达 10 g/L。在 2000 年左右，盆地北部的部分群众甚至无法生存，只得撂荒土地，背井离乡，沦为“生态难民”。“罗布泊”现象已经局部显现。

民勤盆地绿洲退化自清代就已经开始（颉耀文等，2004），生态退化逐渐显现。据《民勤县志》记载，民勤盆地在清康熙年间就有生态恶化现象。自 19 世纪初期以来的 200 多年间，沙漠已侵吞农田 26 万亩[①]、村庄 6000 多个，汉代的三角城遗址和唐代的连城遗址已深居沙漠达 6 km 之远。20 世纪 50 年代以来，沙漠化速度呈加快之势，其北部沙漠推进了 50～70 m，侵吞耕地 6000 余亩；西部沙漠东移 30～60 m，使近 7000 亩耕地失去耕种能力；另外，还有 8 万余亩耕地产生了不同程度的沙化。70 年代以前，盆地丘间、洼地大都为湿生系列的草甸植物，后来急速退化，目前已被旱生植物所代替，大面积的天然林木和五六十年代人工种植的沙枣林相继衰败、枯死，已失去再生和自然繁衍的能力，削弱了防沙固沙和对绿洲的保护作用，使地区土壤、植被不断向沙漠化

① 1 亩≈666.7 m^2。

和盐渍化方向发展。盆地盐渍化面积从 70 年代不足 20 万亩，发展到目前的 60 余万亩，其中重盐碱化土地就达 40 余万亩，且还在不断向南扩展，程度也在加重。

20 世纪初期，石羊河尾闾青土湖（即湖区）水域面积大约 120 km^2，芦苇丛生，碧波荡漾，环境优美。随着流域人口的增长和灌溉农业的发展，青土湖水域面积逐渐萎缩。40 年代末，水域面积尚有约 70 km^2；50 年代中后期，水域面积快速缩小，至 1959 年青土湖完全干涸。70 年代，国家出版的比例尺为 1∶50000 的地图上已无青土湖一名。昔日"碧波荡漾，芦苇丛生，野鸭成群，游鱼无数"的石羊河尾闾青土湖，已成为沙漠大举入侵绿洲的通途。

民勤盆地的生态演变过程，究其原因，历史时期主要是人为破坏森林、无节制地采樵砍伐、毁林（牧）开荒。20 世纪 50 年代以来，主要是人口不断增长，上中游水资源开发利用程度提高，进入民勤盆地的地表水量减少，加之民勤盆地过量开采地下水，导致地下水位急剧下降，生态环境恶化。

2）石羊河流域适应性管理

石羊河流域综合治理从 20 世纪 90 年代就开始了，1989 年 9 月编制的《石羊河流域初步水利规划概要》对流域内水井、调水工程、输水工程均进行了规划。但规划中主要考虑到水利设施，缺乏对区域水资源的总体协调，对生态的重视性也不够，导致 20 世纪 90 年代民勤绿洲的生态并没有好转。第二次编制流域总体规划为 2007 年完成的《石羊河流域重点治理规划》。这次规划从 2002 年开始组织编制，涉及多个部门，采纳了流域综合管理的思想，偏重生态环境恢复，上中下游水资源的协调。至今为止，民勤绿洲的生态恶化趋势已基本得到遏制，局部地区的生态有所恢复。综合治理的内容包括：对石羊河流域的工农业发展政策进行实质性调整；淡化石羊河商品粮基地的作用，增强爱护环境、保护环境的意识；减少石羊河流域的灌溉农田面积；发展节约型农业；对水权进行深入研究，确立水权制度；有计划地进行人口控制和移民；跨流域调水等。通过这些项目的实施，至 2008 年左右，干涸 51 年之久的青土湖形成了 3～22 km^2 的人工季节性水面，北部湖区出现总面积大约 70 km^2 的地下水埋深小于 3 m 的浅埋区，形成一定范围的旱区湿地，湖区生态系统有所修复。

2. 黑河流域综合治理

1）黑河流域的水资源短缺问题

黑河是一个资源型缺水流域，干流多年平均年径流量仅 1.58×10^9 m^3。人均占有可利用水资源量仅有 1250 m^3，是全国人均水平的 54.2%，接近缺水上下限（3000～1000 m^3）低值。随着流域和经济的快速增长，黑河流域水资源开发力度逐年增大，逐渐呈现过度开发趋势。国际上公认的内陆河流域水资源开发利用率（供水量/水资源总量）的警戒线为 40%，黑河流域一度达到 112%。在流域层面，由于缺乏统一管理，上中游水资源需求的增多直接导致下游河道断流加剧，沙漠侵蚀日甚，绿洲极度萎缩，甚至尾闾西居延海 1961 年宣告枯竭，东居延海也于 1992 年消失。

2）黑河流域适应性管理

1999 年，水利部黄河水利委员会成立黑河流域管理局，负责黑河水量统一调度。2001 年 8 月 3 日，《黑河流域近期治理规划》获国务院批复，标志着黑河流域综合治理的开始。该规划力争通过 3 年的治理实现《黑河干流水量分配方案》，逐步形成以水资源合理配置为中心的生态系统综合治理和保护体系，遏制生态系统恶化趋势，并为逐步改善当地生态系统奠定坚实基础。2002 年，东居延海初次进水，流域水资源综合治理成效显著。

黑河流域的综合治理，主要是通过行政手段向下游强制放水。2003 年流域湖面开始重新出现；2004 年以来，湖泊开始常年有水状况，面积在 40 km^2 左右波动；2011 年水面积达到 42.3 km^2，初步遏制了黑河流域下游生态环境恶化的趋势。

流域水资源的分配引起了主要用水部门之间的结构比例变化。高耗水行业用水比例在分水后明显降低，其中农业用水比例和农业内部农田灌溉用水比例均降低 1%～2%，尤其是高耗水农作物用水（如沿河水稻等水地）得到有效控制。工业用水、服务业用水以及农林牧渔用水比例呈逐渐上升趋势。但这种趋势是否与经济发展本身相关还需要深入研究。然而，中游地区耕地面积已然呈增加趋势，工业用地、交通用地和居住用地仍持续增加，给流域内水资源和水环境带来了很大压力。

生态方面，由于水量的保证和东居延海专用输水渠道的建成，湖泊、河流等水域面积逐渐恢复并稳定扩张；下游地区地下水位逐步上升，水质趋于淡化。虽空间异质性较强，但整体水环境有所好转。下游生态环境从分水前的恶化转变为分水后逐渐恢复，并呈持续好转的趋势。对额济纳旗绿洲胡杨的树木年轮分析表明，自 2003 年以来，胡杨径向生长逐渐恢复，2007 年胡杨林生长状况基本恢复至 1990 年之前的平均水平（田全彦等，2015）。

2.3.2　水资源适应性管理研究

在干旱和半干旱地区，内陆河流域往往包括上游山区、中游绿洲和下游荒漠三部分（Cheng et al.，2014），上游地区对于整个内陆河流域的社会经济发展和区域生态系统可持续发展起着至关重要的作用。祁连山区各流域的上游常位于山区，其丰富的降水和冰川积雪融水为流域提供了大量水资源，是中下游径流的主要来源，被认为是全流域的“水塔”地区。流域中来自上游山区的水资源通常被用来维持中下游的经济和生态平衡，为绿洲上的生产生活提供水资源，同时维持下游生态稳定。

祁连山区黑河流域上游地区兼顾该流域的“水塔”和“生态屏障”安全，对保障该地区的水资源和生态安全至关重要。为此，需要对黑河上游地区生态恢复的土地利用的优化规划进行方案探究，即以维持黑河上游生态稳定为前提，增加降雨产流为目的，设计上游区域土地利用规划情景模拟，进行区域水资源适应性管理研究。探究在气候变化背景下，通过控制地表植被情况，能够维持上游生态稳定且尽量解决中下游用水矛盾的土地利用规划方案。该研究以期能够从生态稳定和水资源角度为生态恢复政策的实施提供更科学的规划方案，使黑河上游生态稳定的同时能够实现对雨水资源的科学利用。

1. 实验设计

由于基于遥感的实际植被盖度（M）与平衡态植被盖度（M_{eq}）在空间上差异明显，且在 M 偏离 M_{eq} 的区域产流大多是减少的，能够兼顾生态平衡和降雨产流的土地利用方式仍需要进一步探究。因此，该研究根据 M 与 M_{eq} 分布的对比结果，设计了 4 组土地利用规划情景，研究在黑河上游不同区域开展放牧或植树活动等情景下对降雨产流的影响。

情景模拟实验设计方案如下：实验 1 假设 1992～2015 年在全区域实施放牧，所有草地的 M 都因放牧而达到 0，此情景可认为是过度放牧情景；实验 2 假设在 M 大于 M_{eq} 的区域放牧，而放牧区域的草地植被盖度也接近于 0，其他区域保持原有植被状态，该试验也可以用来描述合理放牧对降雨产流的影响；实验 3 假设在 M 大于 M_{eq} 的区域保持原有植被状态，其他区域种植树木（青海云杉），植树区域的植被盖度则通过提取土地利用数据中针叶林对应格点的植被盖度求均值得到，该实验可用于表示植树造林对降雨产流的影响；实验 4 假设在 M 大于 M_{eq} 的区域开放放牧，其他区域种植树木（青海云杉）。各实验情况如表 2-2 所示。

2. 实验结果与讨论

基于 Eagleson 生态水文模型的四个土地利用规划情景的模拟结果［图 2-1（a）和（b）］表明，如果在黑河上游区域全面开展放牧，1992～2015 年生长季降雨产流将累计减少 116.04 mm（约–31.33 亿 m^3）（实验 1）；如果只在 M 大于 M_{eq}

表 2-2　土地利用规划情景模拟实验设计

名称	描述	
实验 1	$M>M_{eq}$	放牧（$M_{grass}=0$）
	$M<M_{eq}$	放牧（$M_{grass}=0$）
实验 2	$M>M_{eq}$	放牧（$M_{grass}=0$）
	$M<M_{eq}$	保持原有植被状态
实验 3	$M>M_{eq}$	保持原有植被状态
	$M<M_{eq}$	植树（青海云杉）（$M_{forest}=0.28$）
实验 4	$M>M_{eq}$	放牧（$M_{grass}=0$）
	$M<M_{eq}$	植树（青海云杉）（$M_{forest}=0.28$）

注：M 为基于遥感的实际植被盖度；M_{eq} 为模型模拟的平衡态植被盖度。

的区域放牧，1992～2015 年生长季降雨产流平均每年增加约 7.3%［24 年累计增加约 114.53 mm（30.92 亿 m^3）］（实验 2）；如果在 M 小于 M_{eq} 的区域植树则会以平均每年约 2.9%的速度增加降雨产流［24 年累计增加约 86.67 mm（23.40 亿 m^3）］（实验 3）；如果在黑河上游同时开展放牧和植树活动，1992～2015 年生长季降雨产流会累计增加约 201.19 mm（54.32 亿 m^3）（实验 4）。此外，除了实验 1 中全面放牧会对区域植被盖度造成大规模破坏，其他三个实验对黑河上游的平均植被盖度（M）并没有造成明显的改变［图 2-1（c）］。因此，通过改变土地利用类型对区域生态进行恢复对于降水产流并非无效，如果能够根据生态最优原理对黑河上游重新进行土地利用/覆盖规划，使实际植被盖度接近区域生态平衡状态，生态恢复工程在 24 年间可以使黑河上游的降雨产流累计增加 3.9%～9.0%。

研究通过 4 组模拟实验，充分探讨了在黑河上游可以实施的更合理的土地利用规划方案。以上结果表明，过度放牧不仅会导致土壤和草地退化，也会减少降雨产流量，这一结论在关于中国西北地区的前期研究中已有记录，本研究通过实验 1 的模拟也对此进行了证实。但是，从社会经济的角度来看，禁牧很可能会抑制牧区的经济发展，改变当地牧民传统的生存模式，尽管政府部门会对牧民进行生态补偿，但这可能仍然无法弥补禁牧给当地牧民带来的损失，同时也给政府带来巨大的负担。因此，绝对的禁牧可能并不适合黑河上游区域。为此，本研究设计了实验 2，结果表明，如果在 M 大于 M_{eq} 的区域开放放牧，在 1992～2015 年不止增加了降雨产流，还使放牧区域植被情况接近生态最优状态，同时如果能将约占黑河上游 57.5%的草原开放放牧，就能有效增加牧民的收入，减少生态补偿资金。另外，实验 1～4 中放牧对应的植被盖度被估算为 0，

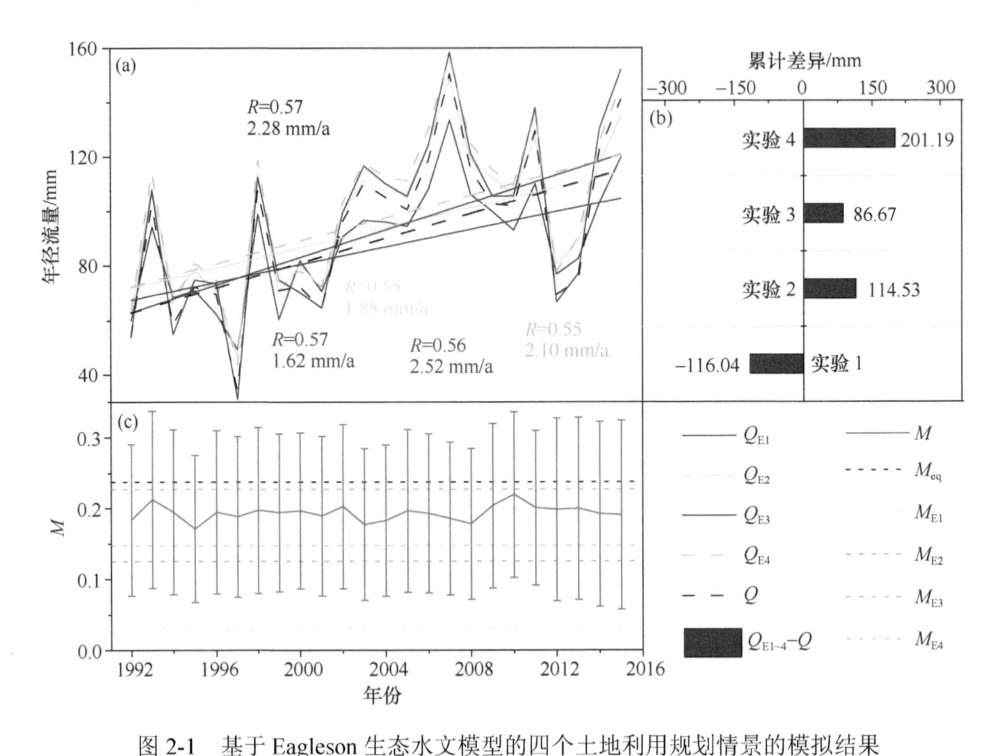

图 2-1 基于 Eagleson 生态水文模型的四个土地利用规划情景的模拟结果

(a) 1992～2015 年 4 组模拟实验情景下黑河上游区域平均降雨产流量（$Q_{E1\sim4}$）和实际情景下 Q 对比图，黑色虚折线代表实际情景下区域平均 Q，红色折线代表实验 1，黄色折线代表实验 2，蓝色折线代表实验 3，绿色虚折线代表实验 4，虚直线是线性最小二乘拟合线；(b) 1992～2015 年 4 次实验模拟流量与实际流量之差的累计值；(c) 植被盖度对比图，绿色实线表示基于遥感的区域平均实际植被盖度（M）变化，误差棒代表标准差，黑色虚线是当前气候、土壤条件下的平衡态植被盖度 M_{eq}，灰色、蓝色、绿色和橙色虚线分别为实验 1～4 对应的 M

这是因为模型的实验设计是从理想角度设计的，在放牧情况下 M 接近于 0，根据社会经济规律，可知一旦放牧完全开放，草被吃掉直到 M 接近 0 是一个不可避免的结果，因此这种假设是有意义的。而 M 小于 M_{eq} 区域多位于海拔 3600 m 以上，是主要的水源涵养区域，那么对于该区域应采取怎样的修复措施呢？通过放牧减少 M 很容易，但如果增加 M 仅靠禁牧却是不够的，在 M 小于 M_{eq} 的区域，很难通过禁牧使草地的 M 接近 M_{eq}。因此，需要在该区域开展植树造林活动，这就需要考虑物种对环境的适应性和影响（包括考虑气温、坡度、水量等）。研究表明，区域已有物种往往对区域气候土壤条件的适应性更高，所以引入外来物种改良 M 是不合理的，应优先考虑当地优势种。因此，我们设计在 M 小于 M_{eq} 的区域种植青海云杉，其结果表明，1992～2015 年合理的植树造林活动也可以有效增加黑河上游的降雨产流量。

尽管在气候变化背景下植被动态对黑河上游的产流变化影响很小，但本研究实验中提供的不同土地利用类型下的量化结果仍然有意义。将四个模拟实验情景降雨产流结果与实际情景下降雨产流之差与 2000～2015 年中游对下游供水欠账进行对比（水利部黄河水利委员会黑河流域管理局提供）（表 2-3），其结果表明，在 M 大于 M_{eq} 的区域进行放牧（实验 2）以及在 M 小于 M_{eq} 的区域植树（实验 3）均可以弥补大多数的供水欠账，而实验 4 中放牧与植树同时进行则可以弥补全部的供水欠账。尽管在实验中通过生态修复可以增加的降雨产流量（实验 4）并不多，但增加的产流量对整个黑河流域仍然是有价值的，实现了通过人为调控对雨水资源的最优利用。

表 2-3　土地利用规划情景下降雨产流变化与中游对下游供水欠账之间的比较　（单位：亿 m^3）

年份	ΔQ_1	ΔQ_2	ΔQ_3	ΔQ_4	D
1992	1.69	2.43	0.30	2.74	
1993	–2.11	1.87	1.56	3.43	
1994	2.69	2.98	–0.94	2.04	
1995	–0.38	1.65	0.68	2.33	
1996	–1.92	0.34	1.09	1.43	
1997	4.06	3.34	–0.80	2.53	
1998	–2.44	1.68	1.21	2.89	
1999	–2.90	–0.17	1.04	0.87	
2000	2.58	2.14	–0.56	1.58	
2001	1.75	2.12	0.13	2.25	0.14
2002	–1.51	0.98	0.87	1.85	—
2003	–3.69	0.30	1.75	2.05	0.10
2004	–2.47	0.66	1.37	2.04	1.63
2005	–1.65	1.60	1.31	2.91	—
2006	–2.89	1.59	1.49	3.08	1.60
2007	–4.56	–0.55	2.21	1.66	0.41
2008	–2.48	1.03	1.55	2.57	3.27
2009	–0.76	2.61	0.79	3.40	1.22
2010	–2.45	1.10	0.98	2.09	4.00
2011	–5.23	–0.60	2.30	1.70	1.76
2012	2.04	3.04	–0.72	2.32	0.79
2013	2.10	3.66	0.62	4.28	2.49
2014	–5.14	–1.30	2.19	0.90	1.82
2015	–5.67	–1.59	3.00	1.41	3.69
平均	–1.31	1.29	0.97	2.26	1.51

注：$\Delta Q_{1\sim4}$ 代表实验 1～4 模拟产流与实际情景产流之差；D 代表中游对下游的供水欠账。

3. 实验结论

研究在黑河上游生态修复区域设计模拟实验，利用 Eagleson 生态水文模型模拟了四种生态恢复情景下 1992～2015 年的降雨产流变化，并将四组情景模拟实验结果与实际气候植被情景下降雨产流进行了对比，得出结果如下：

（1）如果能够根据生态最优理论对黑河上游进行生态恢复，通过在不同区域合理放牧和植树等方式引导地表覆盖情况向着生态稳定的方向发展，1992～2015 年，在维持区域生态平衡的基础上可累计增加 3.9%～9.0%的降雨产流量。

（2）在气候变化背景下，尽管通过合理生态修复措施增加的降雨产流量较少，但对于缓解中下游水资源矛盾仍然具有一定的现实意义，合理的生态修复措施既可以维持黑河上游区域生态稳定，也可以有效弥补中游对下游的供水欠账。

综上所述，在黑河上游可以通过重新规划土地利用方案兼顾区域“水塔”和“生态屏障”功能。根据实际植被盖度与平衡态植被盖度差异分布，可以确定允许放牧区域和水源涵养区域，在不破坏区域生态平衡的基础上，既缓解了牧区经济和生态矛盾，又在一定程度上增加了降雨产流。在祁连山区水资源日益短缺的情况下，该水资源适应性管理研究为区域内各流域水资源–经济–生态系统可持续发展提供了一定的理论依据。

2.4 结论及建议

祁连山及其周边内陆河流域的可利用水资源大部分来自降水和冰川积雪融水补给，确保祁连山区的水资源安全是保障其周边内陆河流域人民生产生活、生态建设的必要前提。然而，气候变化带来的降水补给变化和冰川积雪消融影响了高寒山区原有的产流结构，为区域水资源供应带来不确定性，因此有效结合气候变化情况及水资源安全现状，继续大力推进流域综合治理对维持祁连山及其周边内陆河流域经济–生态可持续发展具有重要意义。基于此，本书结合现有资料分析结果提出建议如下：

（1）在内陆河流域上游的高寒山区，有必要结合当地气候、土壤条件，合理规划土地利用方式，在水源涵养区坚持禁牧和植树造林工程，维护生态稳定、涵养水源、保障内陆河上游的水资源供应；在非水源涵养区可以适度放牧，减少植被耗水，同时兼顾牧区经济。

（2）在内陆河中游地区，继续大力发展节水灌溉，兼顾生态用水和农业发展；在气候变化背景下，降水和冰川积雪融水导致了径流的增加，因此在中游地区建议严格控制地下水开采，减缓地下水位下降。

（3）在内陆河下游地区，建议继续开展荒漠化监测及防治工作，有效利用中游来水，确保生态修复工程的有效实施。

以上是关于祁连山区水资源安全保障及适应性管理的基本建议，而为了确保管理方案的有效实施，祁连山及其周边内陆河流域应继续坚持完善观测站网，坚持对区域气候、土壤条件的全面观测和调查，深入探究高寒山区水文循环机理，为流域综合治理提供理论支持。

参 考 文 献

曹泊. 2013. 祁连山东段冷龙岭现代冰川变化研究. 兰州: 兰州大学.

曹泊, 潘保田, 高红山, 等. 2010. 1972—2007 年祁连山东段冷龙岭现代冰川变化研究. 冰川冻土, 32(2): 242-248.

陈辉, 李忠勤, 王璞玉, 等. 2013. 近年来祁连山中段冰川变化. 干旱区研究, (304): 588-593.

邓振镛, 张强, 王润元, 等. 2013. 河西内陆河径流对气候变化的响应及其流域适应性水资源管理研究. 冰川冻土, 35(5): 1267-1275.

董薇薇, 丁永建, 魏霞. 2014. 祁连山疏勒河上游基流变化及其影响因素分析. 冰川冻土, 36(3): 661-669.

郜延华. 2008. 石羊河流域水污染防治案例研究. 兰州: 兰州大学.

郭巧玲, 杨云松, 鲁学纲. 2011. 黑河流域 1957—2008 年径流变化特性分析. 水资源与水工程学报, 22(3): 77-81.

何艳梅. 2022. 长三角示范区饮用水水源水质安全与实体性制度协同立法. 环境污染与防治, 44(2): 278-284.

贾文雄, 何元庆, 李宗省, 等. 2008. 祁连山及河西走廊气候变化的时空分布特征. 中国沙漠, (6): 1151-1155, 1215.

蒋积荣, 成彩, 苗毓鑫. 2012. 祁连山气候及水资源有关的环境问题研究现状. 防护林科技, (2): 54-56.

颉耀文, 王乃昂, 陈发虎. 2004. 历史时期民勤绿洲空间分布重建//中国地理学会自然地理专业委员会. 土地变化科学与生态建设. 北京: 商务印书馆: 156-164.

敬文茂, 任小凤, 赵维俊. 2022. 1965—2018 年祁连山北麓及其附近地区气温与降水变化的时空格局. 高原气象, (4): 1-11.

康兴成, 程国栋, 康尔泗, 等. 2002. 利用树轮资料重建黑河近千年来出山口径流量. 中国科学, 32: 676-686.

蓝永超, 胡兴林, 丁宏伟, 等. 2012. 气候变暖背景下祁连山西部山区水循环要素的变化——以疏勒河干流上游山区为例. 山地学报, 30(6): 675-680.

李宗省, 冯起, 李宗杰, 等. 2019. 祁连山北坡稳定同位素生态水文学研究的初步进展与成果应用. 冰川冻土, 41(5): 1044-1052.

梁永玉, 任潇潇, 曹苏周, 等. 2021. 基于贝叶斯网络的祁连山自然保护区水资源安全影响因素诊断. 水文, 41(5): 65-71, 12.

刘时银, 沈永平, 孙文新, 等. 2002. 祁连山西段小冰期以来的冰川变化研究. 冰川冻土, 24(3): 227-233.

刘宇硕, 秦翔, 张通, 等. 2012. 祁连山东段冷龙岭地区宁缠河 3 号冰川变化研究. 冰川冻土,

34(5): 1031-1036.
潘保田, 曹泊, 管伟瑾. 2021. 2010—2020 年祁连山东段冷龙岭宁缠河 1 号冰川变化综合观测研究. 冰川冻土, 43(3): 864-873.
孙美平, 刘时银, 姚晓军, 等. 2015. 近 50 年来祁连山冰川变化——基于中国第一、二次冰川编目数据. 地理学报, 70(9): 1402-1414.
田全彦, 肖生春, 彭小梅, 等. 2015. 胡杨(*Populus euphratica*)与柽柳(*Tamarix ramosissima*)径向生长特征对比. 中国沙漠, 35(6): 1512-1519.
王杰. 2019. 气候变化条件下黑河上游径流模拟及预测. 北京: 中国地质大学.
王利辉, 秦翔, 陈记祖, 等. 2021. 1961—2013 年祁连山区冰川年物质平衡重建. 干旱区研究, 38(6): 1524-1533.
王万祯. 2020. 石羊河流域主要河流径流演变特征及趋势分析. 甘肃水利水电技术, 56(7): 11-15.
魏士禹, 郭云彤, 崔亚莉, 等. 2021. 1985—2016 年民勤地下水位及储变量动态特征分析. 干旱区地理, 44(5): 1272-1280.
吴国雄, 王军, 刘新, 等. 2005. 欧亚地形对不同季节大气环流影响的数值模拟研究. 气象学报, (5): 603-612.
伍光和, 谢自楚, 黄茂桓, 等. 1980. 祁连山现代冰川基本特征研究. 兰州大学学报, (3):127-134.
薛东香. 2021. 石羊河流域径流变化及归因分析. 兰州: 西北师范大学.
薛健, 李宗省, 冯起, 等. 2022. 1980—2017 年祁连山水源涵养量时空变化特征. 冰川冻土, 44(1): 1-13.
张利平, 夏军, 胡志芳, 等. 2009. 中国水资源状况与水资源安全问题分析. 长江流域资源与环境, 18(2): 5.
张明杰, 秦翔, 杜文涛, 等. 2013. 1957—2009 年祁连山老虎沟流域冰川变化遥感研究. 干旱区资源与环境, (4): 70-75.
张其兵, 康世昌, 王晶. 2017. 2000—2014 年祁连山西段老虎沟 12 号冰川高程变化. 冰川冻土, 39(4): 733-740.
张太刚, 高坛光, 刁文钦, 等. 2021. 祁连山区雪冰反照率变化及其对冰川物质平衡的影响. 冰川冻土, 43(1): 145-157.
赵林, 丁永建, 刘广岳, 等. 2010. 青藏高原多年冻土层中地下冰储量估算及评价. 冰川冻土, 32(1): 1-9.
赵玮. 2017. 疏勒河流域大气降水同位素特征及水汽来源研究. 兰州: 兰州大学.
中国科学院兰州冰川冻土研究所, 祁连山冰雪利用研究队. 1980. 祁连山冰川的近期变化. 地理学报, 35(1): 48-57, 99.
Cheng G , Li X , Zhao W , et al. 2014. Integrated study of the water-ecosystem-economy in the Heihe River basin. National Science Review, 16(3): 413-428
Cui L, Chen X L, An D, et al. 2015. Change characteristics of runoff and sediment runoff in upper and middle reaches of Eastern Heihe River basin in 60 years. Journal of China Hydrology, 35(1): 82-87.
Tian H, Yang T, Liu Q. 2014. Climate change and glacier area shrinkage in the Qilian Mountains, China, from 1956 to 2010. Annals of Glaciology, 55(66): 187-197.
Xu Z, Yang H B, Liu F D, et al. 2008. Partitioning evapotranspiration flux components in a subalpine shrubland based on stable isotopic measurements. Botanical Studies, 49(4): 351-361.

第 3 章

祁连山森林生态系统安全与适应性管理

高琳琳

兰州大学资源环境学院副研究员，主要研究方向为森林生态与水文、树木年轮与全球变化

森林约占地球陆地表面积的 30%，贡献了 50%的陆地净初级生产力，固定了陆地生态系统约 45%的碳（Pan et al.，2011；Bonan，2008），是陆地生态系统的主体。森林在涵养水源、调节小气候、改善环境、保护生物多样性以及维持生态平衡等方面发挥着重要作用（Alkama and Cwscatti，2016；孙晓娟，2007）。同时，森林也是评估陆地生态系统状况的核心指标，健康的森林生态系统抗干扰能力、恢复能力强，能够提供多种生态系统服务功能。当前，大气 CO_2 浓度增加、气温升高、降水格局改变以及大气氮沉降增加等全球气候变化正在深刻地影响着森林生态系统（Doughty et al.，2015；Hanewinkel et al.，2013），而森林生态系统的变化又会通过调节水碳氮通量、能量与物质循环等对气候系统产生反馈影响（Penuelas and Filella，2009；Kurz et al.，2008）。因而评估全球气候变化背景下森林生态系统的变化与安全不仅具有重要的科学研究价值，也具有很大的现实指导意义。

祁连山是我国东部湿润区、西北干旱区和青藏高寒区的过渡地带，是典型的干旱半干旱山区。祁连山区支撑着周边地区经济社会的可持续发展，也是 500 多万人口赖以生存的“生命之源”。祁连山还对遏制巴丹吉林、腾格里、库姆塔格和柴达木四大沙漠的扩张和维护陆上丝绸之路的通畅发挥着重要作用，是我国西北乃至全国的重要生态安全屏障。祁连山生态环境变化关乎西北地区生态安全、国家经济发展以及“一带一路”倡议的深入实施。祁连山的森林承担着涵养水源、调蓄山区及周边地区降水与冰雪融水、灌溉河西走廊绿洲、维持生物多样性等多种生态功能，对于祁连山发挥其生态屏障作用具有重要意义。祁连山森林涵养的水源成为黄河主要支流大通河和河西走廊三大内陆河的主要水分来源，承载着祁连山区最主要、最核心的碳汇功能，维系了乔、灌、草等多种生活型植物的生物多样性功能。祁连山地区生态环境脆弱，过去几十年里，由于受气候变化和人类活动共同影响，祁连山地区近年来出现了迫在眉睫的生态问题，引起了社会各界、当地政府和国家领导人的广泛关注和高度重视。在祁连山开展森林对气候变化的响应研究，有助于全面认识和理解不同环境下祁连山森林生态系统对气候变化的响应规律、机制以及未来可能的变化趋势，这对维护和发挥祁连山森林的生态安全作用、制定合理化应对策略至关重要。

森林适应性管理是通过科学的管理、监测和调控等手段，实现森林生态系统多目标、多价值、多用途、多产品和多服务的需要，从而利用气候变化带来的机遇。找出一条既适合区域发展又有利于生态环境改善，并能提高社会经济总量的途径，是森林生态系统适应性管理的核心（赵庆建和温作民，2009）。本章主要从祁连山森林生态系统的现状、变化及气候响应、森林碳汇三方面，开展对祁连山森林生态系统安全的评估，并针对祁连山森林适应性管理提出相应的对策建议。

3.1　祁连山森林生态系统概况

3.1.1　祁连山森林生态系统整体概况

祁连山森林主要见于山脉东中段，常在海拔 2500～3800 m 与山地草原群落交替分布，形成山地森林草原带。受水平地带性气候和山地垂直地带性的影响，祁连山森林以青海云杉（*Picea crassifolia*）和祁连圆柏（*Juniperus przewalskii*）为建群种形成的寒温性针叶林为主，东端还可见油松（*Pinus tabuliformis*）、青杄（*Picea wilsonii*）等为建群种形成的针叶林。同时在山林谷地和低海拔段分布有小面积落叶阔叶林，如白桦（*Betula platyphylla*）林、山杨（*Populus davidiana*）林、红桦（*Betula albosinensis*）林、青杨（*Populus cathayana*）林、旱榆（*Ulmus glaucescens*）疏林等。

山地森林植被表现出明显的垂直分布特征。除河谷杨树、柳树林外，祁连山主要森林植被类型均分布于山地中海拔坡面，下部与山地温性灌丛和草原带相接，上部可延伸至亚高山灌丛带。水平方向，自东向西森林群落发生明显的变化，主要表现在群落组成变少。东段是森林类型最丰富的区域，海拔从低到高依次可见油松林、青杄林、山杨林、白桦林、红桦林、糙皮桦（*Betula utilis*）林、青海云杉林和祁连圆柏林等。随着分布范围的向西延伸，植被类型逐渐减少，最先消失的是青杄林和油松林，至武威段已不见其分布，继续向西至张掖肃南段，阔叶林分布也逐渐消失。嘉峪关仅能见到零星分布的青海云杉林和祁连圆柏林。根据调查，祁连山北坡森林最西可分布至玉门的地窝铺一带（图 3-1）。同时，森林植被带分布的海拔范围也随着水平地带的向西移动而升高，这主要是受水分胁迫的影响。

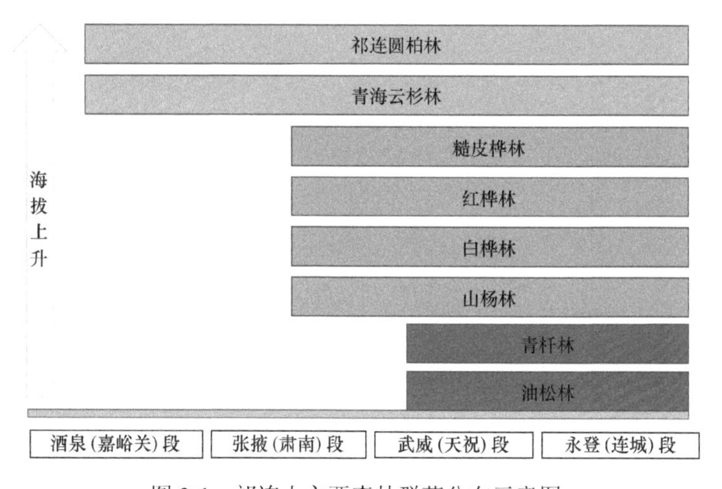

图 3-1　祁连山主要森林群落分布示意图

祁连山森林分布与面积变化受自然环境变迁和人为干扰双重影响。在长时期和整体山系的大尺度范围内，森林变化主要受自然环境特别是气候变化的制约。但是，在历史时期和局部区域，人为活动对森林的变化具有显著影响（汪有奎等，2014）。历史时期，祁连山北坡森林遭到 4 次较大规模的人为破坏，森林面积日渐减少。中华人民共和国成立以来至 20 世纪 80 年代末，祁连山北坡林区经过 3 次较大的毁林开荒行动，森林再次遭到严重破坏。20 世纪 90 年代以来，特别是 21 世纪以来，受益于国家天然林保护工程、退耕还林工程、国家级公益林森林生态效益补偿计划及国家林地统计标准的调整，祁连山森林资源得以全面保护，北坡森林面积呈逐步增加趋势。但是生态保护与资源开发的矛盾依然突出，局部区域森林质量降低，森林生态服务功能下降。

3.1.2 主要森林群落特征

祁连山最主要的森林群落为青海云杉林和祁连圆柏林（图 3-2）。青海云杉林主要占据山地阴坡、半阴坡位置，是祁连山分布面积最大、范围最广的针叶林类型。祁连圆柏林分布次之，主要占据山地阳坡、半阳坡位置。阔叶林主要有红桦林、白桦林、山杨林和糙皮桦林，在祁连山并不占据优势，零星分布于针叶林斑块内部或边缘区域，多为原始针叶林破坏后形成的次生类型。

图 3-2 祁连山森林景观（红桦林、青杆林及针阔叶混交林，摄于连城竹林沟）

1. 青海云杉林特征

分布于祁连山的青海云杉林是全国青海云杉林的核心组成部分，也是青藏高原东北缘山地主要的森林类型之一（图 3-3），主体分布于海拔 2500～3400 m 的山地阴坡，在部分区域青海云杉林在半阴坡也有少量分布。青海云杉林分布主要受青藏高原高寒气候、东亚海洋性季风气候和大陆性季风气候的共同影响，季风气候对其分布区的形成，特别是对其垂直分布的形成具有关键作用。与青杆林相比，青海云杉林更加适应寒冷、偏干的环境，在植被垂直分布带谱上常处于森林带的上限。但是在干旱或温润的气候条件下，其竞争力减弱，分布下限又退缩至高海拔地带。

图 3-3　祁连山的青海云杉林

青海云杉林群落除建群种青海云杉外还孕育了丰富的灌木、草本和苔藓植物。据调查，群落内灌木 30 余种、草本 80 余种，种类最多的是蔷薇科，有 20 种，其次是菊科（16 种）、毛茛科（9 种）、忍冬科（7 种），含 3～5 种的科依次是豆科、杨柳科、百合科、桦木科、茜草科、松科、石竹科等，禾本科和莎草科植物是草本层的常见物种。属的区系成分以温带成分为优势，其中北温带分布属占 56%，世界分布属占 19%，旧世界温带分布属占 10%，其他成分所占比例为 1%～4%（中国植被编辑委员会，1995）。青海云杉林通过改变局地小气候和土壤结构，为许多物种提供了适宜的生存环境。

完整的青海云杉林群落结构可分为 4 层，分别是乔木层、灌木层、草本层和苔藓层。乔木层郁闭度为 0.5～0.8，树高可达 25～30 m，在阴坡，青海云杉占绝对优势，沿坡向往半阴坡扩展，群落内逐渐出现祁连圆柏，沿海拔往湿、冷区域扩展，群落内则可见到红桦的伴生。另在青海云杉受到破坏、林内透光较强地段，常形成青海云杉与山杨混交林。灌木层一般不发育，但在青海云杉林分布高海拔段，乔木层逐渐稀疏，灌木层得到发育，盖度可达 40%～50%，优势种为鬼箭锦鸡儿（*Caragana jubata*）、红北极果（*Arctous ruber*），常见伴生种有青甘锦鸡儿（*Caragana tangutica*）、红花锦鸡儿（*Caragana rosea*）、灰栒子（*Cotoneaster acutifolius*）、毛叶水栒子（*Cotoneaster submultiflorus*）等。草本层盖度为 10%～40%，主要优势种有珠芽蓼（*Polygonum viviparum*）、藓生马先蒿（*Pedicularis muscicola*）、柄状薹草（*Carex pediformis*）等，主要伴生种有锐果鸢尾（*Iris goniocarpa*）、亚欧唐松草（*Thalictrum minus*）、小缬草（*Valeriana tangutica*）、欧氏马先蒿（*Pedicularis oederi*）等。苔藓层发育极好，盖度为 40%～90%，主要优势种有假丛灰藓（*Pseudostereodon procerrimum*）、山羽藓（*Abietinella abietina*）、美姿藓（*Timmia megapolitana*）等，常见伴生种有尖叶大帽藓（*Encalypta rhaptocarpa*）、扭口藓（*Barbula unguiculata*）、丛生真藓（*Bryum caespiticium*）等（中国森林编辑委员会，1999）。

2. 祁连圆柏林特征

祁连圆柏林是仅次于青海云杉林的祁连山森林群落（图 3-4）。除南部向岷山山脉有延伸外，祁连圆柏林分布基本全部集中于祁连山区域。分布海拔为 2800～

图 3-4　祁连山的祁连圆柏林

3600 m，南坡青海区域最高可达 4000 m。祁连圆柏林是耐寒、耐旱、耐瘠薄的寒温性山地常绿针叶林之一，在山地森林带组成中常占据生境条件相对艰巨，其他树种难以生存的阳坡、半阳坡位置。在祁连山区域，它常与青海云杉林形成山地森林带，然而青海云杉林主要占据覆土较厚、水热条件良好的阴坡及半阴坡。

完整的祁连圆柏林包括乔木层、灌木层和草本层，苔藓层不甚明显。林冠通常高 5～13 m，郁闭度为 0.3～0.6，不同的立地条件差别较大（中国植被编辑委员会，1995）。群落外貌暗绿色，树冠呈塔尖形，明显不同于经常与之同时出现的青海云杉林。从北至南，随着生态环境的向好，尤其是水分条件的趋好，祁连圆柏林整体趋高，而且林分密度也表现为增大的趋势。同一区域，祁连圆柏林也会因坡向的不同表现出差异，越向阳的干山坡，建群种祁连圆柏多表现为矮小化生长，林分密度较小，生物多样性较低。随着坡向向阴坡的转变，坡面覆土的提高，祁连圆柏长势较好，而且林下灌木层、草本层也较为发达，生物多样性也表现得较为丰富。同时，随着海拔的不同，林相也表现出较大的差异，低海拔段土层相对较厚，剥蚀较轻，生境条件较为理想，林木生长高大，外貌整齐；而在海拔较高的地段，因气候寒冷，终年受寒风袭扰，植株则相对低矮、扭曲，林相外貌稀疏。

祁连圆柏林群落内植物物种可达 140 种以上，双子叶植物占绝对优势。植物区系组成以北温带成分为主，这与它分布的区域是相一致的。从水分生态类型分析，以旱生、旱中生物种为主。草本层生物多样性最高，其次是灌木层，乔木层生物多样性最小。由于地面干燥、破碎，苔藓层发育较差，盖度为 10%～20%，多呈斑点状分布。

乔木层通常比较单纯，以祁连圆柏为绝对优势形成单层纯林。在半阴坡等相对阴湿的环境中，偶尔可以见到青海云杉、白桦、山杨的渗透，但数量均极少，难以形成优势。

灌木层物种较为丰富，一方面与群落所处生境条件有关，另一方面与祁连圆柏林乔木层郁闭度有较大的关系。祁连圆柏林相较于其他森林类型郁闭度偏低，因而给林下留出充足的生长空间，使得灌木层一般都比较发达。常见的灌木有金露梅（*Potentilla fruticosa*）、银露梅（*Potentilla glabra*）、小叶金露梅（*Potentilla parvifolia*）、高山绣线菊（*Spiraea alpina*）、甘肃小檗（*Berberis kansuensis*）、置疑小檗（*Berberis dubia*）、鬼箭锦鸡儿（*Caragana jubata*）、刚毛忍冬（*Lonicera hispida*）、小叶忍冬（*Lonicera microphylla*）、红花岩生忍冬（*Lonicera rupicola* var. *syringantha*）、甘蒙锦鸡儿（*Caragana opulens*）、窄叶鲜卑花（*Sibiraea angustata*）、冰川茶藨子（*Ribes glaciale*）等物种。同时在一些更新较为理想的群落内，灌木层常可见到祁连圆柏幼苗。

草本层是各层中物种组成最为丰富的层片。常见的优势植物有珠芽蓼（*Polygonum viviparum*）、乳白香青（*Anaphalis lactea*）、垂穗披碱草（*Elymus nutans*）、疏齿银莲花（*Anemone geum* subsp. *ovalifolia*）、钉柱委陵菜（*Potentilla saundersiana*）、中国马先蒿（*Pedicularis chinensis*）、扁蕾（*Gentianopsis barbata*）、鳞叶龙胆（*Gentiana squarrosa*）、西藏嵩草（*Kobresia tibetica*）、椭圆叶花锚（*Halenia elliptica*）、甘青针茅（*Stipa przewalskyi*）、紫花针茅（*Stipa purpurea*）、毛稃羊茅（*Festuca rubra* subsp. *arctica*）、草地早熟禾（*Poa pratensis*）、蕨麻（*Potentilla anserina*）、风毛菊（*Saussurea* sp.）、圆穗蓼（*Polygonum macrophyllum*）、金翼黄耆（*Astragalus chrysopterus*）、阿拉善马先蒿（*Pedicularis alaschanica*）、细叉梅花草（*Parnassia oreophila*）、小米草（*Euphrasia pectinata*）、唐松草（*Thalictrum* sp.）、毛茛（*Ranunculus japonicus*）、矮生嵩草（*Kobresia humilis*）、华西委陵菜（*Potentilla potaninii*）、并头黄芩（*Scutellaria scordifolia*）、白花枝子花（*Dracocephalum heterophyllum*）等①（中国森林编辑委员会，1999）。

祁连圆柏一般分布于寒温性高原森林带的上限，立地条件较差，其他树种难以生存，基本没有相互演替的现象。随着海拔的提升，逐渐被窄叶鲜卑花、柳、鬼箭锦鸡儿、银露梅等灌丛替代，在其分布的下限，祁连圆柏的优势度降低，常常被青海云杉、紫果云杉（*Picea purpurea*）、巴山冷杉（*Abies fargesii*）等替代。祁连圆柏林的天然更新较差，受到强度干扰的群落常逆向演替为以山杨、白桦为主的群落类型，而很难再恢复成以前的状态。林冠下的天然更新因立地条件以及林型而异，一般生境条件较差的陡坡形成的疏林地天然更新较差，而覆土相对较好，水热条件适当的群落会有祁连圆柏幼苗的天然更新。

3. 落叶阔叶林特征

祁连山山地落叶阔叶林均为山地针叶林遭受不同程度破坏后发展起来的次生演替群落类型，以红桦林、白桦林、山杨林和糙皮桦林为代表，常呈斑块状或以混交林的形式小面积分布（图 3-5）。这些群落基本都属于温带、亚热带落叶阔叶林类型，但因建群种生态习性差异，不同植被类型分布区范围也存在一定的分化。白桦、山杨相对耐旱，主要分布于山地低海拔段，红桦较白桦更能忍耐低温，且喜湿润，主要见于较高海拔段，糙皮桦最耐严酷生境，因此其分布海拔最高。

落叶阔叶林因其分布区广阔，包括多样化的生境条件，因此无论从树种的多样性还是群落组成的物种多样性都要显著高于针叶林。据不完全统计，山杨林群落内物种可达 250 种之多，白桦林、红桦林群落物种数也可达 200 余种（崔海亭

①甘肃森林编辑委员会. 1998. 甘肃森林.

等，2005）。相较于针叶树种，落叶阔叶树种生态适应幅度较广，常是采伐迹地、火烧迹地和林中空地的先锋树种。它往往在裸地上大量繁生，迅速发育形成群落，同时也为其他顶级树种的生长发育创造适生条件。因此，这些类型是祁连山森林演替系列中的一个阶段。

图 3-5　祁连山落叶阔叶林

总之，祁连山森林生态系统无论是从植被类型组成还是从分布规律，都可作为我国北方森林典型代表，同时其因受青藏高原的影响又表现出自身的独特性。该区也是一些森林类型分布的西北边界，为山地落叶阔叶林向西北干旱区扩展提供了必要的生存环境。青海云杉林和祁连圆柏林为不同区系成分的植物提供了天然的适生环境，使得蒙古高原干旱植物成分和青藏高原高寒植物成分在这里交会，孕育了丰富的生物多样性。

3.2 祁连山森林生态系统变化及气候响应

3.2.1 林线位置青海云杉树木径向生长对气候变化的响应

作为一种典型的生态过渡区，高山林线因其景观异质性明显、特殊的结构和功能以及对气候变化的高度敏感性，成为全球气候变化的监视器和研究森林与气候变化关系的热点区域之一（Stokes and Smileyt，1968）。树木生长和气候因子的关系在林线位置表现得最为紧密，因为生长在林线位置的树木长期处于气候胁迫的临界状态，对气候变化最为敏感，因而林线位置树木生长的变化往往指示着森林生态系统的变化方向。祁连山作为我国干旱半干旱区的典型高山，拥有青藏高原东北部最完整的垂直植被带谱，是开展高山林线研究的理想场所。

为了研究青海云杉在不同湿度梯度下的径向生长动态，我们沿降水梯度在祁连山从东向西选择 10 个青海云杉林线进行取样。所有样芯带回实验室后，根据树轮处理的基本方法（Holmes，1983）对样芯进行了预处理，并用不同粒度的砂纸对样芯进行打磨，直至表面光滑，年轮清晰可见。将样芯放在显微镜下进行目视交叉定年，并使用年轮测量仪对样芯进行测量。利用交叉定年 COFECHA 程序对数据质量进行统计检验（Cook and Holmes，1986）。用 ARSTAN 程序拟合线性回归函数或负指数曲线，去掉树木生长趋势（Song et al.，2020）。对于不符合线性或者负指数函数的样芯，采用 67%的样条函数进行去趋势。最后，利用 10 个样点的 480 个样芯（250 棵树）建立了树木宽度标准化年表（STD），研究空间尺度林线位置树木生长对气候变化响应规律。

我们对 10 个年表进行聚类分析，发现可以将其分为两组，肃南以东 6 个林线位置（大黄山、军马场、鹿角沟、排露沟、寺大隆、隆畅河）青海云杉树木年轮宽度年表为一组，肃南以西 4 个林线位置（白泉门、瓷窑口、桥子沟、西沟矿）青海云杉树木年轮宽度年表为一组。我们分别对肃南以东 6 个年表和以西 4 个年表提取主成分，得到了肃南以东第一主成分年表（EPC1）和肃南以西第一主成分年表（WPC1），并将其与区域平均气候进行相关分析。月平均温度（T_{mean}）、月平均最高温度（T_{max}）、月平均最低温度（T_{min}）和月降水量（Pre）数据来自中国气象数据网（http://data.cma.cn），标准化降水–蒸发指数（SPEI）数据来自荷兰皇家气象研究所的数据共享网站（http://climexp.knmi.nl/）。考虑到上年气候对当年树木生长的影响（滞后效应），选取上年 5 月至当年 10 月的气候资料与 10 个林线位置青海云杉年轮宽度标准化年表进行相关分析。

结果发现，肃南以东第一主成分年表与大多数月份温度呈显著正相关，尤其是夏季温度（当年 6～8 月）（图 3-6）。青海云杉是一种在夏季生长旺盛的晚生树种（Wilmking et al.，2004），对夏季气候敏感。林线位置的小气候通常较为寒冷，树木生长很容易受到低温迫害（Fritts，1976），夏季温度偏高能够有效弥补低温对树木的损害。同时，形成层细胞分裂速度也会随着温度的升高而加快（Liang et al.，2009）。因此，夏季温度偏高能够促进林线位置青海云杉径向生长。在青藏高原东南部（Lv and Zhang，2013）、南部（Shi et al.，2015）、东部（Guo et al.，2018；Jiao et al.，2016）等较为湿润的地区，夏季高温促进林线位置树木生长的也有报道。而肃南以西第一主成分年表主要受上年 7 月至当年 6 月降水以及当年 5～7 月的 SPEI 的影响。该区域降水较少，土壤水分有效性难以满足树木生长的需求，成为树木生长的限制因子（Huang et al.，2010）。同时，气候变暖会进一步加剧水分流失，不仅限制树木通过光合作用制造更多有机物，还会增强树木夜晚的呼吸作用，消耗积累的有机物（Dietrich et al.，2021；Wehr et al.，2016）。从树木生理生态上来说，高温少雨的环境可能会降低叶片气孔导度（Peters et al.，2018）、抑制树干液流（Li et al.，2016）、减小针叶尺寸（Rodgers et al.，2018）、降低叶总表面积和叶面含水量（Korner，2012），从而增加树木生长对干旱的敏感性。

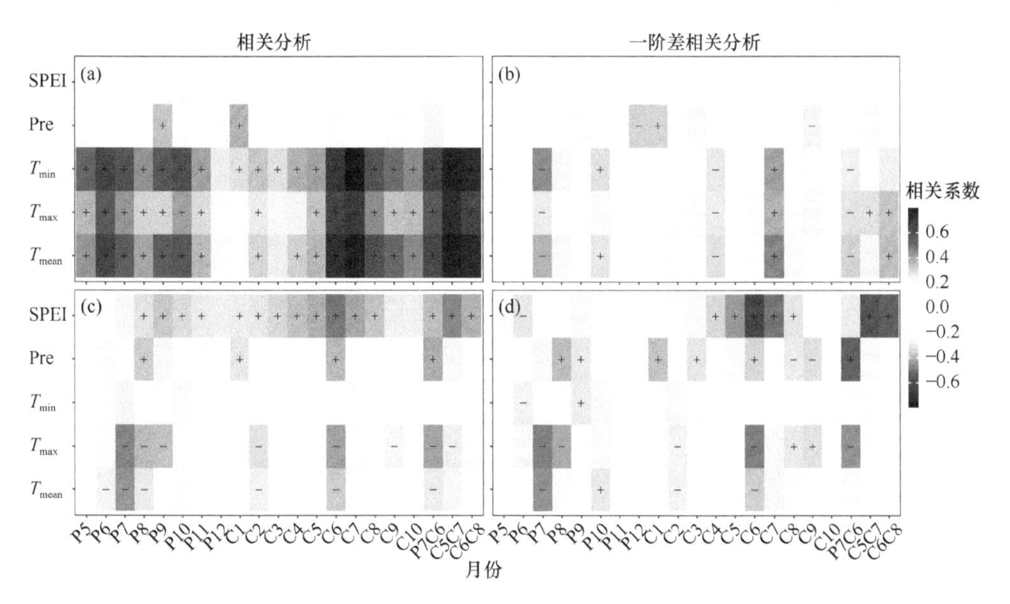

图 3-6　第一主成分年表与区域平均气候因子的相关分析

图中横坐标代表相关月份，P 代表前一年，C 代表当年，P7C6 代表与前一年 7 月至当年 6 月月份组合的气候因子相关。+代表正相关，–代表负相关

与祁连山肃南以东和以西林线位置青海云杉径向生长对气候变化的响应类似，两地树木生长趋势也存在明显差异。肃南以东地区，受益于温度的升高，该地区的树木生长具有明显的上升趋势。事实上，升温促进林线树木生长加速在全球范围内是一种大量存在的现象（Song et al.，2021），许多基于林线树轮宽度年表重建的温度序列反映了最近几十年是过去数百年甚至数千年来温度最高的时期

（Liu et al.，2016；Zhang et al.，2014）。而肃南以西林线位置青海云杉与干旱呈显著正相关关系，理论上随着西部降水的增多，树木生长应当表现出上升趋势，但由于该地区树木与温度呈显著负相关关系，温度上升导致蒸散发加剧，土壤湿度下降，反而对树木生长具有一定的抑制作用，因此肃南以西林线位置青海云杉径向生长趋势变化复杂，主要取决于由温度和降水引起的干旱程度。

对祁连山未来气候变化的预估表明，未来祁连山气温将明显升高，在 RCP 2.6 情景下，2071～2100 年相对于 1971～2000 年参考时段平均升温 1.74 ℃，在 RCP 8.5 情景下，升温高达 5.36 ℃。而区域年降水的增加并不明显，只在几个年份出现明显的增加或减少。但未来降水的季节性变化却有很大差异，未来冬春季降水将明显增加，而祁连山东部夏秋季降水将明显减少（Liu et al.，2022）。

本书的 10 个青海云杉林采样点都位于森林上限，理论上随着气候变暖，这些年表应该都出现上升趋势。这是由于森林上限的温度较低，通常无法满足树木生长需要，从而成为限制因子。然而，肃南以西由于降水稀少，低温对树木生长的限制作用被水分亏缺所掩盖，并显现出与温度的负相关关系。因此，鉴于祁连山未来降水变化的增加或减少趋势，未来祁连山肃南以西林线位置青海云杉变化呈波动状态。而由于肃南以东青海云杉与降水不相关或弱相关，未来温度的升高将有利于肃南以东地区林线位置青海云杉的生长。但是，如果温度进一步上升并持续，那么该区域的水资源可能也会成为树木生长的限制因子（Song et al.，2020）。特别是变暖的速度会随着海拔的升高而加快（Pepin et al.，2015），因此高山林线森林所面临的风险会加大。

3.2.2 祁连山不同海拔青海云杉树木径向生长对气候变化的响应

树木径向生长受外界环境因子的影响明显，而海拔差异往往造成水热条件的变化，从而进一步影响树木生长，因此海拔梯度是研究气候与树木生长关系的重要环境梯度。通常认为，低海拔地区的树木径向生长主要受降水的影响，随着海拔的升高，温度逐渐降低，达到一定高度的森林，温度成为限制其生长的主要影响因子。研究不同海拔树木径向生长与气候因子的关系，有助于进一步认识树木生长对气候变化的响应规律。因此，我们在祁连山中部和东部海拔 2400～3200 m 进行青海云杉树轮采样工作，样品处理如前文所述，建立 21 个树轮宽度年表，其中祁连山东部（扁都口以东）12 个，祁连山中部（扁都口以西）9 个。利用树轮数据网络，研究不同区域和不同海拔青海云杉径向生长特征以及对气候变化的响应，以期全面理解区域树木生长与气候变化的关系。

祁连山中部区域中低海拔年表与当年 6 月、7 月的 SPEI 相关性非常高，同时与 6 月的降水呈显著正相关，与平均气温呈显著负相关，而且各年表与气候因子相关关系的一致性非常高，表明中部地区树木径向生长受到 6 月、7 月水分亏缺的限制作用，这与周边及邻近地区相关研究结果一致（杨镒如等，2022；尚华明等，2018；Liang et al.，2010；蔡秋芳，2009）。6 月、7 月是青海云杉早材形成的关键时期，早材占全轮宽度的 80%以上，此时充足的水分供应有利于树木形成层细胞的产生、分化，并提高光合速率，使树木能够生产足够的碳水化合物来维持此时的高速生长（Ren et al.，2018；徐金梅等，2015）。中部地区气候较为干旱，6 月、7 月气温较高，高温导致土壤和空气中水分蒸发增强，水分亏缺严重（任余龙等，2013），树木容易遭受干旱胁迫，而有研究表明，青海云杉的生长对水分条件极为敏感（Liang et al.，2016），因此 6 月、7 月的水分亏缺严重制约了中部区域青海云杉的径向生长。此外，树木会通过关闭气孔、降低蒸腾作用来调节体内的水分以适应干旱的气候（Mcdowell et al.，2008），这就有可能导致树木的光合作用减弱，合成的营养物质也相应地减少，同样会抑制树木的径向生长。

在祁连山东部地区，树木径向生长与上年 9 月降水显著相关，生长季前期的气候条件对树木的径向生长具有显著的影响（Fritts，1976），这被称为"滞后响应"，在干旱半干旱区较为普遍（王延芳等，2020；刘亚玲等，2020）。9 月树木径向生长基本停止，但树木的光合作用还在继续，研究发现，此时的光合产物一部分用于呼吸消耗以及加厚细胞壁，一部分被树木储存起来（Babst et al.，2014），这部分能量将会被用于来年生长季早期的形成层活动（Kagawa et al.，2006）。另外，上年秋季土壤水分条件的累积效应对植被生长具有重要影响，上年 9 月丰沛的降水可以让土壤和树木体内储存较多的水分，在一定程度上降低生长季早期树木遭受干旱胁迫风险，这有利于来年树木的径向生长。

当年春季降水与中东部树木径向生长也具有一定的影响。中部和东部的大部分年表与当年春季的降水呈显著正相关关系，春季降水的增加有利于树木当年的径向生长。春季气温回升，而 5 月左右形成层开始活动，此时降水的增加可以促进形成层细胞的分裂，有利于当年形成宽轮，而此时较少的降水难以补偿前期的土壤水分亏缺，不利于形成层细胞的分裂，对后续树木的径向生长也造成不利影响。树木生长受到春季水分条件的制约在我国较为普遍。王亚军等（2009）和勾晓华等（2001）研究发现，祁连山东段青海云杉树轮宽度与当年 3～4 月的降水呈显著正相关。彭正兵等（2019）研究发现，东天山雪岭云杉与春季降水呈显著正相关。李雁等（2008）研究发现，柴达木盆地东缘的青海云杉与 5 月降水呈显著正相关。

随着海拔的升高，祁连山中东部青海云杉树轮宽度年表与气候因子的关系发生了转变，由低海拔的水分限制转变为高海拔的温度限制。中部区域高海拔年表与 7 月、8 月的平均气温显著正相关（$P<0.05$），与降水和 SPEI 无显著相关关系，这与周边地区其他研究结果相一致（Zhou et al.，2021；赵学鹏等，2019）。树轮–气候响应关系之所以会随海拔发生变化，主要是因为随着海拔升高，受气温垂直

递减率的影响，温度降低，降水增加，相对湿度增加，所以水分条件不再成为限制因子。而高海拔地区的温度低，树木生长容易受到低温胁迫，所以 7 月、8 月较高的温度有利于形成层细胞的分裂和生长（Fritts，1976），同时，较高的温度可以在一定程度上延长生长季，从而促进当年形成宽轮，而降水多导致地面日照降低，降低了温度和光合有效辐射，反而不利于树木的径向生长。在中、低海拔区域，降水较少，高温引起土壤水分蒸发加剧，使树木更容易受到水分亏缺的影响。在生长季前期，土壤水分亏缺限制了树木形成层细胞的分裂，导致当年产生较少的细胞（李雁等，2008）；在生长季，水分亏缺限制了形成层细胞的生长，而且树木为调节体内水分，会通过关闭气孔的方式来降低蒸腾作用，这也降低了树木的光合作用，导致树木合成营养物质减少，对树木径向生长产生不利影响，因此水分条件对中、低海拔树木生长尤为重要。树木径向生长特征也随海拔发生变化，高海拔树木的平均敏感度、信噪比等都要低于低海拔树木，表明高海拔树木对气候变化不如低海拔树木敏感，这可能是由于高海拔树木采取了不同的生态适应策略（勾晓华等，2004），有可能引起树轮–气候响应关系在海拔梯度上发生转变。

另外，在祁连山中部区域，树轮–气候响应关系在海拔 3000 m 左右位置出现了转折点，海拔 3000 m 以下的树木普遍受到水分的限制，3000 m 以上的树木生长受到温度的限制，这可能意味着在海拔 3000 m 左右存在青海云杉对温度响应的阈值，在其他研究中也有类似的发现，如 Wang 等（2017）研究发现，贡嘎山亚高山冷杉对温度的响应在海拔 2900～3100 m 存在拐点。随着气候变暖，这一转折点的海拔可能会上升，那么受水分限制区域将进一步扩大。而东部区域没有出现这样的变化趋势，可能是东部区域的大部分样点海拔都在 3000 m 以下，而且东部区域降水较中部多，导致样点间对水分响应的一致性较差，所以没有出现明显的转折点。

综上所述，祁连山东西水平梯度和海拔垂直梯度上气候差异明显，因而森林对气候变化响应也存在明显的水平地带性和垂直地带性差异。随着水平地带性向西、垂直地带性向低海拔，水分逐渐减少，树木生长对干旱响应的敏感性增强。

3.3 祁连山森林碳汇与碳储量

3.3.1 森林碳汇的基本概念

碳是组成地球生命的核心元素（Roston，2008），CO_2 、CH_4、CO 及非甲烷总烃是大气中主要的含碳气体，但只有 CO_2 与碳循环密切相关（Houghton，2007）。从大气中吸收储存或清除含碳的温室气体、气溶胶或其前期产物的过程、活动和机制，均称为碳汇。地球上共有海洋圈、生物圈、土壤圈和岩石圈四个主要碳库。森林生态系统是陆地生态系统的主体，是陆地上最主要的生物碳库，也是全球碳循环和全球气候系统的重要组成部分。森林在维持全球碳平衡、调节区域和全球气候以及区域水源涵养等方面发挥着重大作用。森林生态系统的碳循环主要是与大气进行 CO_2 交换。森林生态系统通过光合作用吸收大气中的 CO_2，之后将一部分碳通过自养和异养呼吸返回大气，另一部分则固定在森林植被、凋落物和土壤中。全球森林总生物量约为 6770 亿 t，林木生物量占 80%（Kindermann et al.，2008），约有一半的陆地碳汇储存在森林中（Canadell et al.，2007）。

森林碳汇已经成为减缓大气二氧化碳浓度上升和应对全球气候变暖的有效途径。基于自然过程的森林增汇与碳吸收比工业碳捕捉减排具有成本低、易施行、兼具其他生态效益等显著特点，也是目前最为经济、安全、有效的固碳增汇手段之一。在“双碳”目标下，森林碳汇除传统的生态功能外，其固碳减排效应可以为我国争取更多的话语权，为我国经济社会转型发展争取更多的发展时间和空间。

3.3.2　祁连山森林碳汇研究进展

森林生态系统在应对气候变化和维持全球碳平衡方面发挥着独特的作用（Pan et al.，2011）。许多学者通过生物量清查、微气象观测和遥感模拟等方法对森林生态系统碳储量和碳平衡进行了研究（Fang et al.，2018；Lu et al.，2018），希望减少对全球或区域碳评价的不确定性。2020 年联合国粮食及农业组织发布的《全球森林资源评估报告》指出，全球森林总碳储量达到 6620 亿 t，主要储存在森林生物质（约 44%）、森林土壤（约 45%）以及凋落物（约 6%）和死木（约 4%）中。值得注意的是，森林既是碳汇，也可能是碳源。作为一个生命系统，森林的死亡分解、森林火灾以及人为毁林和不合理采伐，乃至森林生物质产品的利用和消耗过程等，又可能将森林中储存的碳重新释放到大气中。

祁连山是全球独特的温带干旱区山地，是我国东部湿润区、西北干旱区和青藏高寒区的过渡带和边缘区。彭守璋等（2011）研究发现，受水热条件等影响，祁连山青海云杉林的生物量和碳储量空间存在较大差异，生物量随经度增加而增加，随纬度和海拔增加而呈现减少趋势。根据甘肃祁连山国家级自然保护区森林资源规划设计调查，2001 年祁连山蓄积量为 2165.83 万 m^3，参考《2006 年 IPCC 国家温室气体清单指南》和《省级温室气体清单编制指南》推荐的温室气体核算方法计算，祁连山保护区森林活立木生物量约为 1612.55 万 Mg，森林碳储量约为 837.00 万 Mg C。刘建泉等（2017）用材积源生物量法（volume- derived biomass）对祁连山森林植被进行研究发现，祁连山森林植被的总生物量为 4060.6 万 Mg，总碳储量为 1898.2 万 Mg C。其中，青海云杉林的生物量和碳储量分别为 25853.4 万 Mg 和 1195.5 万 Mg C，祁连圆柏的生物量和碳储量分别为 442.8 万 Mg 和 205.9 万 Mg C。经过几十年的封育保护，祁连山森林碳储量呈现大幅稳定增长，对应对气候变化起到了非常积极的作用。

森林生态系统复杂多变，具有很强的时空异质性和内在联系。许多因素可能导致森林碳汇估算的不确定性（Pan et al.，2011）。一般实地调查时，往往由于选择生长较好的样本，估计结果会较高（Fang et al.，1998）。足够的森林清查数据样本和有代表性的生物量方程可以大大提高碳储量变化的估计精度（Smith et al.，2002）。森林各龄组间生物量转换系数的不同，也会导致碳汇估计的差异（Pan et al.，2004）。此外，土地利用变化、气候异常、大气 CO_2 增加、氮沉降等因素也会影响森林碳汇。我们仍然需要更多的评估和比较研究，以改进估计和减少不确定性。天然林保护工程、退耕还林工程等森林生态工程的实施和树木的生长，使祁连山森林的碳密度和碳储量显著增加。森林不能同时最大化其固碳速率和碳储量（Kurz et al.，2013），年轻的林分往往有强大的固碳能力，而高龄组的森林则有较高的碳储量。整体而言，祁连山林区林相整齐，林分郁闭度中偏高，林分以中龄林及近熟林为主。祁连山森林植被碳存储主要集中于青海云杉林与祁连圆柏林。受林分年龄结构影响，未来祁连山森林植被的碳汇潜力依然很大。

3.3.3 祁连山森林碳汇管理建议

森林碳汇与碳储量的估算依赖于准确的生物量与含碳率。一般都是通过生物量扩展因子（BEF）将树干材积换算成林木的生物量后，再根据树木的含碳率计算森林碳密度或碳储量。在大部分碳储量和碳汇估算研究中，都采用 0.5 作为含碳率来将生物量转化为碳密度。罗艳等（2014）研究发现，云杉属的含碳率显著低于圆柏属。青海云杉和祁连圆柏为祁连山分布最广、蓄积量最大的乔木林，弄清这两种乔木树种的含碳率，对评估祁连山碳储量及碳汇能力具有至关重要作用。

祁连山生态地位特殊，具有巨大的固碳增汇潜力。站在服务国家发展大局和维护国家生态安全的高度，最大限度地挖掘祁连山森林的碳汇潜力，化解碳源增加风险，将有力支撑国家及区域碳中和目标的实现。除此之外，森林生态系统在产生巨大生态效益的同时还兼具经济价值。依托祁连山得天独厚的自然禀赋，建议围绕资源变资产、资产变资本的“两山”转化途径，推进森林碳汇项目开发和碳汇生态产品价值转换，积极探索西部欠发达地区特别是生态脆弱地区实现绿色发展的经验模式。

3.4　祁连山森林生态系统安全与适应性管理建议

祁连山森林作为中纬度山地森林的典型代表，不仅一直受到国内外科学研究的广泛关注，也是我国西北生态安全屏障建设的重点。近年来，随着全球气候变化影响的加剧，以及区域社会经济发展和人类活动影响的增强，祁连山森林对于气候和环境变化的适应性以及森林生态系统的安全性评估亟须加强。

3.4.1　问题现状

通过系统梳理祁连山地区森林生态系统的现状、分析森林对气候变化的响应特征和规律，以及初步评估祁连山森林的碳汇与碳储量情况，可以发现存在以下三个突出问题。

（1）长期和全面的森林生态系统监测缺乏，植树造林潜力与造林适宜区评估不足，不能为近期的植被恢复和建设提供明确指导。

研究发现，祁连山森林存在明显的斑块状分布特征，祁连山东中西部、不同海拔以及不同坡向的森林存在差异性的树木生长与气候响应特征、群落结构与演替规律。但斑块状森林的分布规律和机制是什么？树木生长与气候响应差异的生理过程是怎样的？群落结构和功能如何响应和适应气候变化？如果不厘清和考虑这些特征和规律，将难以开展有效的植树造林与植被恢复。

（2）区域尺度的气候变化诊断与预测研究薄弱，未来 50～100 年的中长期森林生态系统安全与适应性评估缺乏，气候变化应对管理策略难以制定。

研究表明，近 50 年是祁连山地区过去千年之中相对比较湿润的时期，尤其是 2000 年以来的气候暖湿化，促使部分地区森林树木生长加快较明显。但同时，气候变暖对祁连山东西部、高低海拔森林的影响也存在差异，未来祁连山东部夏秋季降水减少可能会对森林生态系统安全造成威胁。但区域森林生态系统到底会如何响应和适应未来气候变化？哪些区域的森林将会面临更大安全风险？该方面认知的缺乏阻碍了区域未来气候变化应对管理策略的制定。

（3）祁连山森林碳汇估算存在较大不确定性，区域“碳中和”发展路径不明晰。

祁连山森林生态系统比较复杂多变，由于实地调查数据的代表性问题，以及碳汇估算方法的不足，目前关于祁连山森林碳汇和碳储量的估算结果还存在较大不确定性。同时，虽然祁连山地处生态环境脆弱的西部干旱半干旱区，但祁连山森林生态系统的碳汇仍高于全国森林碳汇的平均水平，对于我国“双碳”目标的实现有很大支撑作用。但目前关于祁连山森林碳汇核算和碳资产开发还比较初步，尚未找到有效的市场盘活手段，亟须寻找适当的“碳中和”发展路径。

3.4.2 对策建议

为实现祁连山地区近期植被修复与生态建设、中长期气候变化应对与森林管理以及区域“双碳”目标实施，急需加强对祁连山森林生态系统安全与适应性的全面系统评估，防范气候变化带来的森林生态安全与生态环境恶化风险。基于此，我们提出以下建议。

1. 加强森林气候变化适应性的科学研究

在祁连山地区合理布局野外观测台站，对典型森林生态系统开展长期、持续、较全面的监测研究，厘清气候变化影响森林树木生长的生理过程，揭示森林群落结构与功能对气候变化的响应机制，并重点开展森林适应气候变化的生态弹性、恢复力等方面的研究。联合高等院校与科研单位的研究力量，围绕祁连山地区近期植被恢复与建设开展多学科交叉研究，开展植树造林潜力与造林适宜区评估，提出明确、精准的森林生态系统管理方案和措施。

2. 编制应对气候变化的森林管理规划

在加强祁连山区未来气候变化预估等研究的基础上，基于对气候变化现状、未来发展趋势及森林生态响应的科学判断，以县域为单元编制祁连山区森林生态系统应对气候变化的管理规划，细化森林管护与造林投入规划体系。考虑到祁连山森林整体林相整齐、自然更新能力较强，森林恢复应以自然恢复为主、造林为辅。同时，考虑到气候变暖会导致低海拔树木面临更大干旱风险，不仅要加强对林缘的管护和保育、防范森林火灾，也要考虑低海拔造林树种、乔木与灌木的选择。当前祁连山温湿气候条件是生态环境保护与建设的适宜期，应充分抓住机遇，科学规划与实施，做好祁连山生态屏障的建设与保护工作。

3. 开展碳汇核算和碳资产开发

祁连山区仍是未来造林与增加森林固碳的可选之地，一方面，应该利用多元手段与数据，结合并改进森林碳汇与碳储量评估模型，重新核算祁连山森林生态系统的碳汇与碳储量；另一方面，需科学、长远地规划造林与增加森林固碳。例如，针对未来祁连山东部大概率的夏秋季降水减少，需充分做好森林树木生长及生态系统固碳变化的评估。同时，应积极开发祁连山林业碳汇通过市场变现的新路径和新方式，通过市场来盘活祁连山森林的碳资产与碳交易，并通过市场反馈来进一步挖掘区域森林的碳汇潜力。例如，通过提高森林生态系统的稳定性与适应能力，加强人工森林抚育与管理（重点关注森林火灾与虫灾），科学规划人工建植（林灌草结合、幼中老龄林结合）等，提高祁连山森林生态系统的碳汇能力与可持续发展潜力；通过新建林业项目或碳信用等途径，实现“双碳”目标。

参考文献

蔡秋芳. 2009. 贺兰山油松生长对三种不同水分指数的响应及 1—7 月 Walter 指数重建. 海洋地质与第四纪地质, 29(6): 131-136.

崔海亭, 刘鸿雁, 戴君虎, 等. 2005. 山地生态学与高山林线研究. 北京: 科学出版社.

勾晓华, 陈发虎, 王亚军, 等. 2001. 利用树轮宽度重建近 280a 来祁连山东部地区的春季降水. 冰川冻土, (3): 292-296.

勾晓华, 陈发虎, 杨梅学, 等. 2004. 祁连山中部地区树轮宽度年表特征随海拔高度的变化. 生态学报, (1): 172-176.

李雁, 梁尔源, 邵雪梅. 2008. 柴达木盆地东缘青海云杉树轮细胞结构变化特征及其对气候的指示. 应用生态学报, (3): 524-532.

刘建泉, 李进军, 邸华. 2017. 祁连山森林植被净生产量、碳储量和碳汇功能估算. 西北林学院学报, 32(2): 1-7, 42.

刘亚玲, 信忠保, 李宗善, 等. 2020. 近 40 年河北坝上地区杨树人工林径向生长对气候变化的响应差异. 生态学报, 40(24): 9108-9119.

罗艳, 唐才富, 辛文荣, 等. 2014. 青海省云杉属(*Picea*)和圆柏属(*Sabina*)乔木含碳率分析. 生态环境学报, 23(11): 1764-1768.

彭守璋, 赵传燕, 郑祥霖, 等. 2011. 祁连山青海云杉林生物量和碳储量空间分布特征. 应用生态学报, 22(7): 1689-1694.

彭正兵, 李新建, 张瑞波, 等. 2019. 不同去趋势方法的新疆东天山高低海拔雪岭云杉树轮宽度年表对气候的响应. 生态学报, 39(5): 1595-1604.

任余龙, 石彦军, 王劲松, 等. 2013. 1961—2009 年西北地区基于 SPI 指数的干旱时空变化特征. 冰川冻土, 35(4): 938-948.

尚华明, 范子昂, 牛军强, 等. 2018. 天山北坡东部叉子圆柏（*Sabina vulgaris*）树轮宽度气候重建潜力评估. 中国沙漠, 38(4): 841-848.

孙晓娟. 2007. 三峡库区森林生态系统健康评价与景观安全格局分析. 北京: 中国林业科学研究院.

汪有奎, 杨全生, 郭生祥, 等. 2014. 祁连山北坡森林资源变迁. 干旱区地理, 37(5): 966-979.

王亚军, 马玉贞, 郑影华, 等. 2009. 宁夏罗山油松（*Pinus tabulaeformis*）树轮宽度对气候因子的响应分析. 中国沙漠, 29(5): 971-976.

王延芳, 张永香, 勾晓华, 等. 2020. 祁连山中部低海拔地区青海云杉径向生长的气候响应机制. 生态学报, 40(1): 161-169.

徐金梅, 张冉, 吕建雄. 2015. 不同海拔青海云杉木材细胞结构对气候因子的响应. 北京林业大学学报, 37(7): 102-108.

杨镒如, 张茗珊, 张凌楠, 等. 2022. 秦岭中西部油松径向生长对气候因子的响应差异研究. 生态学报, 42(4): 1474-1486.

赵庆建, 温作民. 2009. 森林生态系统适应性管理的理论概念框架与模型. 林业资源管理, (5): 34-38.

赵学鹏, 白学平, 李俊霞, 等. 2019. 气候变暖背景下不同海拔长白落叶松对气候变化的响应. 生态学杂志, 38(3): 637-647.

中国森林编辑委员会. 1999. 中国森林第 2 卷. 北京: 中国林业出版社.

中国植被编辑委员会. 1995. 中国植被. 北京: 科学出版社.

Alkama R, Cwscatti A. 2016. Biophysical climate impacts of recent changes in global forest cover. Science, 351(6273): 600-604.

Babst F, Alexander M R, Szejner P, et al. 2014. A tree-ring perspective on the terrestrial carbon cycle. Oecologia, 176(2): 307-322.

Bonan G B. 2008. Forests and climate change: Forcings, feedbacks, and the climate benefits of forests. Science, 320(5882): 1444-1449.

Canadell J G, Lequere C, Raupach M R, et al. 2007. Contributions to accelerating atmospheric CO_2 growth from economic activity, carbon intensity, and efficiency of natural sinks. Proceedings of the National Academy of Sciences, 104: 18866-18870.

Cook E R, Holmes R L. 1986. Users Manual for Program ARSTAN. Tucson: Laboratory of Tree-ring Research, University of Arizona.

Dietrich R, Bell F W, Anand M. 2021. Site-level soil moisture controls water-use efficiency improvement and climate response in sugar maple: A dual dendroisotopic study. Canadian Journal of Forest Research, 51: 692-703.

Doughty C E, Metcalfe D B, Girardin C, et al. 2015. Drought impact on forest carbon dynamics and fluxes in Amazonia. Nature, 519(7541): 78-82.

Fang J Y, Wang G G, Liu G H, et al. 1998. Forest biomass of China: An estimate based on the biomass-volume relationship. Journal of Applied Ecology, 8 (4): 1084-1091.

Fang J Y, Yu G R, Liu L L, et al. 2018. Climate change, human impacts, and carbon sequestration in China. Proceedings of the National Academy of Sciences, 115 (16): 4015-4020.

Fritts H C. 1976. Tree Rings and Climate. New York: Academic Press.

Guo M, Zhang Y, Wang X, et al. 2018. The responses of dominant tree species to climate warming at the treeline on the eastern edge of the Tibetan Plateau. Forest Ecology and Management, 425: 21-26.

Hanewinkel M, Cullmann D A, Scheljaas M J, et al. 2013. Climate change may cause severe loss in the economic value of European forest land. Nature Climate Change, 3: 203-207.

Holmes R L. 1983. Computer-assisted quality control in tree-ring dating and measurement. Tree-ring Bulletin, 43: 69-75.

Houghton R A. 2007. Balancing the global carbon budget. Annual Review of Earth & Planetary Sciences, 35(1): 313-347.

Huang J A, Tardif J C, Bergeron Y, et al. 2010. Radial growth response of four dominant boreal tree species to climate along a latitudinal gradient in the eastern Canadian boreal forest. Global Change Biology, 16: 711-731.

Jiao L, Jiang Y, Wang M, et al. 2016. Responses to climate change in radial growth of *Picea schrenkiana* along elevations of the eastern Tianshan Mountains, northwest China. Dendrochronologia, 40: 117-127.

Kagawa A, Sugimoto A, Mximov T C. 2006. $^{13}CO_2$ pulse-labelling of photoassimilates reveals carbon allocation within and between tree rings. Plant, Cell and Environment, 29(8): 1571-1584.

Kindermann G E, Mcallum I, Fritz S, et al. 2008. A global forest growing stock, biomass and carbon map based on FAO statistics. Silva Fennicaica, 42: 387-396.

Korner C. 2012. Alpine Treelines: Functional Ecology of the Global High Elevation Tree Limits. Berlin: Springer.

Kurz W A, Dymond C C, Stinson G, et al. 2008. Mountain pine beetle and forest carbon feedback to climate change. Nature, 452: 987-990.

Kurz W A, Shaw C H, Boisvenue C, et al. 2013. Carbon in Canada's boreal forest: A synthesis.

Environmental Research, 21: 260-292.

Li H, Wang G, Zhang Y, et al. 2016. Morphometric traits capture the climatically driven species turnover of 10 spruce taxa across China. Nature Ecology & Evolution, 6(4):1203-1213.

Liang E Y, Leuschner C, Dulamsuren C, et al. 2016. Global warming-related tree growth decline and mortality on the north-eastern Tibetan plateau. Climate Change, 134(1-2): 163-176.

Liang E Y, Shao X M, Xu Y. 2009. Tree-ring evidence of recent abnormal warming on the southeast Tibetan Plateau. Theoretical and Applied Climatology, 98: 9-18.

Liang E Y, Wang Y, Xu Y, et al. 2010. Growth variation in *Abies georgei* var. smithii along altitudinal gradients in the Sygera Mountains, southeastern Tibetan Plateau. Trees-Structure and Function, 24(2): 363-373.

Liu L, Wang X, Guo X, et al. 2022. Projections of surface air temperature and precipitation in the 21st century in the Qilian Mountains, Northwest China, using REMO in the CORDEX. Advances in Climate Change Research, 13(3): 344-358.

Liu Y, Sun C F, Li Q, et al. 2016. A *Picea crassifolia* tree-ring width-based temperature reconstruction for the Mt. Dongda Region, Northwest China, and its relationship to large-scale climate forcing. PLoS One, 11: 1-18.

Lu F, Hu H F, Sun W J, et al. 2018. Effects of national ecological restoration projects on carbon sequestration in China from 2001 to 2010. Proceedings of the National Academy of Sciences, 115(16): 4039-4044.

Lv L X, Zhang Q B. 2013. Tree-ring based summer minimum temperature reconstruction for the southern edge of the Qinghai-Tibetan Plateau, China. Climate Research, 56: 91-101.

Mcdowell N, Pockman W T, Allen C D, et al. 2008. Mechanisms of plant survival and mortality during drought: Why do some plants survive while others succumb to drought? The New Phytologist, 178(4): 719-739.

Pan Y, Birdsey R A, Fang J, et al. 2011. A large and persistent carbon sink in the world's forests. Science, 333(6045): 988-993.

Pan Y D, Luo T X, Birdsey R, et al. 2004. New estimates of carbon storage and sequestration in China's forests: Effects of age-class and method on inventory-based carbon estimation. Climatic Change, 67(2-3): 211-236.

Penuelas J, Filella I. 2009. Phenology feedbacks on climate change. Science, 324(5929): 887-888.

Pepin N, Bradley R S, Dlaz H F, et al. 2015. Elevation-dependent warming in mountain regions of the world. Nature Climate Change, 5: 424-430.

Peters R L, Fonti P, Frank D C, et al. 2018. Quantification of uncertainties in conifer sap flow measured with the thermal dissipation method. New Phytologist, 219: 1283-1299.

Ren P, Rossi S, Camarero J J, et al. 2018. Critical temperature and precipitation thresholds for the onset of xylogenesis of *Juniperus przewalskii* in a semi-arid area of the north-eastern Tibetan Plateau. Annals of Botany, (121): 617-624.

Rodgers V L, Smith N G, Hoeppner S S, et al. 2018. Warming increases the sensitivity of seedling growth capacity to rainfall in six temperate deciduous tree species. AoB Plants, 10: 1-14.

Roston E. 2008. The carbon age: How life's core element has become civilization's greatest threat. Discover, (7214): 732-733.

Shi C, Masson-delmotte V, Daux V, et al. 2015. Unprecedented recent warming rate and temperature variability over the east Tibetan Plateau inferred from Alpine treeline dendrochronology. Climate Dynamics, 45: 1367-1380.

Smith J E, Hetth L S, Jenkins J C. 2002. Forest Tree Volume to Biomass Models and Estimates for Live and Standing Dead Trees of U. S. Forest. Washington DC: USDA Forest Service.

Song M, Yang B L, Jungqvist F C, et al. 2021. Tree-ring-based winter temperature reconstruction for East Asia over the past 700 years. Science China-Earth Sciences, 64: 872-889.

Song W, Mu C, Zhang Y, et al. 2020. Moisture-driven changes in the sensitivity of the radial growth of *Picea crassifolia* to temperature, northeastern Tibetan Plateau. Dendrochronologia, 64: 125761.

Stokes M A, Smileyt T L. 1968. An Introduction to Tree-Ring Dating. Chicago: University of Chicago Press.

Wang W, Jia M, Wang G, et al. 2017. Rapid warming forces contrasting growth trends of subalpine fir (*Abies fabri*) at higher- and lower-elevations in the eastern Tibetan Plateau. Forest Ecology and Management, 402: 135-144.

Wehr R, Munger J W, Mcmanus J B, et al. 2016. Seasonality of temperate forest photosynthesis and daytime respiration. Nature, 534: 680-683.

Wilmking M, Juday G P, Barber V A, et al. 2004. Recent climate warming forces contrasting growth responses of white spruce at treeline in Alaska through temperature thresholds. Global Change Biology, 10: 1724-1736.

Zhang Y, Shao X M, Yin Z Y, et al. 2014. Millennial minimum temperature variations in the Qilian Mountains, China: Evidence from tree rings. Climate of the Past, 10: 1763-1778.

Zhou P, Huang J, Liang H, et al. 2021. Radial growth of *Larix sibirica* was more sensitive to climate at low than high altitudes in the Altai Mountains, China. Agricultural and Forest Meteorology, 304-305(6):108392.

第 4 章

祁连山农田生态系统安全与适应性管理

李　平

甘肃省武威市农业技术推广中心农艺师，主要从事农作物病虫害调查测报与植物疫情检疫处置工作

农业的起源与发展改变了许多自然生态系统的结构和功能。它对种群、群落以及生态系统的各种生态过程发生着作用，使农业生态系统组分及各种生态过程（包括能流模式、有机物的丰度及分布、养分循环、基因选择、内部反馈控制或调节等）都不同于自然陆地系统。农业是形成人类自然景观的主要力量之一，同时农业生态系统仍具有许多自然生态系统的特征。除气象因素外，农业生态系统的投入（如肥料、农药、塑料地膜、燃料、劳力等）主要来源于人类，投入的不断增加影响到系统的生态过程（如初级生产、分解、消费等过程）。人类的所有管理，使得农业生态系统更具有相互依赖性，如植物的生长与品种组成受肥料与除草剂使用的影响，并且与世界各地的社会经济环境作用联系在一起，而自然陆地生态系统的投入主要受自然气象和物候条件作用影响，其各种生态过程是长期进化的结果。因此，农业生态系统可作为社会经济生态复合体和比较大的景观组分来理解和管理（郭常莲等，1997）。

祁连山是中国西部主要山脉之一，也是中国西部最重要的生态安全屏障及全国动植物资源宝库（Li et al.，2020；温烨华，2019；孙美平等，2015）。祁连山地处青藏高原与蒙古高原缝合部的地质地貌过渡带，包括青海东北和甘肃河西走廊17 个县（市），总土地面积 11 万余平方千米，耕地面积约 593333.3 hm^2。祁连山山体分成三段，大致呈东西展布，南北为河谷与山岭相间排列，基本的地貌类型是间有宽阔谷地的一系列近东西走向的山地。河谷内又常被深厚的黄土所覆盖，因此，在有灌溉条件下，这些地区是适宜种植业发展的，其中祁连山生态保护区涉及甘肃省境内面积约 34400 km^2，占总面积 69%；青海省境内面积约 15800 km^2，占总面积的 31%（高妍等，2022；俞力元，2020）。

祁连山深居内陆，暖湿气流到达这里的影响已很微弱，年降水量也很少，其中祁连山地区东段的年降水量为 300～500 mm，中段为 200～300 mm，西段仅剩下100～200 mm。雨养农业在东段还勉强可以获得一定产量；至于西段，虽然降水量随海拔也有一定的增加，但基本上是处在没有灌溉就没有农业的状态下。温度条件也有一定的垂直变化。在海拔 2500 m 以下，日平均气温≥10℃期间积温＞1000℃，可以满足小麦、马铃薯和其他喜凉作物生长发育的需要；2500～3400 m，作物种类受到限制。目前，祁连山地区种植业上限大约为 3300 m。海拔 4200～4400 m 以上为永久冰雪带，不适宜农林牧业生产（蒋菊芳等，2012；马兴祥等，2005）。

由于过去的不合理开发，祁连山地区干旱、风蚀和土壤盐碱化问题长久，生态风险隐患严峻，目前的形势依然不容乐观。从严格意义上讲，祁连山环境条件不属于农业生产的最佳地区。因此，研究和做好祁连山农田生态系统安全与适应性管理，对祁连山系内陆河流发源地和生态孕育区的保护、生态型现代农业的构建与可持续发展、阻隔沙漠南侵、拱卫青藏高原国家生态安全屏障具有非常重要的意义（王娅等，2022）。

4.1　祁连山农田生态系统概况

4.1.1　祁连山自然地质地貌格局

祁连山是青藏高原众多山系之一，处于青藏高原东北部，其地质基础是祁连褶皱带。新元古代至古生代前期，这里还是特提斯古海的一部分。古生代晚期，加里东运动褶皱成山，脱离海侵。中生代燕山运动以及新生代喜马拉雅运动，使青藏高原受印度板块俯冲构造影响，整体抬升，逐渐形成高海拔高原。祁连山在抬升过程中，伴随褶皱运动，形成高原上的构造山地。东迄乌鞘岭，西至当今山口，连绵 800 余千米，南抵青海南山，北抵走廊南山，南北宽 200 余千米，褶皱基轴在党河南山至疏勒南山上，上升幅度最高处在疏勒南山的团结峰，海拔为 5808 m。整个祁连山系，西部高于东部，西部高原面宽广，东部则较破碎。祁连山在褶皱中，伴随许多断陷作用的发生，形成众多的盆地和谷地。其中，最大的为走廊南山北麓的河西断裂，成为祁连山北部的明显界限。山系内部，有大通河拗陷、党河拗陷、黑河断陷、布哈河断裂等。这些断裂和凹陷与构造线平行，形成许多谷地、盆地，把整个祁连山体分割成岭谷相间的地貌格局，统称为祁连山系。在地貌垂直起伏上，祁连山系的北坡成为划分我国第一级和第二级地势阶梯的明显界线。此线以北地区为河西走廊，海拔一般不超过 2000 m。此线以南，地面平均海拔 3500～4500 m，大致以疏勒南山为中轴，此山以北和以西，坡降较陡，团结峰至酒泉盆地边缘高差近 4500 m，河流属河西走廊内陆水系。此山以南，地形面完整，河流注入柴达木水系、青海湖和哈拉湖，属高原内陆水系。此山以东，坡降较山北和缓，但较山南陡，团结峰至门源的克图海拔高差 2000 m，河流注入黄河，属外流水系（黄瑞琦，2016；苏琦等，2016；张会平等，2012）。

4.1.2　水分温度的地域分异与自然分区

水分温度条件和土壤性状等因素，是进行大农业生产的基本条件。水分温度的不同组合类型，是形成不同农业生态类型的基本原因。因此，水分温度状况及其组合，便成为考虑大农业生态结构的基本前提。祁连山地的水分温度状况，主要决定因素是地理位置、海拔以及本身所占据的宽广地域。在湿润状况上，首先，该山处在大气环流西风带上，冬季完全处在强劲的西风控制下，干燥严寒；夏季西风带北移，东南海洋气团尚可到达，带来降水。其次，该山地理位置深居内陆，虽夏季海洋气团能够滋润本区，但已成强弩之末，降水不多，且越往西越少。东部地区年降水量为 300～400 mm 及以上，西部地区为 100～300 mm。最后，本区降水还受山体垂直地形的影响，随着山体高度的升高，截获湿润气流的数量和冷凝聚降水能力均有增加（张富广等，2019；王忠武等，2018）。

区域气候特征的主要标志之一是温度条件。决定祁连山地区温度差异的因素主要是垂直分异，但也受到所在地理位置的制约。该山的纬度在 36°N～40°N，本应属于暖温带，但由于海拔高，成为温带和寒温带。根据温度差异，山地东部和南部盆地谷地为高原温带，中部和西部为高原寒温带。山体内，温度垂直分异明显，大约每升高 100 m，温度降低 0.6～0.7℃。在气候区域分异特征的制约下，祁连山地的植被和土壤因区域不同而不同，并由此在环境与资源整体上繁衍出两个自然地带、三个自然区：①温带半干旱山地草原地带，该地带可划分出祁连山东段温带干草原区、祁连山中段温带干草原与高寒草原区；②寒温带干旱山地荒漠草原地带，仅可划分出祁连山西段干旱高寒荒漠草原区。

4.1.3 立体农业地带与农业带谱结构

祁连山的农业随着山体的升高，植物或作物的适生型（或亚型）呈现显著垂直变化，形成一定宽度的垂直带层，这种沿垂直高度而变化的农业，称为立体农业。而山体上分异的适生型（或亚型）带，称为山地立体农业地带（付伟等，2013）。山地相对高差越大，农业的带层分化越多，相对高差越小，则带层分化越少。山体上的各个立体农业地带构成一个有机排列系列，称为山地立体农业地带带谱结构，或统称为农业带谱结构。祁连山的立体农业地带与带谱结构因自然区的不同而不同，祁连山具有三种不同性质的立体农业结构（赵松乔等，1992）。

1. 祁连山东段温带干草原区立体农业地带与带谱结构

该区位于日月山以东，主要由冷龙岭、达坂山等山脉以及大通河谷、湟水河谷构成。河谷最低处在民和县湟水河口，海拔 1650 m。山地垂直高差 2500～3500 m，垂直分异突出。该区是祁连山区的多雨区，流水地貌发育，侵蚀切割地形明显，沿湟水河谷及大通河谷的丘陵与台地上，黄土地貌发育，沟壑较多，是青海省的主要农耕区域。全区面积约 2.6 万 km^2，约占祁连山地区面积的 15.0%，行政上主要包括青海省的西宁市、大通县、民和县、乐都区、平安区、湟中区、互助县及门源县和甘肃省的永靖县，该区还包括部分河西走廊。其中，青海省耕地面积的 60%、粮食播种面积的 70%、油料面积的 47.5%分布于该区，该区也是青海省主要的农业区。受垂直分异规律制约，该区山体可分出如下垂直农业地带。

（1）海拔 2600 m 以下，以农业为主，农林牧综合发展地带。地形上主要表现为谷地，河漫滩、阶地及丘陵谷地为主要类型。热量条件高，太阳年辐射量约

145 kcal/cm^2，≥10℃年积温 500～1000℃及以上，年降水量为 300～400 mm，年湿润系数为 0.25～0.67，是热量较高而相对干旱的区域，主要自然景观为温带草原，局部河谷有荒漠草原特征。耕作业占主要优势，耕地面积 240200 hm^2，占青海全省耕地面积 42.5%，牧业和林业占有一定比例，牲畜以羊为主，舍养与放牧结合。

（2）海拔 2600～3200 m，以林业为主，农林牧综合发展地带。年平均气温 2℃，≥10℃年积温 500～1000℃，最热月（7 月）平均气温 12～14℃，年降水量为 400 mm 以上，年湿润系数为 0.67～1.0，属温凉半湿润山地气候类型。农业在本地带仍占一定比例，分布于平地、平缓坡地上的耕地面积约 96733.3 hm^2，占青海全省耕地面积的 17.1%。作物以耐寒、早熟、生长期短的品种为主，青稞、白菜型小油菜占绝对优势，是青海省主要的油菜生产基地之一。白菜型小油菜分布的最高海拔为 3200 m，也是该区耕作业的稳定上界。该地带在垂直分异上属第二个地带，山地面积占 90%以上，阴坡和半阴坡常为森林，以云杉、山杨、桦为主。森林分布上限海拔为 3200 m。林下发育了灰褐色森林土，土层分化明显、腐殖质累积过程强烈，淀积和黏化过程显著等特点。该地带最适宜林木生长，森林面积占优势。草甸草原植被利于放养牛和羊等畜群，牧业占一定比例。因此，该地带的利用方向以林业为主，农林牧综合发展。

（3）海拔 3200～3900 m，以牧业为主，林牧业综合发展地带。此地带在侵蚀与堆积类型上属流水和冰缘作用带，流水地貌和冰川地貌均有表现。年平均气温 –2～2℃，≥10℃年积温小于 500℃，年降水量 550 mm 以上。耕地作业在此地带已消失，主要利用方向是牧业和水土保持的林业（灌木林）。自然景观上，此地带为高山灌丛草甸地带。阴坡为高寒灌丛草甸，灌丛分布上限海拔为 3900 m。灌丛具有防止水土流失，涵养水源效益的功能，是高原上重要的高寒林业类型。高山灌丛下发育了高山灌丛草甸土，高山草甸下发育了高山草甸土，均具有表层草根密集交织、富于海绵弹性、向母质过渡迅速、淀积层薄等特点。本地带是主要放牧草场，夏季集中了牲畜总量的 80%，主要有牦牛、藏羊等。由此可见，此地带在利用上，既要重视灌木林的生态效益和水源涵养、水土保持作用，又要利用广阔的高山灌丛草场和草甸草场，发展畜牧业，以牧业为主，林牧业综合发展。

（4）海拔 3900～4200 m，纯牧地带。此地带年平均气温低于–2℃，无绝对无霜期，年降水量 600 mm 以上，高寒潮湿，生长有纯高山草甸植被。植被盖度＞95%，每亩鲜草产量达 75～100 kg 及以上，是优质的高山草甸草场，适于牦牛、藏羊等放牧。因地势太高，仅在夏季可以利用。本地带属于纯牧业带。

（5）海拔 4200 m 以上，高寒冰川及寒漠不宜农林牧地带。山体雪线大致在海拔 4400～4500 m，寒漠界线在 4200～4500 m。海拔 4200 m 以上为冰碛砾石和冰雪覆盖区域，没有土壤发育，因而没有建群植被，仅在寒漠砾石空隙中，零星生长垫状植被，植被盖度＜1%。冰川是本区的固体水库，因此，本地带的生态功能是水源供应地。

2. 祁连山中段温带干草原与高寒草原区的立体农业地带与带谱结构

该区位于祁连山中段，西界大致在哈拉湖西侧，东界在祁连山东段温带干草原自然区以西，南面包括青海南山，北部包括走廊南山的广大区域。全区面积约10.4 万 km^2，占整个祁连山面积的 60.1%。该区是地广人稀的区域，地貌格局具有高原面宽广、山体多列排列、地势高差由南向北逐渐增大等特点。青海湖一带，地势相对高差为 1000～1300 m，中部为 1300～1800 m，北部为 1800～2500 m。湿润状况上，具有半干旱的特征。温度状况受地势影响较大。南部地区海拔 3300 m、北部海拔 3200 m 以下为温带气候，此线以上属高寒气候。水分温度的垂直分异明显，农林牧的适宜利用方向与布局格局从河谷至山脊具有如下排列结构：

（1）海拔 3300 m 以下，以牧业为主，农林牧综合发展地带。此地带上限海拔约 3300 m，南部青海湖一带略高于此线，北部黑河河谷略低于此线。年平均气温–2～0℃，≥10℃积温少于 500℃，年降水量为 300～400 mm。湿润系数为 0.25～0.67，属半干旱类型。该地带耕作业主要分布于祁连、海晏、刚察、天峻等县，耕地面积为 6666.7 hm^2，占青海省耕地面积的 1.2%，作物种类较少，主要有春小麦、油菜、马铃薯、青稞等，单位面积产量较低。林业在该地带以温性灌丛为主，面积分布虽然零星，但对于防止水土流失、改善环境结构具有重大意义。该地带土地面积数量最大为草场，盖度达 70%以上，每亩鲜草产量达 150 kg 以上。土壤形成过程以腐殖质累积和钙化过程为主，土体碱性，质地较粗，是发展以羊为主的畜牧业理想草场。此地带以牧为主，农林牧综合发展。

（2）海拔 3300～3900 m，以牧业为主，林牧业综合发展地带。此地带在山地的位置虽属山体中下部，但气温下降到年均 0℃以下，≥10℃年积温不足 200℃。由于地势升高，蒸发较少，水分湿润状况较前一地带好。阴坡植被长势较好，盖度达 80%以上，对于防止山地水土流失、涵养水源具有显著效益，同时也是牦牛等大牲畜适牧草场。阳坡植被长势良好，草质优良，每亩鲜草产量为 75 kg，适宜藏羊等小型牲畜放养。该地带的农业结构以牧业为主，同时兼顾灌丛的水土保持和水源涵养效益，林牧业综合发展。

（3）海拔 3900～4300 m，纯牧业地带。此地带在山体的中上部，自然环境属于高山草甸，是夏季的优良牧场，适宜藏羊等牲畜放养，是山地农业资源利用的纯牧地带。

（4）海拔 4300 m 以上，农林牧不宜利用的冰川寒漠地带。此地带寒冻风化和冰川地貌发育，流石滩、倒石堆等冰川堆积广布。此地带没有农林牧业的利用价值。

3. 祁连山西段干旱高寒荒漠草原区的立体农业地带与带谱结构

该区位于祁连山西段，大致包括大雪山、野马山、党河南山、土尔根达坂山、柴达木山等多列山地。面积约 4.3 万 km^2，占整个祁连山面积的 24.9%。气候寒冷干旱，全年无绝对无霜期，年降水量不足 100 mm，湿润系数＜0.25，以干燥剥蚀和冰缘地貌为主，垂直分异较为简单。

（1）海拔 4300 m 以下，牧业和封育并重地带。此地带在自然景观中属高寒荒漠草原环境，年均气温–4～0℃，≥10℃年积温＜100℃，年降水量为 100～300 mm。风力较强，年平均大风日数在 60 天以上，湿润系数在 0.25 左右。植被盖度为 30%～50%，群落结构简单，产草量低，草质较差。地表组成物质较粗，沙漠面积占一定比例，土壤类型主要为高寒荒漠草原土和风沙土。因生产潜力较低，生态环境脆弱，因而在利用上仅宜适当放牧，避免沙化进一步发展，应贯彻牧业和保护并重的方针。

（2）海拔 4300～4600 m，纯牧业地带。在自然景观上，此地带为高寒草原地带，以耐寒适旱多年生根茎禾草为主，草群低矮，植被稀疏，盖度小，层次结构简单、生物产量低。土壤具有草原土特征，在高寒气候条件下，发育成高寒草原土。土地生产潜力低，牲畜承载能力远不如草原。此地带没有农耕业和林业，仅宜发展以羊为主的畜牧业。

（3）海拔 4600 m 以上，农林牧业不宜利用的冰川寒漠地带。此地带由于终年为冰雪覆盖或由于地表冰川作用形成流石滩（冰川高度 4800 m，寒漠碎石分布高度 4600～4800 m），气候严寒，不仅农作物无法生长，就连牧草也失去生存条件，因此该地域不能为农林牧业所利用，不适合人类生存活动。

4. 立体农业的分异规律

祁连山地的立体农业受农业生态条件的制约，无论在水平地域上或在垂直方向上，均呈现有规律的展布（苗永山，2010；赵松乔等，1992）。

（1）农业利用方向上，主要表现为东、中、西段河谷及平地差异上。祁连山东段以农业为主，农林牧综合发展；中段表现为以牧业为主，农林牧综合发展；西段表现为牧业和封育保护并重，揭示了水分湿润状况从东到西由半干旱至干旱、温度从温和至寒温的分异规律。

（2）农业立体结构，东段复杂，西段简单，体现了由东向西简化的演替特征。东段山地具有 5 个立体农业垂直地带，中段 4 个，西段仅 3 个。在农业利用方向上，东段从河谷至山顶，主要利用方向从农业（耕作业）到林业再到纯牧业，最后到农林牧不能利用依次更替；而西段则仅以牧业利用至农林牧业均不能利用的简单结构；中段则处于东段和西段的过渡地带。

（3）在相同利用方向的层带变化上，具有从东向西爬高趋势。例如，以高山草甸为资源背景的纯牧地带，东段上限为海拔 4200 m，中段为 4300 m，西段则缺失。以不能为农林牧业利用的冰川寒漠地带论，东段下限为海拔 4200 m，中段为 4300 m，西段则上升到 4600 m。

4.2 祁连山农田生态系统服务功能与碳收支动态

4.2.1 山地–绿洲–荒漠复合农田生态系统服务价值变化及其影响因子

农田生态系统是在以农作物为中心的农田中，生物群落与其生态环境间在能量和物质交换以及相互作用上所构成的一种生态系统（Ciftcioglu，2017）。农田生态系统的服务功能是指农田生态系统与其生态过程所产生及所维持的人类赖以生存的物质产品和效用（Chen and Hu，2021；He and Huang，2019；Guan et al.，2019）。祁连山干旱、半干旱区由于降水量少、蒸发量大，再加上人类的过度干扰，是生态环境脆弱的敏感地带；以河西走廊为例，以耕地为载体的农田生态系统主要集中分布在南部祁连山区、中部绿洲走廊及下游荒漠区 3 个不同的生态功能区内。

不同生态功能区之间的自然资源状况、气候条件及土地利用方式等差异较大，人类从事具体的农业生产活动方式也不同（Hossain et al.，2020；Blanca et al.，2017），从而使得祁连山农田生态系统服务价值和影响因子表现出一定程度的空间异质性特点。上述地区中，南部祁连山生态区高寒、湿润；海拔 2600～3200 m，年平均气温为 2.0～5.5℃；年降水量在 200 mm 以上，最高达 800 mm；蒸发量为 700 mm，是农业向牧业的过渡地带，是重要的牧业区。中部走廊平原生态区属于温带干旱荒漠、半荒漠气候，光热资源丰富，气温高。年平均气温为 5～10℃；日照时长为 3000～4000 h；相对湿度为 50%，年蒸发量在 2000 mm 以上，是发展农业的理想区域，但水分条件是制约该区的重要生态因子。北部干旱荒漠生态区气候温差大，干燥缺水，年降水量在 100 mm 以下，相对湿度＜40%，年蒸发量在 3000 mm 以上，戈壁、沙漠构成本区特殊地理生态特征，生态条件严酷，植被稀少，生态环境极端脆弱成为本区农业生产及经济发展的制约性条件。

上述 3 个不同的生态功能区既相互独立又密切联系，构成了特殊的山地–绿洲–荒漠复合生态系统的大景观格局，其中山地子系统为水资源形成区，绿洲、平原荒漠子系统为水资源利用消耗散失区，绿洲的发展必须以山地为依托，以荒漠为屏障和后备基地。农田生态系统单位面积的基本服务价值呈荒漠＞绿洲＞山地的空间梯度分异，且不同功能区农田生态系统基本服务的单位面积服务价值均呈增加趋势，这种同一生态系统地理单元内部不同生态功能区服务价值的差异主要是由不同地区土地利用方式和气候资源决定的。

农田生态系统基本服务价值变化趋势为荒漠区增长最快，绿洲增长次之，山地增长最少。尽管农田生态系统在气候调节、水土保持、环境净化、食物生产、原材料提供等方面的贡献越来越突出，但是过度使用化肥等导致农田环境污染损失的价值亦都表现出不同程度的增大趋势，具体表现为荒漠区年均增加较大，绿洲次之，山区变化不大。在农业耗水损失价值方面，荒漠区减少，绿洲区增加，祁连山区呈稍有减少趋势。

从不同生态功能区农田生态系统服务价值变化与人文因素分析结果来看，产业投入、农村劳动力、化肥及农药使用量、塑料地膜使用量、农业用水量、经济作物面积和粮食单产 7 个人为因素对山地–绿洲–荒漠不同生态功能区农田生态系统服务价值变化影响显著。其中，对于荒漠生态区来说，农田生态系统服务价值与农村劳动力、经济作物面积和粮食单产成正比，与化肥及农药使用量、塑料地膜使用量和农业用水量成反比。绿洲农田生态系统服务价值变化的影响因子基本与荒漠区相同，绿洲农田生态系统服务价值与农村劳动力、农业用水量、粮食单产和经济作物面积成正比，与化肥及农药使用量、塑料地膜使用量等成反比。虽然山地土地利用方式以草地为主，但近年来祁连山地生态区耕地数量呈少量增加趋势，从而增加了农田的生产能力，山地农田生态系统服务价值与产业投入和粮食单产成正比，农田生态系统服务价值增大。

上述 3 个不同生态功能区农田生态系统服务价值变化表明，农田生态系统服务功能的经济价值主要由产业投入、农村劳动力、化肥及农药使用量、塑料地膜使用量、农业用水量、经济作物面积和粮食单产综合影响决定（Perez-Gutierrez et al.，2017；Xie et al.，2017），化肥及农药使用量和塑料地膜使用量虽然在一定程度上促进了农业生产力的提高（Lammoglia et al.，2017），但也使得山地–绿洲–荒漠不同生态功能区农田生态系统损失的价值呈增大趋势，并加重了农田生态系统的承载负荷；水资源仍是各个生态区农业综合发展的最大限制性因素。因此，在实现农业现代化过程中，要特别注意加强对祁连山各个生态功能区水文生态资源的研究和保护、提高水资源利用效率、降低农业耗水价值，这些措施对于保障祁连山农田生态安全及促进社会与经济的健康可持续发展具有积极的意义。

4.2.2　农田生态系统的碳收支动态及治理对策

陆地生态系统碳循环过程中最活跃的碳库是农田生态系统（王莉等，2022；孟娟，2022；赵宁等，2021）。农田生态系统碳循环是一个受土壤性质、农田管理、气候条件、种植模式等多种因素综合影响的过程（Zhang et al.，2018）。农田生态系统具有固碳周期短、强度大、积蓄量大等特点。土壤碳库和植被碳库是农田生态系统的主要碳库，其中土壤碳库包括有机和无机两大碳库，无机碳主要以碳酸盐形态存在，不仅活性低，而且对环境不敏感，所以有机碳是土壤碳库较为活跃的碳库。植被碳库一般指植物体，包括植物地上和地下的活根。植物体通过光合作用固定空气中大量的二氧化碳于植物体内，作物生长期间的花、叶、果实、茎干等凋落物以及收获后的秸秆根茬部分作为有机碳源输入土壤，这是土壤获得碳源的一个重要途径。土壤获得碳源的另一个主要途径是人类的生产活动，即人为施加有机肥和化肥。作物的呼吸作用和土壤中有机质的分解会向大气转移碳素。碳素再通过作物的光合作用蓄积于植物体内，通过食物链向动物和人类方向流动，然后以粪便、排泄物和遗体等形式重新进入生态系统。

农田生态系统 5 种主要的碳排放途径分别是化肥的生产使用、农田灌溉使用、农业机械生产使用、农药的生产使用及塑料农膜的生产使用。农作物是农田生态系统中重要的植被碳库，对陆地生态系统以及全球气候变化起着不容忽视的作用。不同作物的碳吸收能力不同（表 4-1），玉米、小麦、大豆、谷子及蔬菜等农作物的碳吸收率较高。根据农作物的产量、碳吸收率以及经济系数计算，可得出玉米的年均碳吸收量达 546.96 万 t，小麦的年均碳吸收量达 299.69 万 t（郝小雨，2021；尹钰莹等，2016）。因此，因地制宜、合理调整区域种植结构和作物布局是提高农田生产力、改善农田生态环境、增加农田生态系统的碳吸收量的重要措施之一。

表 4-1　主要农作物的经济系数和碳吸收率（郝小雨，2021）

农作物种类	经济系数	碳吸收率
玉米	0.40	0.471
高粱	0.35	0.450
水稻	0.45	0.414
小麦	0.40	0.485
谷子	0.40	0.450
薯类	0.70	0.423
大豆	0.35	0.450
麻类	0.10	0.450
甜菜	0.60	0.450
烟草	0.55	0.450
蔬菜	0.65	0.450
油料	0.25	0.450
瓜果	0.70	0.450

由此可见，影响农田生态系统碳收支变化的主要因素包括自然条件和人为管理措施两大方面。自然条件包括太阳辐射、土壤类型、年降水量、年均温度、风速、饱和水汽压等，自然条件的不同决定了农作物种植结构、种植类型的差异；

人为管理措施包括灌溉、施肥、耕地面积、农业机械使用情况等。例如，在祁连山的干旱半干旱地区，随着旱作农业的大力发展，马铃薯和药材产业迅速扩大，增加了该区农田生态系统的碳源；其中，马铃薯的经济系数较高，但是由于干旱半干旱地区的农田复种指数低，两者之间相互作用造成农田生态系统的碳吸收强度较低，加之农业机械化作业柴油燃烧的大量使用、化肥和农药的使用量亦较高，导致祁连山旱作区农田生态系统碳排放的增速超过了碳吸收，且该趋势会伴随农业生产规模的扩大而进一步加剧。其中，尤其是化肥、农膜大量使用，导致碳排放量较大，形成农田生态系统中最主要的碳排放途径；农田灌溉及农药生产投入所产生的碳排放量较化肥的少。因此，祁连山农田生态系统碳收支平衡治理，要根据不同地区的水热等生态环境特征差异，进一步挖掘该地区农业节能减排的生产潜力，积极转变当地的农业生产方式，科学调整产业结构和种植布局。进一步提升农田管理水平，加强科学栽培技术的推广应用是减少农田生态系统的碳排放量、提高农田生产力、增加祁连山农田生态系统碳吸收量的科学措施。

具体来说，针对祁连山农田生态系统碳源碳汇的综合治理建议整理如下：一是改善祁连山农田耕作及灌溉方式，优化农业生产结构。农业翻耕导致碳排放，可实行轮耕、休耕、免耕等耕作方式，采用低耗环保的智能化农业设备，如研发和使用深松耕地、高效免耕、精量播种与秧苗移栽四效合一的智能化机械，通过高效、生态的耕作制度来减少农田碳排放；研发高效节水灌溉方式及设备，根据不同耕地，采用并推广不同的新型灌溉方式，如旱田集雨节灌、浸润灌溉、节水滴灌等；对于塑料农膜，提倡使用新型环保可降解或易于回收再利用的材料，以期实现增产低碳，促进农业可持续发展。二是降低化肥及农药施用强度，推广使用新技术及有机肥料。淘汰过去农业生产方式多采用化肥及农药来提高农作物产量的传统措施，改善提高化肥使用率，降低农药、化肥的使用强度。按照祁连山不同农田主要或特色农作物对肥料的需求配制施肥比例，寻找传统化学肥料的替代品。一方面要增施有机肥，提高畜禽粪便和作物秸秆资源利用率，实现农业废弃物再循环和资源化利用；另一方面要研发新肥料，重点研发低风险低毒性的新型农药、绿色环保型农药；同时改进并推广高效低毒的病虫害防治技术及农药的残留降解技术，推广使用新型节水节药的施药器械来减少农药投入带来的农田生态系统碳排放。三是提高农业机械化水平和效率，发展现代化低碳农业。河西走廊地广人稀，特别是河西灌区耕地广阔且平坦，适宜机械化作业，是发展生态型现代化、规模化农业的地区；应当利用数字信息化技术整合土地资源，逐渐转变农业机械使用方式，提高农业机械化水平和效率，加快淘汰高耗能、低效率的农业机械，优化农用机械装备结构，最大限度地发挥现代大农机的作用，促进减少农业机械碳排放。四是培育及推广抗寒抗逆高产作物品种。祁连山区水热等自然生态条件不足、土壤盐碱化问题和风沙侵蚀的影响决定我们一方面要科学改善土质资源，另一方面要大力筛选培育品质更优、抗逆性更强的高产作物品种，从而提升农作物碳储量水平。在培育优质品种过程中，政府要明确相关主体单位的职能职责及任务目标，同时加强对当地群众的宣传培训和示范点建设，加快试验、示范和推广优质高抗高产高效的作物品种在本地区的生产利用。五是发展新的种植轮作方式。坚持“以水定田”，通过科学调整作物布局，一方面合理套作以提高土地利用率，进而增加农作物种植面积。另一方面合理密植以增加碳汇量，减少损失。

4.3 祁连山生态环境保护与农业健康可持续发展

4.3.1 祁连山水源涵养林自然资源概况及其生态功能

祁连山水源涵养林区位于36°39′N～39°30′N，96°11′E～103°15′E，属于高寒半干旱气候带，年均温度为 0.5℃，1 月平均温度为–13.2℃，7 月平均温度为11.9℃，植物生长期为 90～120 天，≥10℃的年积温 954.3℃，≥5℃的年积温1500℃，≥0℃的年积温 1634.3℃，年平均降水量为 437.6 mm，雨季（6～9 月）为 363.4 mm，占全年降水量的 83.04%，最大降雨强度为 33.8 mm/12 h，瞬时最大雨强＜3.0 mm/min，年蒸发量为 1074.3 mm，年平均日照为 2361 h，年平均风速为 1.2 m/s，光能、风能资源丰富，该区土壤有森林灰褐土、山地栗钙土和高山草甸土 3 个类型。祁连山水源涵养林的分布和组成受立地水热状况影响具有明显的地带性特点，各类型分布地段和组成结构有较大差异，形成 3 个明显的森林垂直带谱，分别为青海云杉林带谱、祁连圆柏林带谱、灌丛林带谱；包括 6 个森林类型，分别是藓类青海云杉林、藓类灌木云杉林、草类青海云杉林、祁连圆柏林、湿性灌丛林、干性灌丛林（张学龙等，2007）。

根据森林生态学原理，一般森林植被的结构包括林冠层、灌木层、草木层和苔藓层，降水通过森林层多级阻截，最后渗入土壤，再缓慢补给河川或转为地下水（Ray et al.，2016）。森林的林冠层是产生森林水文效应的第一个活动层，降雨通过树冠、树干、灌木枝叶截留一定比例的水量，减少或避免对地表的直接冲击而造成土沙流失。森林内枯枝落叶层及其苔藓层是森林水分效应的第二个活动层，它疏松多孔，容水性能强。例如，云杉林苔藓层容水量超过 500%，枯枝落叶层达370%以上，云杉林地土壤 60 cm 深处稳渗透速度＞6 mm/min。林区瞬时最大降水＜3 mm/min，故而可以全部涵养，不产生地表径流，因此水源涵养林不仅容水量大，而且还能改善土壤的理化性质，提高透水性能和地表粗糙度，降低流速，促使地表径流变为地下潜流，在水分平衡中起到了涵养调节的重要生态功能。另外，布满根系的森林土壤是森林水文效应的第三个活动层，植物根系和动物的活动，使土壤的结构形成涵水能力很强的孔隙，落在林区的雨水能迅速下渗储存。祁连山森林的水文生态效应显著（表 4-2），上述三层综合作用，使得每公顷森林能够储存水量 1000 m^3，1000 hm^2 森林相当于一个百万吨小型“绿色天然水库”（张学龙等，2007）。

表 4-2　祁连山森林土壤的水文生态效应（张学龙等，2007）

森林类型	森林枯落物（层）持水量/（t/hm^2）	森林土壤层（矿质层）持水量/（t/hm^2）	森林土壤总持水量/（t/hm^2）
湿性灌丛林	152.65	4006.2	4158.85
藓类灌木云杉林	158.00	4225.8	4383.80
藓类青海云杉林	150.04	3852.6	4002.64
草类青海云杉林	89.21	3454.2	3543.41
祁连圆柏林	11.49	3690.0	3701.49
干性灌丛林	36.12	3406.2	3442.32
非林地	—	3058.2	3058.20

河西走廊是祁连山农田生态系统的重要组成，河西灌区既是全国重点商品粮基地之一，也是全国杂交玉米制繁种基地及我国北方设施蔬菜生产基地。河西走廊农业灌溉用水来自各条河流，故而河西地区农业生产所需的水源全部来自祁连山水源涵养林的“绿色水库”。祁连山是石羊河、黑河、疏勒河三大内陆水系的发源地，森林具有涵养水源、保持水土、调节气候等巨大功能，使得丰富的冰川资源和大气降水得以补充循环，维系内陆水系。因此，祁连山水源涵养林地区生态保护直接维系着河西走廊农业生产以及中国西部社会、经济及人类活动的可持续发展。

4.3.2　农业综合发展的主要生态障碍

一是水源不足，降水不稳定。由于受季风气候影响，雨量分布由东南向西北递减。以祁连山中部地区为例，年降水量平均为 50～150 mm，＞80%保证率的降水量分布趋势与年降水量基本一致。其中，夏季生产季节的 4～7 月降水量分布为平川 20～40 mm、浅山和山区 200～230 mm；秋田生长季 5～9 月降水量分布为平川 40～90 mm、浅山和山区 230～250 mm。二是降水量季节分配不均匀、不平衡。降水主要集中在 6～8 月，约占全年降水量的 70%，冬季降水不足 5%，春季占 10%～15%，秋季占 15%～25%，春末夏初干旱少雨，特别对小麦、玉米苗期生长及夏秋作物生长影响较大。三是大风、沙暴强烈。大风指瞬时风速≥17 m/s；沙暴指大风时伴有大量沙尘，使空气混浊，水平能见度＜1.0 km。两者也是祁连山农田灌区常见的灾害性天气。一年出现次数最多达 95 次，最少为 10 次，由东向西增加。春季常造成风沙压埋幼苗，严重时吹走表土使根部外露，吹走种子和粪肥，秋季大风常造成植株倒伏、折断、籽粒和果实脱落，从而导致减产。四是霜冻危害。霜冻一般受地势高低影响大，平川区农田春霜冻危害较大，一般出现在4月下旬至5月上旬，秋霜冻对山区农业生产危害较大。五是干热风的影响。干热风特点是空气湿度小，风沙比较大，形成"风干"，其危害机制主要是由于高温低湿的综合作用，小麦叶片蒸腾强度增大，形成植株体组织内的水分平衡失调，一般发生在5月中旬至8月中旬，此期间冬小麦处于拔节、抽穗、开花授粉、灌浆成熟期，特别是开花、灌浆、乳熟期遇干热风对小麦产量影响较大，严重的干热风可造成春小麦受损达80%。

4.3.3 祁连山农田生态系统适应性管理建议

祁连山森林植被以其特有的森林作用与生物储水和调节的功能，使山区降水、地下水和冰雪融水的径流，通过山地森林的拦截与调节，源源不断地供应农田灌溉、城市生活与工业用水及内蒙古西部荒漠胡杨林灌溉。山地森林涵养水源的作用直接和间接关系着沿线中下游绿洲的农林牧业的兴衰，调节着河川径流变化。森林通过林冠层、枯枝落叶层和土壤根系层的共同生态作用，尽可能地把降水、冰雪融水作为地下水储存起来，一方面减少了水患水灾发生的危险，另一方面增加了干旱期河流、水库的水量（王善举等，2022；刘明龙，2020）。这种特殊重要的水源涵养作用，体现了祁连山农田生态系统的主要特征，突显了祁连山水源涵养林极其重要的生态功能。

祁连山农田生态系统是典型的灌溉农业，历史悠久，约666666.7 hm^2以上的农田和山区草原依靠祁连山冰雪融水及自然降水灌溉，祁连山森林地处欧亚大陆腹地，远离海洋，受高山阻隔，镶嵌分布于广大荒漠景观之中，山地周围环境被干旱荒漠、半荒漠、干草原、沙漠和盐碱荒地等自然景观所包围（朱瑜馨等，2002）。干旱区各生态系统内的有机体与环境条件的相互依存的生态平衡是非常脆弱的，在人类过度利用资源的情况下，这种生态平衡极易遭到破坏，破坏后恢复困难而缓慢，甚至无法恢复（徐新良等，2020；黄铃凌等，2014）。因此，我们要深刻认识祁连山农田生态系统自然环境条件十分脆弱的客观特征。从实际情况看，祁连山水源涵养林蕴藏着丰富的水资源，西北有干旱风沙侵袭，中间盆地造成不连续状分布的绿洲，它们三者之间代表着祁连山不同的农田生态系统相互分异和相互联系的关系，各个生态系统之间相互制约保持平衡，特别是山地森林或水源涵养林生态系统的生态平衡起着决定性作用（王涛等，2017），否则，地表植被退化或消失，直接导致自然生态系统蓄水保水能力降低或消失，继而造成内陆河流断流或枯竭以及严重的水土流失与绿洲盐碱荒漠化，干旱风沙将进一步加剧且难以治理；在水源不足、干旱风沙侵袭的影响下，祁连山沿线各地的经济、社会及人类生存将无法得到保障，农业生产更是无从谈起。因此，在祁连山生态资源保护和开发利用时，必须高度重视各类生态系统的脆弱性特质，使整体和局部开发利用程度都不能超越自然资源临界极限的承载力，同时科学处理好农林牧业之间的关系，加强保护现有森林，更新造林，栽灌种草，特别要重视对现有森林资源进行科学管理，用等级化、系统化、标准化、数字化、信息化的科学方法集约经营，根据森林类型，按其立地生态条件优劣，用科学经济合理的更新方式保护和营造新林，不断提高和扩大祁连山水源涵养林的质量、数量及栽培面积，发挥祁连山水源涵养林水资源的社会及生态效益。

针对祁连山农田生态系统的特征条件，祁连山农田生态系统保护与综合治理建议汇总如下：一是倡导运用系统思维；二是加强技术创新治理。科研人员要重点针对祁连山各生态区农田的主要作物类型，结合寒旱高原特色生态型现代农业发展需要，开展技术创新，研发及创新集成优质高效种植的生态环境综合治理技术，重点开展祁连山主要和特色农作物的两减（减少化肥和农药使用量）控害、提质增效关键技术研究与示范；开展祁连山农田主要或特色农作物重大有害生物监测预警、灾变规律及防控机制研究；创新集成寒旱区土壤肥力和水资源利用提升关键技术；开展祁连山农田重金属污染控制及农产品安全生产等关键技术攻关。通过联合研究、技术攻关和综合治理，进一步助推实现祁连山生态保护及农田生态环境的整体改善和质量的显著提高，恢复自然的农林牧生态平衡，实现祁连山地区社会、经济和人类生存活动的健康、永续、和谐发展。具体对策建议如下：

（1）在病虫草鼠等有害生物控制方面，应重视祁连山农田生态系统有害生物发生动态监测调查，实现多指标、数字化综合测报分析。建议加强该领域的理论基础和应用基础研究，如选择不同生境条件下代表性强的农田灌区设立长期有害生物系统监测点，同时重点开展抗逆性作物种质资源研究与利用，加强生物防治和替代控制等环境友好型和资源节约型的生态调控关键技术研究与应用，结合开展生物农药及推广使用高效、安全、低毒、低残留减药应用技术，严格控制滥用化肥及农药，以实现农作物有害生物科学、有效、绿色防控的目标。

（2）在土壤培肥方面，主要缺乏对祁连山主要及特色农作物生产区土壤培肥自然和非自然驱动因子的整体认识。建议在寒旱灌区土壤培肥的合理耕层开展水土流失控制技术研究探索，进一步推广测土配方施肥新技术，增施有机肥，重点通过组合配套关键技术，针对祁连山的山地–绿洲–荒漠土壤蓄水改良及去盐碱化综合治理技术体系，深入开展筛选试验和优化研究。

（3）在农田节水治理方面，主要缺乏进一步发挥祁连山农田水利设施的生态修复功能。建议重视并加强农业节水减排工作，提高农业水资源利用率，控制农业面源污染排放的同时，研究构建生态型灌溉技术体系，进一步重视和发挥祁连山农田水利工程的生态功能。一是灌区各类水利工程应符合保护祁连山及灌区生态保护的要求，尽量与该地区生态环境、景观结合，做到协调一致、相互融合。二是灌区规划与节水改造中，必须保障祁连山及灌区的水土资源动态平衡，统筹兼顾祁连山与灌区的生态水量。三是构建祁连山农田灌区防污染措施体系。严禁污水进入渠道，实行灌溉、排污分设。有条件的地方，要加强水循环利用研究，布设农田灌溉水系统监测点，实行水体置换和冲淡。

（4）在主要粮食作物种植方面，主要缺乏适宜祁连山不同生态区的新型的作物多样性种植、轻简高效栽培、肥料农药高效施用、寒旱区轮作以及田间微气候调控等关键技术，建议加强相关技术的研发创新，并结合祁连山生态保护和农业结构特点，加大发展生态型现代农业，加强研发化肥及农药减量增效技术。

（5）在特色经济作物方面，主要缺乏基于祁连山不同生态区的生态减害的土壤良好微环境的保护与综合利用。建议加强构建此项技术的研究与示范，同时加强农家肥等有机肥的准入种类、施用技术的地方标准与规范，加大农户和科技指导培训，保护祁连山农田生态系统的资源优势。

（6）在农田重金属土壤修复方面，主要缺乏对该地区土壤稀有元素的保护利用、缺乏高效钝化阻隔铅、镉等重金属的生物碳基新材料与新产品。建议组织开展祁连山农田土壤系统监测与普查，按照重度污染农田超富集植物修复、中轻度污染农田钝化阻隔安全利用的分级分区修复技术体系，开展相关调查研究与试验示范，加强保护和科学利用土壤资源。

祁连山农田生态系统综合治理是一个庞大而复杂的系统工程，除上述的几个技术层面的思考外，还需要持续推广以生态系统调控为主的综合治理思路和方法，有效保护祁连山农田生态系统的生物多样性；同时需要有关政府部门加强组织领导和监督评估，加大祁连山生态环保宣传力度，加强和动员社会力量参与；加大有机农业和生态农业的生产技术培训，提高农民队伍素质，强化人民群众的生态安全意识，转变农业生产经营思路，因地制宜地探索多种生态农业发展模式，进一步重视生态农业全产业链的构建。总之，只有综合考虑并统筹利用好经济、社会、生态、人才等方面的要素资源，真正转变农业发展方式，创新生态农业生产与经营技术，才能最终实现祁连山农田生态环境的有效改善和经济社会的健康可持续发展。

参考文献

付伟, 赵俊权, 杜国祯. 2013. 山地立体农业的生态学解析. 中国人口·资源与环境, 23(S2): 62-65.

高妍, 冯起, 李宗省. 2022. 祁连山国家公园甘肃片区生态–经济–社会耦合协调发展评价. 生态学杂志, 41(6): 1197-1204.

郭常莲, 张乃生, 王金凤. 1997. 美国农田生态系统可持续发展探索. 山西农业科学, 26(2): 92-96.
郝小雨. 2021. 黑龙江省 30 年来农田生态系统碳源/汇强度及碳足迹变化. 黑龙江农业科学, (8): 97-104.
黄铃凌, 王平, 刘淑英, 等. 2014. 民勤绿洲农田生态系统能值空间分异特征. 中国沙漠, 34(1): 291-297.
黄瑞琦. 2016. 祁连山地质构造特征研究. 西部资源, (5): 9-10.
蒋菊芳, 魏育国, 王润元, 等. 2012. 祁连山高海拔雨养农业区油菜、小麦光合特性比较研究. 干旱地区农业研究, 30(4): 120-124.
刘明龙. 2020. 祁连山保护区森林生态系统现状与保护对策分析. 农业与技术, 40(2): 87-89.
马兴祥, 方德彪, 王润元, 等. 2005. 祁连山地区气候条件对牧草生产脆弱性影响研究. 草业科学, (2): 2-6.
孟娟. 2022. 温室气体排放对农田生态系统的影响分析. 中国资源综合利用, 40(5): 185-187.
苗永山. 2010. 浅析立体农业及其生态优势. 黑龙江农业科学, (3): 124-125.
苏琦, 袁道阳, 谢虹. 2016. 祁连山–河西走廊黑河流域地貌特征及其构造意义. 地震地质, 38(3): 560-581.
孙美平, 刘时银, 姚晓军, 等. 2015. 近 50 年来祁连冰川变化——基于中国第一、二次冰川编目数据. 地理学报, 70(9): 1402-1414.
王莉, 刘莹莹, 张亚慧, 等. 2022. 河南省农田生态系统碳源/碳汇时空分布及影响因素分解. 环境科学学报, 42(8): 1-13.
王善举, 王零, 张建奇, 等. 2022. 祁连山国家级自然保护区森林资源成效及对策. 林业科技通讯, (4): 51-57.
王涛, 高峰, 王宝, 等. 2017. 祁连山生态保护与修复的现状问题与建议. 冰川冻土, 39(2): 229-234.
王娅, 刘洋, 周立华. 2022. 祁连山北麓生态移民的生计风险与应对策略选择. 自然资源学报, 37(2): 521-537.
王忠武, 祁维秀, 白林, 等. 2018. 祁连山地区气候变化特征再分析. 青海草业, 27(2): 42-48.
温烨华. 2019. 祁连山国家公园发展路径探析. 西北民族大学学报(哲学社会科学版), (5): 12-19.
徐新良, 李嘉豪, 申志成, 等. 2020. “一带一路”沿线国家农田生态系统脆弱性及其对气候变化的响应. 地球信息科学, 22(4): 877-884.
尹钰莹, 郝晋岷, 牛灵安, 等. 2016. 河北省曲周县农田生态系统碳循环及碳效率研究. 资源科学, 38(5): 918-928.
俞力元. 2020. 祁连山生态环境现状及其保护对策. 甘肃农业科技, (4): 86-89.
张富广, 曾彪, 杨太保. 2019. 气候变化背景下近 30 年祁连山高寒荒漠分布时空变化. 植物生态学报, 43(4): 305-319.
张会平, 张培震, 郑德文, 等. 2012. 祁连山构造地貌特征: 青藏高原东北缘晚新生构造变化和地貌演化过程的启示. 第四纪研究, 32(5): 907-920.
张学龙, 成彩霞, 敬文茂, 等. 2007. 祁连山森林土壤的水文生态效应. 甘肃林业科技, 32(2): 5-9.
赵宁, 周蕾, 庄杰, 等. 2021. 中国陆地生态系统碳源/碳汇整合分析. 生态学报, 41(19): 7648-7658.

赵松乔, 杨勤业, 申元村. 1992. 横断山地区和祁连山地区自然地理条件与农业系统的比较. 干旱区资源与环境, 6(3): 1-7.

朱瑜馨, 赵军, 曹静. 2002. 祁连山山地生态系统稳定性评估模型. 干旱区研究, 19(4): 33-37.

Blanca J, Michon G, Carriere S M. 2017. Natural ecosystem mimicry in traditional dryland agroecosystems: Insights from an empirical and holistic approach. Journal of Environmental Management, 204(1): 111-122.

Chen F Z, Hu Y H. 2021. Agricultural and rural ecological management system based on big data in complex system. Environmental Technology & Innovation, 22(2021): 1-10.

Ciftcioglu C G. 2017. Assessment of the resilience of socio-ecological production landscape and seascapes: A case study from Lefke Region of North Cyprus. Ecological Indicators, 73(FEB): 128-138.

Guan Q C, Hao J M, Xu Y Q, et al. 2019. Agro-ecological management division based on the supply and demand of ecosystem services. Resource Geology, 41(7): 1359-1373.

He X, Huang C Y. 2019. Intelligent management system of modern agricultural ecological park based on internet of things. Machinery & Electronics, 12(9): 47-50.

Hossain M S, Ramirez J, Szabo S, et al. 2020. Participatory modelling for conceptualizing social-ecological system dynamics in the Bangladesh delta. Original Article, 20(1): 1-14.

Lammoglia S K, Moeys J, Barriuso E. 2017. Sequntial use of the STICS crop model and of the MARRO pesticide fate model to simulate pesticides leaching in cropping systems. Environmental Science and Pollution Research, 24(8): 6895-6909.

Li Z X, Li Z J, Feng Q, et al. 2020. Runoff dominated by supra-permafrost water in the source region of the Yangtze River using environmental isotopes. Journal of Hydrology, 582: 124506.

Perez-Gutierrez J D , Paz J O, Tagert M L M. 2017. Seasonal water quality changes in on-farm water storage systems in a south-central U. S. agricultural watershed. Agricultural Water Management, 187(1): 131-139.

Ray D, Behera M D, Jacob J. 2016. Predicting the distribution of rubber trees (*Hevea brasiliensis*) through ecological niche modeling with climate, soil, topography and socioeconomic factors. Ecological Research, 31(1): 75-91.

Xie L, Xia, D X, Ji L, et al. 2017. An inexact stochastic-fuzzy optimization model for agricultural water allocation and land resources utilization management under considering effective rainfall. Ecological Indicators, 92: 301-311.

Zhang H L, Cai J, Xia X L. 2018. Coupling and coordination analysis of soil erosion control benefits and ecological agricultural development. Transactions of the Chinese Society of Agricultural Engineering, 34(8): 162-169.

第 5 章

祁连山尾闾湖湿地演变与适应性管理

李　育

兰州大学资源环境学院教授，博士生导师，主要从事古气候及古生态学研究湿地是陆地生态系统和海洋生态系统相互作用形成的独特生态系统，是人类重要的资本环境之一，具有调节气候、供应资源、控制土壤侵蚀、美化环境等功能，富有生物多样性和较高的生产力，直接关系到整个生态环境的安全（Chen et al.，2019）。湿地与海洋、森林被统称为全球三大生态系统，湿地生态系统是我国生态安全的基础，在社会经济可持续发展的背景下能够为我们提供自然资源，维持系统生态平衡，被誉为“地球之肾”（徐广等，2006）。

祁连山位于青海和甘肃的天然分界线上，是黄河流域重要水源产流地和甘肃河西走廊的“生命线”，是西北地区乃至全国最为重要的生态安全屏障之一。其周边围绕着众多沙漠，如塔克拉玛干沙漠、腾格里沙漠和巴丹吉林沙漠等，作为伸向荒漠干旱区的绿岛，具有重要的生态地位（张应丰，2015）。祁连山湿地作为西北内陆地区重要的湿地系统，是祁连山生态系统的主要环节，维系着周边地区的水资源供给和生物需求，保障着人们的生产生活质量（王学福，2020）。但随着人类活动强度增大，人们盲目地对湿地进行开垦和改造、不合理利用湿地水资源以及工农业废水的随意排放，都使得祁连山湿地系统受到了不同程度的影响，湿地面积逐渐缩小，动植物的生存环境受到威胁，生态环境明显恶化（姜明兴，2017）。

祁连山尾闾湖湿地是祁连山湿地系统的主要组成部分，对维持区域生态平衡发挥着重要作用，而祁连山地区湖泊湿地面积萎缩的现象日趋严重。近年来，虽然在气候暖湿化和人工输水的影响下，祁连山尾闾湖周边的湿地面积有所增加，如青土湖（张晓丽和陶海璇，2011）、居延海（任娟等，2012）、哈拉诺尔[①]等地，但整体来看，人类活动对水资源的需求量仍在持续增加，对自然资源的利用增多，导致祁连山尾闾湖湿地系统仍存在较大的生态环境挑战。因此，探讨人类活动对湿地环境的影响，有助于提出合理的管理策略，对维护祁连山生态系统和修复湿地环境具有重要意义。探究长时间尺度祁连山周边尾闾湖湿地的演变过程，分析人类活动对湖泊湿地的影响，有助于为湿地资源的人为保护、管理和合理利用资源等提供数据基础。同时基于我国现有湿地的人为影响和自然演化的过程，可以提出相对应的适应性管理策略，以实现湿地生态环境的可持续发展。

5.1 祁连山尾闾湖概况

位于青藏高原北缘的祁连山是由众多近似平行山脉组成的呈东西走向的巨大山体，东接秦岭，西连阿尔金山，总体地势东低西高。祁连山地区海拔 4000 m 以上的山峰终年积雪，现代冰川多存在于 4500～5000 m 及以上海拔的高山地区，其

①杜英. 2017. 哈拉诺尔湖干涸六十年重现碧波.

冰川融雪则成为河西走廊的重要水源补给。祁连山位于我国东部季风区、青藏高原区和西北干旱区的交会地带，地处我国季风边缘区，受季风西风协同作用影响。祁连山高耸的山脉拦截了夏季风输送的水汽，造成了北部干旱，但由于山地地势高度足够大，阻挡了干旱气候向南入侵，因此青藏高原的生态环境得到了保护，而且迫使寒冷空气沿祁连山脉扩张，在浅山区降温和形成降水，所以祁连山区内形成了大陆性高寒半湿润山地气候。祁连山区内流河多发源于山区的冰川融雪或森林草原，受地质地貌共同影响呈现出放射–格状分布格局。山区的冰川融雪为下游地区带来了丰富的土壤成土颗粒和矿物质，为祁连山南侧的青海湖流域、北侧的河西走廊和额济纳绿洲等地区提供了源源不断的水源，赋予了勃勃生机（中国地理百科丛书编委会，2016）。

祁连山及周边地区有众多内流河流域，如石羊河流域、疏勒河流域和黑河流域等，而其尾闾湖可以汇集整个流域的环境信息（Li et al.，2017a）。因此，其沉积物古环境代用指标在一定程度上可以反映区域气候变化。岩性作为指示环境变化的重要指标，沉积较为连续的岩性可以更加直观清晰地表现出不同时间尺度以来周边地区的环境变化（Fu et al.，2011）。湖泊沉积物的年代学分析已成为古环境研究的基础，其中放射性 ^{14}C 同位素测定是常见的年代测定分析手段。湖泊沉积物中 ^{14}C 测年材料多采用有机质、孢粉、植物残体等，但湖泊沉积过程中这些材料易受“碳库效应”影响，导致所测年代值偏老，该现象在干旱半干旱区更为明显（Wang R L et al.，2002）。为解决碳库效应对湖泊沉积物高精度年代序列建立的影响，光释光（OSL）、^{210}Pu、^{137}Cs 等高精度测年方法逐渐被学者们大量应用于实际测年中。

为还原全新世以来祁连山地区尾闾湖的演变过程，本书共收集了研究区内 13 个年代序列连续且没有沉积间断的尾闾湖沉积地层岩性、年代和古环境代用指标数据。其年代数据以 ^{14}C 年代和 OSL 年代序列为主，包括已校正后的年代数据，对于未进行 ^{14}C 年代校正的数据已利用 CALIB 7.1 进行了处理（表 5-1）。

表 5-1　祁连山及周边地区终端湖沉积物信息

湖泊名称	类型	纬度/（°N）	经度/（°E）	海拔/m	深度/m	时段/cal ka BP	所用古环境代用指标	参考文献
猪野泽	干涸湖盆	39.05	103.67	1309	7.36	0～13	总有机碳(TOC)，C/N，$CaCO_3$，粒度	李育等，2011
三角城	干涸湖盆	39.01	103.25	1325	7.2	0～16	TOC，C/N，$\delta^{13}C_{org}$，$CaCO_3$	张成君等，2004
盐池	干涸湖盆	39.75	99.33	1200	4.15	0～20	TOC，C/N，$CaCO_3$，粒度	李育等，2013
花海	干涸湖盆	40.44	98.08	1195	8.5	0～13	$CaCO_3$，TOC，C/N	Li et al.，2016；Wang et al.，2013

续表

湖泊名称	类型	纬度/（°N）	经度/（°E）	海拔/m	深度/m	时段/cal ka BP	所用古环境代用指标	参考文献
居延海	湖泊	41.89	101.85	892	8.25	1.7～10.7	TOC，C/N	Herzschuh et al.，2004；刘宇航等，2012
伊塘湖	湖泊	40.30	94.97	1073	292.8	2.08～23.38	TOC，C/N，$\delta^{13}C_{org}$	赵丽媛等，2015
哈拉湖	湖泊	38.22	97.38	4100	2.93	0～8.8	TOC，红度，烧失量（LOI）	柳嵩，2014
可鲁克湖	湖泊	37.28	96.90	2817	6.88	0～14	TOC，$CaCO_3$，$\delta^{18}O$，蒿藜比（A/C）	Zhao et al.，2007
尕海	湖泊	37.13	97.55	2850	13.08	0～12	TOC，C/N，$\delta^{13}C_{org}$，$\delta^{18}O$，$CaCO_3$	郭小燕，2012
青海湖	湖泊	36.65	100.54	4583	7.95	0～19.3	TOC，C/N，$\delta^{13}C_{org}$，孢粉，$CaCO_3$	沈吉等，2004
达连海	湖泊	37.91	100.41	2850	40	0～12.9	孢粉，中值粒径，$CaCO_3$	Cheng et al.，2013
更尕海	湖泊	36.18	100.10	3000	7.82	0～17	TOC，TN，$\delta^{13}C_{org}$，$CaCO_3$	Song et al.，2012
冬给措纳	湖泊	35.30	97.53	4090	5.75	0～18	TOC，C/N，砂含量，黄铁矿	Opitz et al.，2012

5.2 湖泊沉积物古环境代用指标与人类活动关系

5.2.1 湖泊沉积物古环境代用指标初步分析

湖泊沉积物古环境代用指标可以在长时间尺度上反映过去环境状况，常用于古气候变化研究中。探讨湖泊沉积物古环境代用指标的指示意义，能够为后续讨论人类活动对指标的影响和提出人类活动的可能作用时期提供理论基础。为此，本书收集了研究区 13 个终端湖沉积物的古环境代用指标数据，对其指示意义进行了讨论（图 5-1），同时综合周边 17 个古气候记录还原了该区域全新世以来的气候变化（图 5-2）。

全新世期间，猪野泽剖面早、晚期较低的 TOC 含量表明该时期区域初级生产力较弱，虽然沉积物中 C/N 较低，但沉积相中含有部分砂层，表明该时期湖泊沉积物有机质多为陆生植被输入；中全新世时期 TOC 和 C/N 都较高，指示了湖泊有机质主要来自陆生植被且以 C3 植物为主。三角城古湖泊剖面显示，早全新世湖泊发育，水生植物为湖泊有机质的主要来源；中、晚全新世气候开始变干，湖泊

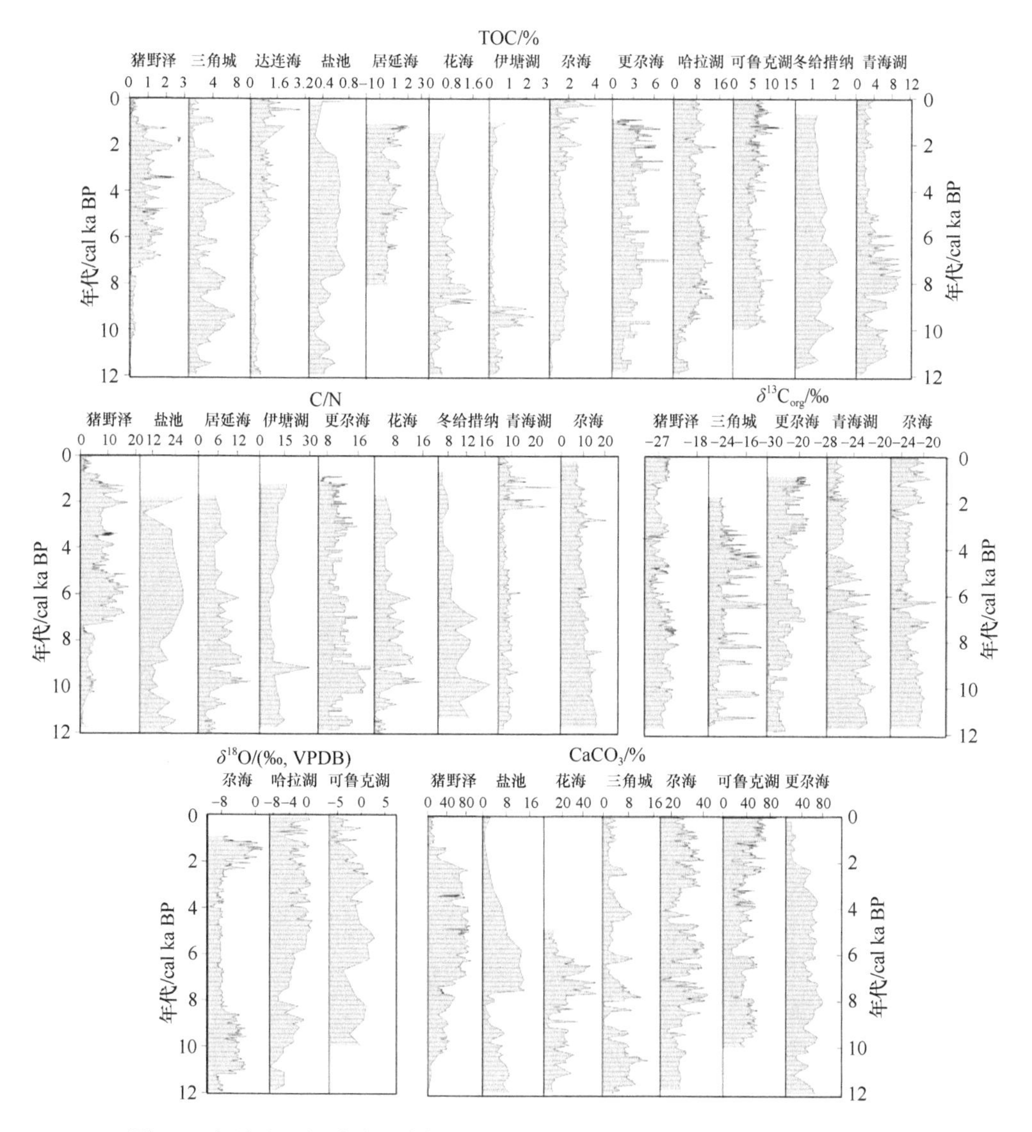

图 5-1　祁连山及周边地区全新世以来尾闾湖沉积物古环境代用指标变化图

退缩，周边陆生植被发育，湖泊有机质变为水生和陆生植物的混合来源，$\delta^{13}C_{org}$ 偏正可能与沉水植物贡献较大有关。花海剖面早全新世多为河流和风成沉积，所以较低的 C/N 不能确定是否来自水生植物；中全新世 TOC 和 C/N 增加，湖泊初级生产力提高，气候温暖湿润，湖泊有机质来源多为水生植物，少部分为陆生植物。盐池剖面早全新世较低的 C/N 指示了水生植物为湖泊有机质的主要来源；中、晚全新世逐渐增加的 C/N 表明陆源有机质输入增加。伊塘湖岩心早全新世时期 TOC 和 C/N 均较高，其有机质来源主要是陆生植被；中全新世 $\delta^{13}C_{org}$ 偏负，C/N

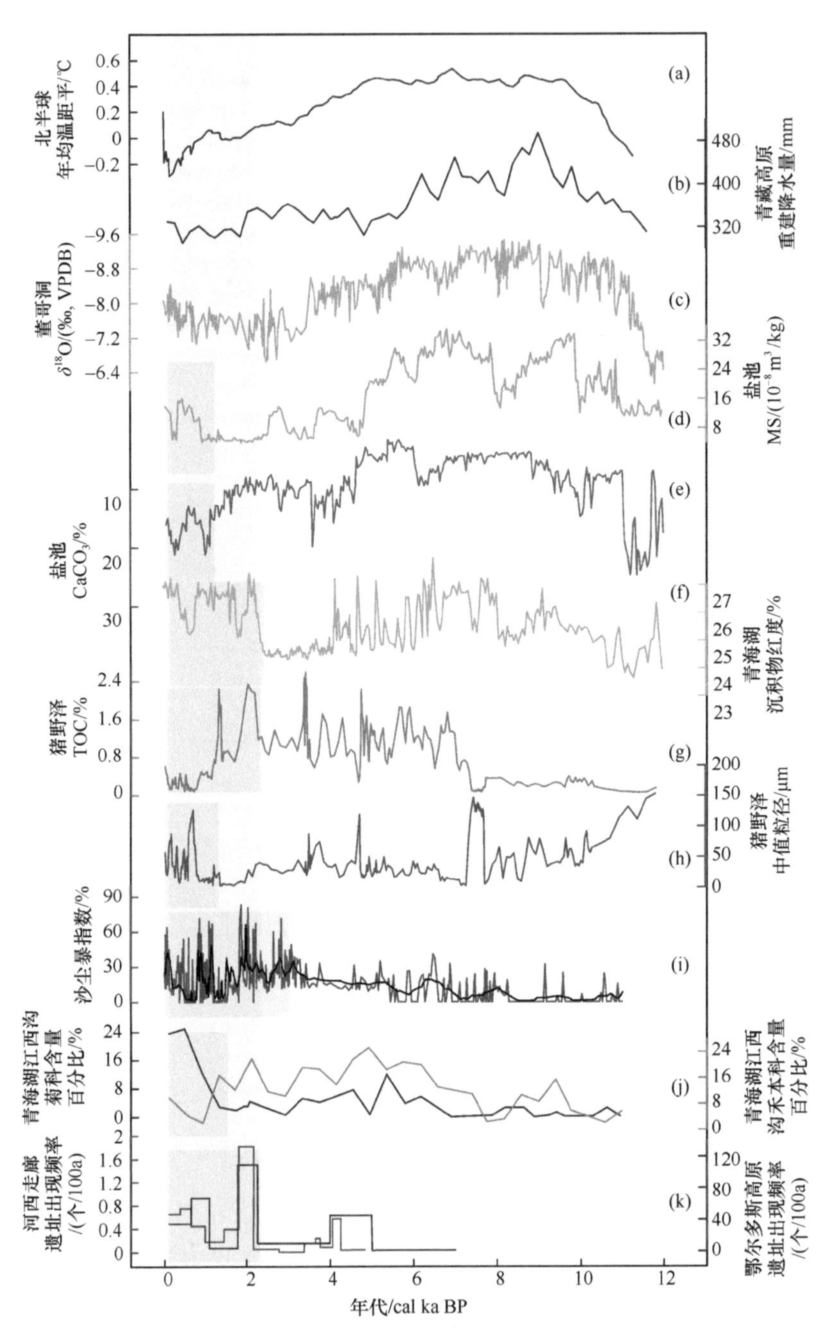

图 5-2 全新世以来典型记录中古环境代用指标变化图

(a) 北半球年均温距平（Marcott et al.，2013）；(b) 青藏高原重建降水量（侯光良等，2012）；(c) 董哥洞石笋 $\delta^{18}O$ 综合记录（Wang Y J et al.，2002）；(d) 和 (e) 盐池古湖泊 MS 和 $CaCO_3$ 数据；(f) 青海湖沉积物红度记录（Ji et al.，2005）；(g) 和 (h) 猪野泽 TOC 含量、中值粒径；(i) 我国西北地区沙尘暴指数重建结果；(j) 青海湖江西沟菊科含量和禾本科含量；(k) 鄂尔多斯高原、河西走廊遗址数据

较低，湖泊内有机质来源以水生植物为主；晚全新世 C/N 增大，湖泊有机质多为陆生植被输入。尕海岩心 C/N 和 $\delta^{13}C_{org}$ 的变化表明，全新世以来湖泊有机质中陆源输入占比逐渐增大。更尕海岩心全新世时期 C/N 为 6.5～19，其有机质包含内源和外源物质，内源物质输入居多。冬给措纳岩心全新世期间 C/N 范围为 12～20，表示该地区湖泊有机质主要来自于内源水生植物，外源输入较低。青海湖岩心显示，早中全新世 TOC 和 C/N 增加，气候变湿润，$\delta^{13}C_{org}$ 相对偏正指示陆生植被输入增加，有机质来源主要为 C3 植物；晚全新世以来 C/N 增大则指示此时陆生植物为该湖泊有机质的主要来源（图 5-1）。

尕海岩芯早全新世 $\delta^{18}O$ 较高可能是温度上升，蒸发较大，导致碳酸盐沉积；中全新世较低的碳酸盐含量和 $\delta^{18}O$ 表示该时期气候湿润；晚全新世以来碳酸盐含量增大，$\delta^{18}O$ 呈现上升趋势，气候逐渐变干旱。哈拉湖岩心 $\delta^{18}O$ 早全新世时期较高，气候干燥；中全新世期间 $\delta^{18}O$ 达到较低值，气候较湿润，后期 $\delta^{18}O$ 有所增加；到晚全新世 $\delta^{18}O$ 波动幅度增大，但仍处于高值，气候趋于干旱化。可鲁克湖岩心主要由碳酸盐和硅酸盐组成，低碳酸盐含量表明区域气候较暖湿。盐池剖面早全新世 $CaCO_3$ 含量较高则指示了该地当时处于湖泊较深位置，湖泊水位较高，中晚全新世随着湖泊退缩，$CaCO_3$ 含量逐渐降低，环境变差。花海剖面早全新世初期时沉积物为冲洪积物，$CaCO_3$ 含量并不能反映湖泊水位高低，早全新世中后期湖泊以自生碳酸盐为主，沉积碳酸盐含量增大，湖泊水位上升；中全新世碳酸盐含量由低值转为高值，表明在中全新世经历了一个干旱事件，但整体属于温暖湿润期。

全新世以来有机地球化学指标数据显示，猪野泽、盐池、三角城、花海、尕海和青海湖有机质来源多为陆生植被，自全新世以来湖内陆生植被的输入量逐渐上升，但人类活动较小的区域，如冬给措纳和更尕海的有机质输入仍主要为水生植被，陆生植被较少。碳酸盐含量和 $\delta^{18}O$ 的变化结果表明，早全新世的过渡时期存在部分冲洪积物堆积，$\delta^{18}O$ 较晚更新世有所增加，气候开始变暖，主要为湖泊发育期；中全新世气候为较稳定的温暖湿润期，湖泊扩张最大，沉积物中湖相沉积多在此时期形成，但晚期气候环境逐步变差；晚全新世以来，代用指标波动剧烈，蒸发作用增强，气候趋于干旱化。总体来说，早中全新世时期古环境代用指标变化可以反映当时的自然环境状况，晚全新世以来指标波动相对较大，人类活动强度增加，影响因素较多，指示的环境意义不太明确。

5.2.2　全新世以来古环境代用指标指示的人类活动

为探讨长时间尺度以来祁连山周边地区尾闾湖演变过程中的环境变化和人类活动的耦合关系，本书收集了祁连山及周边地区部分古环境代用指标数据，用于挖掘全新世以来尾闾湖地区人类活动规律（图 5-2）。

对青海湖江西沟2号遗迹文化层孢粉研究发现，菊科含量在2 cal ka BP以来仍持续增多，而禾本科含量呈下降态势，表明晚全新世以来人类活动强度逐渐增强。北方沙尘暴数据表明，2～11 cal ka BP沙尘暴主要受东亚夏季风和植被覆盖控制，2 cal ka BP以后沙尘暴活动完全转为人为强迫，人类活动成为地球表面系统的主导控制因素。猪野泽沉积记录指出，TOC含量在1.5 cal ka BP时开始大幅减少，中值粒径在1.5 cal ka BP以来波动幅度较大，可能与1.5 cal ka BP以来人类乱砍滥伐森林等造成植被数量迅速减少有关。同时，人类对地表的改造作用也会造成沉积物粒径增大，在盐池、花海（Li et al.，2017b）和青海湖（胡刚等，2001）等地的粒度研究中已有所体现。虽然不同地区粒径明显增大的时间略有不同，但整体而言，在2 cal ka BP以来粒度受人类活动影响的程度逐渐增大。

青海湖沉积物研究表明，沉积物红度在2.3 cal ka BP以来呈上升趋势，与气候变化相一致，但在2.3 cal ka BP出现显著上升的突变点。同时段内河西走廊和鄂尔多斯高原的人类遗址数量开始大量增加，人类活动增强。此时我国正处于战国时期，铁器和牛耕得到了推广，农业生产方式的提高使人口数量大幅增加，已有研究证实该时期人口可达到3000万人（梁启超，2001）。因此，2.3 cal ka BP时期，农业方式改革可能使得人类活动强度增加，从而改变了表土的原有形式，使部分沉积物进入青海湖内，沉积物红度增大。

盐池剖面显示，1.6 cal ka BP以来$CaCO_3$含量整体呈增高态势，出现明显波动：1.2～2.5cal ka BP磁化率（MS）急剧增加后又急剧减少，表明沙漠的迅速扩张和迅速退缩，$CaCO_3$含量与之对应，表明该地区可能发生了较为剧烈的气候波动或人类活动影响；0.2 cal ka BP以来MS和$CaCO_3$均出现增加趋势，表明气候趋于冷干，该时期内人口数量增多，活动强度增大，导致植被覆盖减少，水土流失严重，使进入湖泊的外源物质明显增多。随着湖泊干涸，整个流域可能都受到碎屑磁性矿物的再沉积作用，从而间接对沉积物的MS造成影响。

祁连山及周边地区遗址数量在2 cal ka BP左右开始急剧增加，此时处于两汉时期，气候温暖湿润，大量人口迁入内地，遗址数量明显增多；1 cal ka BP左右遗址数量也相对增加，此时正处于宋元时期，对应中世纪暖期（MWP），较适宜的气候和农耕经济的快速发展促使人类开始定居于此，遗址数量逐渐增长。

祁连山及周边地区沉积物古环境代用指标基本在2 cal ka BP左右开始发生较为剧烈的波动，可能是人类活动造成了地表作用形态改变，导致湖泊沉积物粒径增大、植被盖度降低、有机质含量下降等。因此，人类活动强度增大到一定程度可以改变代用指标的环境指示意义。此外，部分研究表明，人类活动对环境产生重要作用的时期多集中在2～3 cal ka BP（表5-2），这与上述发现代用指标异常波动的时期较为接近。综上所述，该区域人类活动对祁连山湖泊湿地的影响可能在2 cal ka BP以来。

表 5-2　沉积物古环境代用指标指示的人类活动时期

研究区	年代/cal ka BP	标志物	事件	文献出处
青藏高原	4.7	湖泊沉积物孢粉和考古学	放牧造成土壤退化	Huang et al.，2017
非洲	2.6	湖泊沉积物植物蜡碳、^{2}H	热带雨林系统改变	Garcin et al.，2018
长江流域	3	东海陆架岩心黑碳记录	火灾活动增强	Pei et al.，2020
亚洲	2	亚洲沙尘暴、粒度	人类活动成沙尘暴的主控因素	Chen et al.，2020
珠江口	1.5	有机质输入减少， 陆源矿物碎屑物质增多	土壤侵蚀流失加剧	陶慧等，2019

5.2.3　近 2000 年以来古环境代用指标指示的人类活动

为进一步分析人类活动对祁连山及周边地区尾闾湖生态环境的影响，本书搜集了研究区内可以反映人类活动变化的古环境代用指标，还原了河西走廊近 2000 年以来的人口数量变化情况，对典型记录中古环境代用指标变化和人口特征进行了详细分析。

东海子沉积物记录显示，1950 年之前 $\delta^{15}N$ 与湖泊 C/N 的变化趋势相一致，MWP 时期含量较高，小冰期（LIA）含量较低，该时期主要受气候因素影响。其中，在 1850～2012 年 $\delta^{15}N$、$\delta^{13}C_{org}$ 逐步降低，可能与人类活动产生的 C、N 气体化合物沉降至流域内有关。1950 年以来，工业化快速发展，自然环境逐渐受到人类活动影响，人们在农业、工业、生活中产生的含 N 污染物被排放至东海子，导致该区域 $\delta^{15}N$ 在 1950 年后大幅上升（张青，2019）。

六盘山北莲池地区 MS 数据显示（Zhang et al.，2019），800～1300 年和 1700～2000 年以来 MS 数值明显增大，表示该地区土壤侵蚀程度加强。800～1300 年具有明显的百年尺度变化，然而 1700 年以来 MS 年际变化波动较大，远超过了百年尺度的变化幅度，因此该时期气候变化对土壤侵蚀力的影响并非主要原因。其他古环境记录指出，土壤侵蚀加剧是人类活动造成的（Chendev et al.，2021），同时邻近的天池花粉数据显示，1700 年以来葎草属（*Humulus*）花粉呈较高浓度，表明人为干扰是该地区土壤侵蚀的主要原因。

最新研究表明，近 2000 年气候因素对我国东部地区沙尘暴活动的影响有限（Chen et al.，2020）。根据过去 2000 年以来古环境代用指标和人口的变化可以发现，沙尘暴的几次突变时期与人口剧烈波动时期相一致。其中，汉代以来农业技术进步，人口增长速度快，树木被大量砍伐，出现了区域沙漠化现象，加大了沙尘暴活动强度（杨红伟，2010）。此外，沙尘暴的变化与朝代变化具有较强的同步性，间接表明了近 2000 年以来我国朝代变化是影响沙尘暴活动变化的主要因素。研究数据表明，清朝时期人口数量出现爆炸式增长，甚至可以达到全世界人口的

1/3（周源和，1982），边疆拓荒屯垦活动明显增多，致使自然环境遭到破坏，沙尘暴活动越来越频繁。河西走廊地区人口数量自明清以来也呈现出成倍增长趋势，人类活动对环境的影响程度也显著增强。

基于以上研究，本书认为，1800 年可以作为祁连山周边尾闾湖地区人类活动程度加剧的转折点。0～1800 年湖泊沉积物的古环境代用指标多指示了区域内温度、降水等自然环境要素的变化情况；1800 年以后，随人类活动强度增加，多数古环境代用指标与自然要素的关系减弱，指标变化趋势改变，此时人类活动为区域环境变化的主要驱动力，因此本书认为，1800 年以来人类活动对区域生态环境产生了明显影响。

5.3 祁连山及周边尾闾湖泊系统的演化与适应性管理建议

5.3.1 人类活动对尾闾湖演变的影响

我国现有湖泊湿地是基于长时间尺度上人为因素叠加在自然演化的基础上形成的。基于祁连山及周边地区全新世以来湖泊沉积物古环境代用指标变化和人类活动特征的研究分析，结果显示，2 cal ka BP 以来代用指标的自然环境指示意义存在差异。与此同时，人类遗址数量也明显增多，人类活动频繁，可能是人类活动强度增加改变了古环境代用指标的指示意义，因此，较长时间尺度祁连山及周边尾闾湖的演化过程在 2 cal ka BP 以来出现了人类活动的痕迹。

晚全新世以来祁连山及周边地区干旱化明显，大部分湖泊湿地面积显著退缩，猪野泽及其附近的三角城、盐池、花海、居延海、条湖等迅速变干涸（王乃昂等，2002）。人类活动在湿地演化中扮演着重要角色，已有研究表明，人类活动的快速增加导致水资源被过度使用，目前已经远远超过了区域内水资源的可持续承载能力（程国栋，2002）。从西北地区湖泊的演化过程来看，近 2000 年来湖泊干涸和萎缩速度已经远远超过自然时期的速度，这单单依靠近千年以来的气候变化解释湖泊干涸的速度远远不够，湖泊退缩速度之快离不开人类活动的影响，人类大规模地开发和利用水资源等导致了生态环境的迅速退化。自清代人口爆炸式增长以来，人类对生态环境的破坏越发显著，如开荒垦殖、大兴修建水库、破坏森林植被等，无一不加剧了当地自然环境的恶化和湖泊的急剧缩小乃至干涸（吴晓军，2000）。在区域干旱化的背景下，过去 2000 年以来祁连山及周边地区人类活动加速了该区域干旱化，湖泊湿地的萎缩速度明显加快，特别是在近 200 年以来湖泊湿地退缩与人类活动的联系更为密切。

本书综合以往古气候记录发现，在 1800 年之前古环境代用指标变化多与温度、降水等自然要素关系密切，人类活动对代用指标的影响不明显。约 1800 年以后，人口数量明显增加，对自然的破坏程度加大，如土地利用改变使得粒度增大、MS 增大；水库建立和人类用水量加大加剧区域干旱，使沉积物碳酸盐含量增大；人类乱砍滥伐森林导致 TOC 或者孢粉含量减少，都很好地解释了上述古环境代用指标在 1800 年以来发生异常波动的原因。此外，全球封闭盆地古气候代用指标的集成结果显示，在 1800～1900 年发现了一次突变点，这可能与人类影响有关，并提出人类世的开端始于 19 世纪（Li et al.，2021）。Crutzen 和 Stoermer（2000）探究了人类活动对环境的影响，认为人类世始于两个世纪以前——第一次工业革命。来自北极和高山湖泊的其他沉积地层也支持了本书的观点（Zalasiewicz et al.，2011）。综上所述，1800 年以来，随人口数量和活动强度增加，多数古环境代用指标与自然要素的关系减弱，此时人类活动为区域环境变化的主要驱动力，湖泊湿地发生了明显退化甚至干涸。因此，在祁连山周边尾闾湖地区减少人为活动是保护湿地的必要条件，只有牢牢抓住人地系统的主要矛盾，才能通过实现人地系统的整体优化来改善湿地生态系统，促进区域生态经济发展。

5.3.2　祁连山及周边尾闾湖适应性管理建议

IPCC 关于第六次气候评估第一组工作报告指出，人类活动在过去 2000 年里造成的气候变暖是前所未有的，人类活动导致气候变暖是明确的。在西北地区未来暖湿化的背景下，随着蒸散发的增大和人类活动干扰程度的增加，祁连山尾闾湖湿地面积的演化过程相对复杂，生态系统环境形势严峻。祁连山为我国西部地区的重要生态屏障，湖泊湿地作为祁连山生态系统中的重要一环，对维护青藏高原生态平衡具有重要意义。探究祁连山及周边尾闾湖长时间尺度以来的环境变化，能够为湿地资源的保护提供基础资料，以便提出该区域湿地管理的适应性策略，实现区域环境的可持续发展。

祁连山东段地区气候主要受东亚夏季风影响，西段地区气候主要受西风带影响，整体气候特征表现出不同的差异性。长时间尺度上，祁连山东段主要呈现为早中全新世气候湿润、晚全新世以来气候干旱化，特别在近 2000 年以来，干旱化明显；西段则在中全新世处于稳定的暖湿气候，晚全新世存在一定的湿润化趋势（刘和斌等，2020）。本书研究指出，祁连山地区近 2000 年以来气候干旱化加剧，人类活动对环境的影响程度明显增加，区域生态环境受到显著影响。祁连山尾闾湖区域生态环境脆弱，人类活动的增加使地表植被覆被类型遭到破坏，径流、水资源等运输方式改变，土壤破碎度和侵蚀度增加，导致尾闾湖面积退缩，甚至干涸。虽然近几十年来祁连山西段地区受暖湿化影响，加上人为输水，部分湖泊湿地的生态环境有所改善，但湿地的生态系统仍面临严重的威胁。

改进湿地生态和资源保护与修复需要讲求策略上的科学性和措施上的可执行性，要立足于工作实际，发挥湿地的综合生态功能，本书建议祁连山尾闾湖区域的湿地修复以自然修复为主、人工修复为辅。目前，祁连山地区的湿地生态系统的修复与湿地本身生态系统的退化程度密切相关。湿地生态资源的保护和修复应具有针对性，对于不同类型、不同区域的湿地在不同的发展阶段制定相应的管理策略。祁连山湿地保护应统筹自然生态各要素，遵守原生演替规律，严格划定湿地生态红线，以水源涵养和生物多样性保护为核心，对湿地进行整体保护和系统修复。如果湿地未受到严重的生态破坏，首要考虑的是保护生态环境，以自然恢复为主，可适当加强封育保护，充分发挥生态自我修复能力。此外，减畜禁牧、封泽育草，保持自然植被的稳定性，也是湿地生态环境保护的主要措施之一。对于人类干预过度而严重改变的湿地生态系统的地区，生态恢复需坚持可持续利用的原则，可人为干预湿地恢复和重建计划，制定切实可行的生态修复方案，如建设防护林草带、设立保护围栏、实施清淤疏浚、修建界标等，以保障生态恢复；强化依法“治湿”，出台湿地保护条例，完善湿地保护规划，建立行之有效的管理体系，促进我国湿地资源的合理利用；提升湿地保护的科技水平，针对湿地保护的关键修复技术和退化机理等开展科学研究，提高保护管理的科学化水平。

人类活动在长时间尺度上改变了区域整体的地表形态，使地表破碎度增加，影响了沉积物的沉积过程，导致碳排放增大，保护祁连山湿地生态系统有利于维持区域碳循环的稳定，减缓全球气候变暖。祁连山下游地区存在大量河流湖泊湿地，受气候干旱化和人类活动的影响，湿地周边土壤盐碱化严重，同时部分湿地被开垦为农田，导致土壤有机碳损失严重。湿地与湖泊联系密切，许多湿地由湖泊退化而成，湿地污染常与湖泊污染相关，主要为水质富营养化和水体污染。本书针对祁连山及周边尾闾湖湿地普遍存在的土壤侵蚀、土壤盐碱化、土壤干旱化、湿地面积萎缩、湖泊富营养化等问题，提出了祁连山湿地保护的生态管理策略，主要包括农田土壤管理和湖泊生态系统恢复。推荐的土壤管理措施包括保护性耕作、地面覆盖、应用有机污泥、种植改良物种、水资源重复利用和使用更高效的灌溉系统。推荐的湖泊管理措施包括减少湖泊中的外源营养物质、种植适当的植物、去除内部营养物质、退田还湖、跨区域调水以及湖滨生态系统的恢复。此外，湿地生态资源的开发和利用是现代人类生存发展的重要前提，但如何在开发利用资源中保证人与自然的平衡是我们应该思考的问题。湿地的开发和利用应该不以破坏生态平衡为代价，不盲目地开垦和改造，在保护环境的基础上，严格按照审批流程进行开发和利用，及时评估区域生态环境，防止破坏性利用。同时，制定相关湿地生态保护的倾斜政策，建立科学有效的湿地监控和功能评价体系，对现代湿地进行追踪调控，为湿地的合理利用和管理提供科学依据。以上建议为干旱区退化的湿地生态系统可持续恢复和缓解气候变化的决策制定提供了一定的科学依据。

作为基础生态系统的湿地，只有得到有效保护和彻底修复，才能更好地发挥湿地系统、湿地生态和湿地资源的优势。本书对长时间尺度下祁连山周边尾闾湖湿地演变过程进行了分析，基于该区域尾闾湖沉积物的年代和代用指标数据，还原了全新世以来尾闾湖地区的气候演化规律，指出了人类活动对沉积物的影响。研究结果表明，2 ka cal BP 以来，人类活动开始影响沉积物中古环境代用指标的指示意义，且 1800 年以来人类活动对区域环境的作用加剧。基于人类活动对湖泊湿地的影响，本书提出了祁连山周边尾闾湖湿地的管理建议：以自然修复为主、人工修复为辅，以促进祁连山湿地生态系统的可持续发展，提高祁连山地区的生态管理水平，为后续制定生态修复方案提供科学依据。

参 考 文 献

程国栋. 2002. 承载力概念的演变及西北水资源承载力的应用框架. 冰川冻土, 24(4): 361-367.

郭小燕. 2012. 季风边缘区尕海湖记录的全新世气候变化. 兰州: 兰州大学.

侯光良, 鄂崇毅, 肖景义. 2012. 青藏高原全新世降水序列的集成重建. 地理科学进展, 31(9): 1117-1123.

胡刚, 王乃昂, 罗建育, 等. 2001. 花海湖泊古风成砂的粒度特征及其环境意义. 沉积学报, 19(4): 642-647.

姜明兴. 2017. 湿地生态保护现状及湿地生态和自愿修复策略研究. 黑龙江科学, 8(11): 156-157.

李小强, 刘汉斌, 赵克良, 等. 2013. 河西走廊西部全新世气候环境变化的元素地球化学记录.人类学学报, 32(1): 110-120.

李育, 王乃昂, 李卓仑, 等. 2011. 河西猪野泽沉积物有机地化指标之间的关系及古环境意义.冰川冻土, 33(2): 334-341.

李育, 王乃昂, 李卓仑, 等. 2013. 河西走廊盐池晚冰期以来沉积地层变化综合分析——来自夏季风西北缘一个关键位置的古气候证据. 地理学报, 68(7): 933-944.

梁启超. 2001. 饮冰室文集点校·第三集·中国史上人口之统计. 昆明: 云南教育出版社.

刘和斌, 李育, 张新中, 等. 2020. 祁连山东西段不同时间尺度气候差异研究. 兰州大学学报: 自然科学版, 56(6): 724-732.

刘宇航, 夏敦胜, 金明, 等. 2012. 阿拉善地区湖泊岩芯磁性特征记录的全新世环境变化.中国沙漠, 32(4): 929-937.

柳嵩. 2014. 中国西北地区哈拉湖多指标记录揭示的湖泊沉积变化及其潜在含义. 南京: 南京大学.

任娟, 肖洪浪, 王勇, 等. 2012. 居延海湿地生态系统服务功能及价值评估. 中国沙漠, 32(3): 852-856.

沈吉, 刘兴起, 王苏民, 等. 2004. 晚冰期以来青海湖沉积物多指标高分辨率的古气候演化. 中国科学: 地球科学, 6: 582-589.

陶慧, 王建华, 陈慧娴, 等. 2019. 伶仃洋 ZK19 孔全新统有机物 δ^{13}C 和 C/N 值特征及东亚季风演变记录. 中山大学学报(自然科学版), 58(3): 1-12.
王乃昂, 颉耀文, 薛祥燕. 2002. 近2000年来人类活动对我国西部生态环境变化的影响. 中国历史地理论丛, 17(3): 12-19.
王学福. 2020. 祁连山河流湿地生态退化现状与恢复. 甘肃科技, 36(11): 3-6.
吴晓军. 2000. 河西走廊内陆河流域生态环境的历史变迁. 兰州大学学报: 社会科学版, 4: 46-49.
徐广, 闫月娥, 周晓蕾. 2006. 浅论甘肃湿地生态系统的保护策略. 甘肃科技, 4: 175-176.
杨红伟. 2010. 明清时期西北地区荒漠化的形成机制研究. 文史知识, 6: 122-126.
张成君, 陈发虎, 尚华明, 等. 2004. 中国西北干旱区湖泊沉积物中有机质碳同位素组成的环境意义——以民勤盆地三角城古湖泊为例. 第四纪研究, 1: 88-94.
张青. 2019. 季风边缘区高山湖泊沉积记录的人类世特征. 兰州: 兰州大学.
张晓丽, 陶海璇. 2011. 浅谈民勤县青土湖湿地演变及保护对策. 甘肃科技, 27(7): 7-9.
张应丰. 2015. 祁连山湿地生态质量评价. 林业调查规划, 40(4): 69-72.
赵丽媛, 鹿化煜, 张恩楼, 等. 2015. 敦煌伊塘湖沉积物有机碳同位素揭示的末次盛冰期以来湖面变化. 第四纪研究, 35(1): 172-179.
中国地理百科丛书编委会. 2016. 中国地理百科丛书：祁连山. 北京: 世界图书出版公司.
周源和. 1982. 清代人口研究. 中国社会科学, 2: 161-188.
Chen F H, Chen S Q, Zhang X, et al. 2020. Asian dust-storm activity dominated by Chinese dynasty changes since 2000 BP. Nature Communications, 11(1): 1-7.
Chen W, Cao C, Liu D, et al. 2019. An evaluating system for wetland ecological health: Case study on nineteen major wetlands in Beijing-Tianjin-Hebei region China. Science of the Total Environment, 666: 1080-1088.
Chendev Y G, Fedyunin I V, Inshakov A A, et al. 2021. Contrasting variants of soil development at archaeological sites on floodplains in the forest-steppe of the Central Russian Upland. Eurasian Soil Science, 54(4): 461-477.
Cheng B, Chen F H, Zhang J W. 2013. Palaeovegetational and palaeoenvironmental changes since the last deglacial in Gonghe Basin, northeast Tibetan Plateau. Journal of Geographical Sciences, 23(1): 136-146.
Crutzen P J, Stoermer E F. 2000. The “Anthropocene”. Global Change Newsletters, 41: 17-18.
Fu C F, An Z S, Qiang X K, et al. 2011. Origin of the yellow-brown earth sediment on the bottom of Yilangjian core from Lake Qinghai and its environmental implication. Journal of Earth Environment, 2(1): 312.
Garcin Y, Deschamps P, Menot G, et al. 2018. Early anthropogenic impact on western central African rainforests 2,600 y ago. Proceedings of the National Academy of Sciences, 115(13): 3261-3266.
Herzschuh U, Tarasov P, Wünnemann B, et al. 2004. Holocene vegetation and climate of the Alashan Plateau, NW China, reconstructed from pollen data. Palaeogeography, Palaeoclimatology, Palaeoecology, 211(1-2): 1-17.
Huang X Z, Liu S S, Dong G H, et al. 2017. Early human impacts on vegetation on the northeastern Qinghai-Tibetan Plateau during the middle to late Holocene. Progress in Physical Geography, 41(3): 286-301.
Ji J J, Balsam W, Chen J, et al. 2005. Asian monsoon oscillations in the northeastern Qinghai-Tibet Plateau since the late glacial as interpreted from visible reflectance of Qinghai Lake sediments. Earth and Planetary Science Letters, 233(1-2): 61-70.
Li Y, Han Q, Hao L, et al. 2021. Paleoclimatic proxies from global closed basins and the possible beginning of Anthropocene. Journal of Geographical Sciences, 31(6): 765-785.

Li Y, Zhang C Q, Li P C, et al. 2017a. Basin-wide sediment grain-size numerical analysis and paleo-climate interpretation in the Shiyang River drainage basin. Geographical Analysis, 49(3): 309-327.

Li Y, Zhang C Q, Wang N A, et al. 2017b. Substantial inorganic carbon sink in closed drainage basins globally. Nature Geoscience, 10(7): 501-506.

Li Z L, Wang N A, Cheng H Y, et al. 2016. Early-middle Holocene hydroclimate changes in the Asian monsoon margin of northwest China inferred from Huahai terminal lake records. Journal of Paleolimnology, 55(3): 289-302.

Liu X Q, Dong H L, Rech J A, et al. 2008. Evolution of Chaka Salt Lake in NW China in response to climatic change during the Latest Pleistocene-Holocene. Quaternary Science Reviews, 27(7-8): 867-879.

Marcott S A, Shakun J D, Clark P U, et al. 2013. A reconstruction of regional and global temperature for the past 11,300 years. Science, 339(6124): 1198-1201.

Opitz S, Wünnemann B, Aichner B, et al. 2012. Late glacial and Holocene development of Lake Donggi Cona, north-eastern Tibetan plateau, inferred from sedimentological analysis. Palaeogeography, Palaeoclimatology, Palaeoecology, 337: 159-176.

Pei W Q, Wan S M, Clift P D, et al. 2020. Human impact overwhelms long-term climate control of fire in the Yangtze River Basin since 3.0 ka BP. Quaternary Science Reviews, 230: 106165.

Song L, Qiang M R, Lang L L, et al. 2012. Changes in palaeoproductivity of Genggahai Lake over the past 16 ka in the Gonghe Basin, northeastern Qinghai-Tibetan Plateau. Chinese Science Bulletin, 57(20): 2595-2605.

Wang N A, Li Z L, Li Y, et al. 2013. Millennial-scale environmental changes in the Asian monsoon margin during the Holocene, implicated by the lake evolution of Huahai lake in the Hexi Corridor of northwest China. Quaternary International, 313: 100-109.

Wang R L, Scarpitta S C, Zhang S C, et al. 2002. Later Pleistocene/Holocene climate conditions of Qinghai-Xizhang Plateau (Tibet) based on carbon and oxygen stable isotopes of Zabuye Lake sediments. Earth and Planetary Science Letters, 203(1): 461-477.

Wang Y J, Cheng H, Edwards R L, et al. 2002. The Holocene Asian Monsoon: Links to solar changes and North Atlantic Climate. Science, 308(5723): 854-857.

Zalasiewicz J, Williams M, Fortey R, et al. 2011. Stratigraphy of the Anthropocene. Philosophical Transactions Mathematical Physical & Engineering Sciences, 369(1938): 1036-1055.

Zhang C, Zhao C, Zhou A F, et al. 2019. Late Holocene lacustrine environmental and ecological changes caused by anthropogenic activities in the Chinese Loess Plateau. Quaternary Science Reviews, 203: 266-277.

Zhao Y, Yu Z C, Chen F H, et al. 2007. Holocene vegetation and climate history at Hurleg Lake in the Qaidam Basin, northwest China. Review of Palaeobotany and Palynology, 145(3-4): 275-288.

第 6 章

祁连山草地生态系统安全与适应性管理

侯扶江

兰州大学草地农业科技学院教授，主要研究方向为草地生态修复与健康管理，从事领域为草地资源利用与管理

6.1 祁连山草地生态系统第一生产力与植物多样性

祁连山是我国三大内陆河石羊河、黑河和疏勒河的发源地（汤萃文等，2012），地处青藏、蒙新和黄土三大高原的交会处，在自然气候分区上起着非常重要的作用（王海军等，2009）。区内水源涵养功能突出，旅游资源丰富，是西北地区重要的生态区。祁连山区具有“高、寒、旱”的特点，生态系统结构简单，功能单一，是我国典型的生态脆弱区，草地面积约占全区总面积的58%，是主要的生态系统（王雅琼等，2018）。

了解不同空间尺度下植物多样性的主要驱动因素是生态学和进化生物学的一个基本目标，同时，有助于研究对生态系统的功能及其所提供服务的影响（Allan et al.，2011）。在空间和时间上，气候对植物多样性的影响大于其他因素，对整个生态系统的稳定性影响显著。气候变化将改变全球水循环过程，导致降水分布格局发生变化，其与人为活动相结合将对生态系统产生严重影响（Fischer et al.，2013）。与此同时，由于人口快速增长、有机质消耗和养分失衡，土地退化对可持续植物生产产生了负面影响。过去几十年已经揭示了全球气候变化的压倒性证据（Pachauri et al.，2014）。未来，气候变化如何影响物种和生物多样性以及如何影响生态系统结构、功能和服务是主要的研究对象（Díaz et al.，2019）。

在祁连山地区，海拔、温度和降水是影响植物多样性的主要因素。Francis 和 Currie（2003）研究表明，物种多样性与温度呈正相关。在干旱和缺水的环境中，进一步变暖可能会导致植物多样性的减少，从而降低生态系统的稳定性（Li et al.，2019）；在较冷的环境中，随着温度的升高，生长速度较慢的植物可能会被生长速度较快的植物取代（Gottfried et al.，2012），进一步影响植物多样性。降水通过影响进入土壤的有机质（凋落物）的数量来控制植被的生长和分布，降水也是向土壤中输送大气氮的重要手段，氮、磷在土壤中的沉积也是降水淋滤和地表径流的结果（Li et al.，2017）。此外，降水可以通过刺激微生物活动影响土壤养分的迁移和转化（Engelhardt et al.，2018）。各种关于陆生植物群落物种丰富度随海拔变化的研究都有不同的结果。Unger 等（2010）的研究结果表明，亚热带森林的植物生物量、生产力和生物多样性与海拔呈负相关。“中等高度膨胀”理论认为，植物物种多样性在中等海拔最高（Doležal and Šrůtek，2002）。Shigyo 等（2019）还发现，植物物种数量随海拔变化呈下降抛物线形曲线。不同类型的草地具有不同的植被和土壤特征。因此，分析祁连山不同草地类型土壤理化性质和植被特征，有助于了解中国西部草地生态系统土壤和植被状况，维护中国西部生态系统和水资源安全。

植物多样性与土壤养分的数量和浓度密切相关（Liu et al.，2015）。同时，土壤水分和热量影响土壤养分的吸收和转化，土壤养分含量的高低直接决定了植物群落生产力的高低。此前一项研究表明，青藏高原高寒草地植被生物量与土壤养分之间存在显著正相关关系（Guo et al.，2020），自然草地和高寒草甸草地植被生物量与土壤水分含量也存在显著正相关关系。Li 等（2019）研究发现，青藏高原高寒草甸地区土壤水分、容重和颗粒组成是土壤生物量的关键决定因素，土壤全氮、速效氮、速效磷和有机碳含量是决定生物多样性的主要因素。

本章内容将以作者目前的研究成果为主体，对祁连山地区不同草地类型第一生产力及其影响因素进行讨论。本章研究的目标是：①通过调研在祁连山不同草地类型中典型植物的状态来全面评估气候因素对植物多样性的影响；②探讨相关的环境条件下，不同草地类型中土壤养分、植物多样性的情况。

植物多样性是维持生态系统功能和提供生态系统服务的关键决定因素（Cardinale et al.，2012），也是衡量群落功能复杂性和稳定性的重要指标（Huang et al.，2021）。祁连山位于青藏高原、黄土高原和内蒙古高原的交界处，是中国西北地区重要的生态屏障。其东西跨度大，气候类型广泛，生成了丰富多样的不同草地类型。祁连山地区不同草地类型植物多样性由高到低依次为高寒草甸、高寒草原和荒漠草原，且 Shannon-Wiener 指数和物种丰富度指数具有相同的相关趋势。2016 年，Liu 等（2016）对新疆不同草地类型植物多样性进行研究，发现植物多样性呈递减式下降的趋势，表现为温带草甸草原>高山草原>荒漠草原。在对内蒙古草原的研究中发现，降水的增加与较高的植物多样性呈正相关，随着降水量的增加，草地类型由荒漠草原向典型草原和草甸草原转变。三种草地类型的物种丰富度指数在祁连山南坡高于北坡。祁连山南坡和北坡的干湿条件差异很大，南坡的平均湿度指数是北坡的 2.5 倍，北坡的蒸散发变化趋势明显强于南坡（Qi et al.，2016），这可能是南坡植被多样性高于北坡的主要原因。冰草株高和株数随海拔的升高变化显著，且均呈线性正相关，对其可能的解释是之前一项研究（Li et al.，2021）中报道的冰草具有较高的抗旱性和抗寒性。

气候变化对植物多样性的影响在多个组织层面和空间尺度上日益加剧（Li et al.，2019）。植物多样性是维持生态多样性和稳定性的基础，而植物种群和群落的分布受气候（主要是水热条件）的影响。温度对生态系统的水热动力学有显著影响，导致物种组成和群落结构发生显著变化（Kovach et al.，2015）。然而，不同的区域和生态系统类型，对环境条件的反应会有不同的模式。气候变暖对物种多样性的净影响可能是积极的，也可能是消极的，这取决于物种的获得和失去之间的平衡。例如，在全球范围内，地表温度上升导致南半球植被生长略有增加，北半球中高纬度地区植被生长大幅增加（Kaarlejärvi et al.，2017），在亚洲内陆地区，春季和夏季的温度被观测到是植被生长的主要环境因子（Peng，2015）。大多数研究表明，气候变暖会降低植物物种的多样性和丰富度，植物的生长受到温度的强烈制约，这表明气候变暖可能促进苔原植物的生长和新植物的迁移，从而增加植物多样性。在北极苔原生态系统中，短期变暖增加了灌木和草地的地表覆盖度，但减少了植物群落的物种多样性（Virtanen et al.，2016）。祁连山地区植物多样性与气温呈负相关，主要是由于当地更高的温度提高了蒸发速率（Fernandez-Going et al.，2013）。与此同时，南北地理范围较小，导致温度变化的梯度很小，因此这些值提供潜在解释的范围有限（Bai et al.，2002）。同一草地类型植物多样性与温度的相关关系表明，植物多样性与温度呈正相关，但相关性不显著。与作者目前的研究结果相似，Kazakis 等（2021）的研究也表明，气候变暖导致灌木丛、草本植物和入侵杂草的分布发生变化，它们更倾向于在更高海拔的温暖环境中分布。

众所周知，降水在区域和全球尺度上对植物群落的空间分布和时间动态具有直接影响（Murray et al.，2002）。Cui 等（2017）对欧亚草原的研究结果表明，1980～2014 年的年降水量对该地区地面生物量具有显著影响。同时对祁连山的研究结果也表明，随着年降水量的增加，祁连山内草地类型逐渐由荒漠草原向高寒草原和高寒草甸转变。此外，Collins 等（2012）的研究同样表明，降水与植物多样性之间存在正相关关系。因此，降水格局的变化必然会影响植物多样性特征和植物群落结构，进而影响整个生态系统的结构和功能。

土壤养分在土壤–植物系统中发挥着重要作用，是影响植物生长的主要因素之一（Matías et al.，2010）。在作者的研究中，年内和年际气候变化会显著影响生态系统的稳定性，将影响植物凋落物和根系沉积到土壤中的速度，进而影响土壤养分含量（Pugnaire et al.，2019）。年降水量是影响祁连山土壤养分的关键因素，尤其是土壤有机碳含量，随着年降水量的增加，土壤有机碳含量显著增加。此外，生长季温度与有机碳呈正相关关系，温度的升高可加速植物生理代谢、提高微生物活性、促进有机物降解，从而对植物生长产生正反馈效应。同时，研究表明，植物多样性增加有机碳含量的原因大致有三个：第一，较高的植物多样性增加了根际对微生物群落的碳输入，从而提高了根际微生物活性和有机碳含量。第二，植物多样性促进土壤微生物的活动，提高有机质和氮的矿化率，这些养分资源的增加反过来促进了植物多样性系统的生产力。第三，植物多样性可以改善土壤生物多样性，提高土壤从植物残体中吸收养分的能力（Bennett et al.，2019），有助于维持生态系统的稳定性。

生态稳定性包括时间变异性、对环境变化的抵抗力和从干扰中恢复的速度（Pennekamp et al.，2019）等方面。近年来，植物多样性对生态稳定性的重要程度日益受到重视。Xu 等（2021）发现物种多样性与生态系统稳定性呈正相关。结果表明，祁连山 3 种草地类型的植物多样性依次为高寒草甸、高寒草原、荒漠草原，说明高寒草甸生态系统的稳定性高于其他两种草地类型。

García-Palacios 等（2018）研究表明，空间、气候、土壤和植物多样性等变量可以解释全球旱地生态系统的稳定性高达 73%。研究还发现，在低干旱（叶片功能性状多样性）和高干旱（物种丰富度）地区，与生态系统稳定性呈正相关的植物多样性方面的相对重要性发生了变化。这些结果表明，生物多样性与稳定性关系对气候有很强的依赖性（Isbell et al.，2009）。在作者的研究中，从土壤和环境因素的影响角度出发，植物多样性对高山草甸、高山草原环境变量反应更复杂，因此，两种草地系统间将保持一个平衡且更趋向稳定的环境条件。此外，当外部环境发生变化或群落内部种群数量发生波动时，物种多样性较高的群落可以获得较大的缓冲，从而保持自身生态系统的相对稳定。

综上，土壤碳和年降水量是祁连山植被群落和草地类型分布的主要土壤和气候因子。植物多样性最高的是高寒草甸，其次是高寒草原，最低的是荒漠草原。总体而言，高寒草甸和高寒草原的土壤质量优于荒漠草原。降水增加对植物多样性和土壤有机质有积极的影响，基于不同草地类型植物多样性及其影响因子的相关性分析，作者认为祁连山高寒草甸和高寒草原具有最高的生态稳定性和较强的抵御外部环境变化的能力。

6.2　祁连山放牧家畜对植被恢复的影响

6.2.1　祁连山草原放牧家畜对植物种子传播的影响

祁连山区的冷湿气候有利于牧草生长，在海拔 2800 m 以上的地带分布有大片草原，为发展牧业提供了良好场所。其中，放牧是祁连山草原最经济、最合理的管理方式。

牧草繁殖是草地植被更新与发展的基础。草地牧草的繁殖方式包括无性繁殖（克隆繁殖/营养繁殖）和有性繁殖（种子繁殖）。相较于无性繁殖，种子繁殖更有利于后代的进化，因为有了亲本基因的重组，种子能够产生新的性状，并且种子还有各种适于传播或抵抗不良环境条件的结构，为植物的种族延续创造了良好的条件。

种子传播是植物有性繁殖过程中的重要阶段，也是植物扩散到不同环境中的主要方式。种子迁移到远离母株的地方大大减少了种群内部的竞争，有利于种群繁衍及生存空间的拓展，这是植物在漫长的进化过程中所形成的应对环境变化的适应能力（李儒海和强胜，2007）。其中动物传播是植物种子扩散的一种主要方式，在全球范围内，约有一半以上的植物需要动物传播它们的种子（Fricke et al.，2022）。在草地放牧系统中，家畜对牧草种子的传播包括体内消化道传播（鲁为华等，2013）和体外黏附传播（Couvreur et al.，2005；王树林等，2021）。

在草地放牧生态系统中，放牧家畜采食地上植被的各个器官（茎秆、叶片、花和果实），刺激牧草的补偿性生长，促进牧草营养物质的再分配（侯扶江和杨中艺，2006）。植物种子成熟以后，一部分通过自然散布（风力、重力、弹射）以种子雨的形式到达土壤，形成土壤种子库；另一部分种子被家畜采食、消化后，部分有活力的种子随粪便排放到草地或畜圈（宿营地）中。其中，排放到畜圈中的粪便主要被牧民捡拾作为燃料或其他生活物资使用，不参与草地种子循环（Wang and Smith，2002）；排放到草地中的粪便形成粪种子库（dung seed bank）（Wang et al.，2019a，2021；Wang and Hou，2021），伴随粪便的分解，粪种子最终汇入土壤中。此外，家畜还可以通过体外黏附的方式形成皮毛种子库，将草地中的种子携带出去（王树林等，2021）。上述过程便是放牧对牧草种子传播的主要方式（图 6-1）。

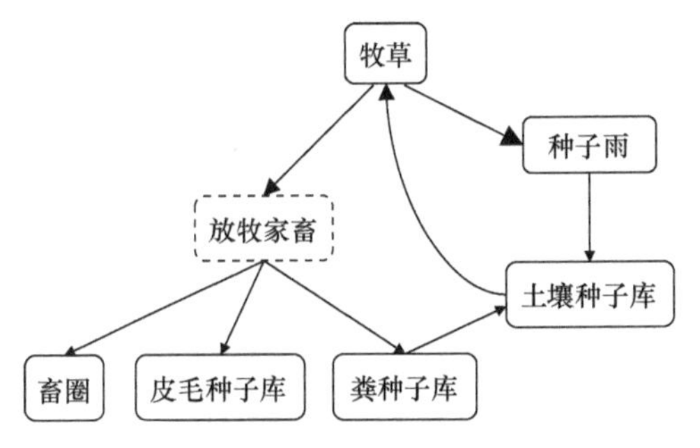

图 6-1　放牧对牧草种子传播的作用

植物种子由动物消化道携带而进行传播的过程称为种子消化道传播（endozoochory seed dispersal）（Arnberg et al.，2022）。草地植物种子多为非肉质干果（瘦果、颖果、荚果、角果等），通常情况下，这类种子和叶片以及茎秆等营养器官在空间上联系紧密。在牧草种子成熟季节，动物在采食营养器官时，顺带连同种子一起采食，部分采食的种子经消化、排泄后仍具有活力，这些沉积在粪便中的有活力的种子便形成了草地当中的粪种子库。粪种子库的形成是种子消化道传播的必经阶段和过程。

消化道传播是种子远距离扩散的重要方式。在西班牙地中海地区，法国薰衣草（*Lavandula stoechas*）依靠风力传播距离不超过 1 m（Sánchez and Peco，2002），金雀花（*Cytisus scoparius*）种子风力传播距离为 1～8 m（Malo，2004），但是这两种种子经游牧绵羊采食后，伴随畜群的移动，种子传播距离可达 40 km（Manzano et al.，2005）。

家畜粪种子库也是草地更新与发展的重要驱动力。在甘南玛曲高寒草甸，牦牛粪在冷季（11 月至次年 4 月，15.16 粪/g）和暖季（5～10 月，17.15 粪/g）的种子密度没有差异，但是粪种子库的结构和组成与地上植被群落差异较大，因此牦牛粪种子库可以提高地上植被的异质性，促进草地的更新与发展（Wang and Hou，2022）。在黄土高原典型草原，冷季时（11 月中旬至 12 月），轮牧滩羊（*Ovis aries*）的粪种子密度为 0.72 粪/g，并且滩羊粪种子库是典型草原种子循环的关键环节，也是补充土壤种子库的重要资源（Wang et al.，2021）。在柴达木盆地荒漠，家畜粪种子库受到降水的调控，高降水量显著提高了放牧家畜（马、牛和羊）的粪种子密度（Wang and Hou，2022）。

放牧家畜的体外携带也是草地植物种子传播的一种重要方式。黏附在家畜皮毛上的种子构成了皮毛种子库（fur seed bank）（王树林等，2021）。在比利时海岸沙丘，有 13 种植物种子可以通过放牧驴的皮毛进行携带传播，占当地物种数的 20%（Couvreur et al.，2005）。在青藏高原高寒草甸中，暖季（6～9 月）和冷季（10～12 月）放牧牦牛的皮毛种子库密度分别为 1504.15 粒/头和 560.73 粒/头（王树林等，2021），放牧牦牛的体外携带传播是当地植物种子扩散的重要途径。在瑞典草原，欧洲龙芽草（*Agrimonia eupatoria*）、紫萼路边青（*Geum rivale*）和水麦冬（*Triglochin palustre*）种子可以黏附在牛毛上传播几十米到 1 km 远（Kiviniemi，1996）。绵羊的种子附着模拟实验表明，超过 8%的种子在绵羊体表黏附时间超过 40 天，在此期间绵羊的移动距离超过了 100 km（Fischer et al.，1996）。其他研究表明，一些体积较小的种子甚至可以附着在家畜蹄缝中进行传播（连仲民等，2014）。

影响粪种子库大小、组成和结构的因素主要包括家畜种类、种子性状（质量和形状）、放牧管理方式[例如，使用兽药来源的抗生素可能影响粪便的物理和微生物属性，进而以某种方式影响粪种子萌发（Minden et al.，2017；Kavanaugh and Manning，2020）]以及外部环境条件。首先，粪种子库的大小因家畜种类而异。例如，从牦牛粪中可萌发种子比例（28.1%）显著高于藏绵羊（9.4%）（Yu et al.，2012），马鹿、野猪和狍子这三种动物每 100 g 粪便中可萌发种子数量分别为 27 个、5 个和 4 个（Picard et al.，2015）。种子性状对种子自身通过动物消化道后成功发芽的能力也有显著影响（Wang et al.，2017）。有研究表明，中等大小和球形种子经过绵羊消化道后具有较高的萌发潜力（Manzano et al.，2005）。外界环境条件主要影响后期粪种子萌发、粪幼苗生长和粪植株的成功建立。在北美地区，由于当地环境条件的不同，种子通过白尾鹿消化道传播在南康涅狄格水库（Williams and Ward，2006）比在纽约州森林（Myers et al.，2004）中更有效。此外，外部环境条件（放牧时间和植物群落组成）也会影响牧草可获得性以及种子成熟时间，特别是在草地生态系统中有 C3 和 C4 植物，因为二者在不同时期结实（Hammouda and Afify，1999）。

粪种子库的大小同时也受到家畜咀嚼、种子摄入量、粪便理化性质（Milotić and Hoffmann，2016）以及种子性状（Pakeman et al.，2002）的影响。与马、牛相比，羊的咀嚼比较精细，对种子的破坏也最为严重（Manzano et al.，2005；Wang et al.，2017）。例如，在西班牙地区，在种子成熟季节，绵羊粪便中经常能够发现嚼碎的地中海灌木种子（Manzano et al.，2005）。除了咀嚼作用外，羊和牛等反刍动物的反刍作用同样可以破坏种子（Wang et al.，2017），相比之下，单胃动物（如马）的食物咀嚼和消化过程较为粗糙（臧森，2015）。因此，马粪中可萌发种子的数量比牛、羊粪中要多。但也有研究表明，牛粪中可萌发种子数量比马粪多（Mouissie et al.，2005），或许放牧行为和牧草食性选择的微妙变化可以部分地解释二者粪便中可萌发种子的差异原因（Malo，2000）。众多研究表明，中等大小的球形种子更加适合动物消化道传播，因为这种类型的种子不仅可以成功地从动物咀嚼过程中逃逸，并且在动物消化道中保留的时间也较短，而快速排出体外对种子消化道传播来说是至关重要的，这样可以避免动物消化道内消化液的侵蚀（鲁为华等，2013）。

祁连山草原是我国西北地区重要的畜牧业生产基地（柳小妮等，2008）。季节性游牧（家畜季节性地在暖季牧场和冷季牧场之间迁徙）是祁连山草地最主要的放牧管理方式（汪玺等，2012）。马、牛和羊是祁连山草地主要的放牧家畜，广泛分布于祁连山地区不同类型的牧场。研究祁连山草原家畜粪种子库的大小、物种组成和分布，有助于了解牧草与家畜之间的相互作用，可以为该地区的综合放牧管理提供理论依据。下面主要讨论祁连山不同类型草地中马、牛和羊三种放牧家畜的粪种子库大小和组成特征。于2018年8月中旬，在祁连山南坡的祁连县（99°11′E，37°50′N，海拔3682 m）、肃南裕固族自治县大河乡（100°31′E，36°54′N，海拔2996 m）和刚察县（101°35′E，36°17′N，海拔3351 m）高寒草地以及北坡的阿克塞哈萨克族自治县（99°47′E，38°23′N，海拔 2840 m）、平山湖蒙古族乡（101°42′E，37°11′N，海拔1875 m）和民勤县（102°47′E，36°12′N，海拔1376 m）的荒漠中收集马、牛和羊的粪便。同时收集成熟的地上植被种子，并测量种子大小（单粒重，mg）和形状指数（I），用公式（6-1）计算种子形状指数：

$$I=\frac{\left[3\left(X_{\mathrm{L}}^{2}+X_{\mathrm{W}}^{2}+X_{\mathrm{H}}^{2}\right)-\left(X_{\mathrm{L}}+X_{\mathrm{W}}+X_{\mathrm{H}}\right)^{2}\right]}{3^{2}} \tag{6-1}$$

式中，I为种子形状指数，X_{L}、X_{W}、X_{H}分别为种子长度、宽度和高度与长度的比值。$0\leqslant I\leqslant 1$，$I=0$表示种子为球形，$I=1$表示种子为平面或者线形。用萌发法检测三种家畜粪种子库的大小和组成。

从三种家畜粪便中共发现29种植物幼苗。在大河乡，甘肃棘豆和高山嵩草在三种家畜粪便中都能检测到（表6-1）。垂穗披碱草和冰草仅从马粪中萌发，而二裂委陵菜和矮生嵩草仅从羊粪中萌发。在祁连县，皱叶委陵菜在马（5.26 ± 1.41，粪幼苗密度，粪/g）、牛（5.88 ± 1.52，粪幼苗密度，粪/g）和羊（4.23 ± 1.44，粪幼苗密度，粪/g）粪中均能萌发。紫花针茅和猪毛蒿则可以在马（7.23 ± 2.14，粪幼苗密度，粪/g）和羊（3.12 ± 0.14，粪幼苗密度，粪/g）粪中萌发。在刚察县，线叶嵩草和披针叶黄华在马、牛和羊粪便中均能萌发，而肉果草仅能在羊（3.13 ± 0.27，粪幼苗密度，粪/g）粪便中萌发。

表 6-1　粪种子生活型、种子大小和形状指数（均值±标准误）

科	物种	生活型	单粒重/mg	形状指数
禾本科	冰草	多年生	1.30 ± 0.05	0.15 ± 0.01
	虎尾草	一年生	0.08 ± 0.02	0.12 ± 0.01
	垂穗披碱草	多年生	4.10 ± 0.02	0.17 ± 0.04
	画眉草	一年生	2.60 ± 0.02	0.07 ± 0.01
	草地早熟禾	多年生	0.70 ± 0.23	0.07 ± 0.01
	沙生针茅	多年生	0.50 ± 0.00	0.13 ± 0.01
	紫花针茅	多年生	3.87 ± 0.57	0.15 ± 0.01
豆科	糙叶黄芪	多年生	3.72 ± 0.10	0.12 ± 0.02
	鬼箭锦鸡儿	灌木	47.02 ± 2.02	0.07 ± 0.00
	甘肃棘豆	多年生	2.63 ± 0.03	0.07 ± 0.00
	披针叶黄华	多年生	44.84 ± 3.12	0.001 ± 0.00
莎草科	甘肃薹草	多年生	3.20 ± 0.003	0.16 ± 0.00
	线叶嵩草	多年生	2.02 ± 0.02	0.10 ± 0.01
	矮生嵩草	多年生	0.65 ± 0.01	0.08 ± 0.01
	高山嵩草	多年生	1.43 ± 0.27	0.09 ± 0.00
菊科	猪毛蒿	多年生	0.57 ± 0.04	0.11 ± 0.01
	矮火绒草	多年生	0.03 ± 0.002	0.11 ± 0.01
蔷薇科	皱叶委陵菜	多年生	0.46 ± 0.03	0.08 ± 0.01
	二裂委陵菜	多年生	0.51 ± 0.02	0.08 ± 0.01
藜科	盐生草	一年生	0.81 ± 0.02	0.07 ± 0.01
	盐爪爪	半灌木	2.01 ± 0.12	0.09 ± 0.01
	珍珠猪毛菜	半灌木	6.11 ± 0.19	0.12 ± 0.04
	合头草	半灌木	0.58 ± 0.02	0.12 ± 0.00
蒺藜科	白刺	灌木	2.63 ± 0.03	0.07 ± 0.00
	蝎虎霸王	多年生	42.89 ± 2.06	0.09 ± 0.05
	驼蹄瓣	多年生	0.61 ± 0.12	0.12 ± 0.00
白花丹科	黄花补血草	多年生	2.15 ± 0.01	0.08 ± 0.01
	耳叶补血草	多年生	2.17 ± 0.02	0.08 ± 0.00
玄参科	肉果草	多年生	2.01 ± 0.03	0.09 ± 0.01

在阿克塞，珍珠猪毛菜从马（12.77 ± 6.27）、牛（22.14 ± 3.25）和羊（8.23 ± 4.12）

的粪便中均能萌发，驼蹄瓣仅从牛（6.11 ± 3.42）粪中萌发。在平山湖，合头草仅从马（12.11 ± 2.21）粪中萌发。在民勤，虎尾草和沙生针茅能从牛（15.32 ± 3.78）和马（8.28 ± 3.27）的粪便中萌发（表 6-1）。

在 6 个采样地点中，马粪中发芽种子的数量最多，平均幼苗密度为 11.91 粪/g，显著高于牛粪（10.80 粪/g）和羊粪（7.60 粪/g）（$P < 0.05$）（图 6-2）。

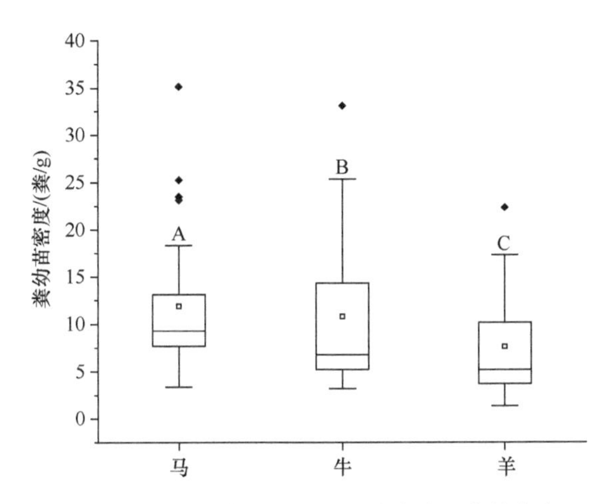

图 6-2　祁连山草地马、牛和羊粪种子库的大小

不同字母表示差异显著（$P < 0.05$）

从 3 种家畜粪便中萌发的 29 种植物隶属于 9 科（藜科、禾本科、菊科、豆科、蔷薇科、莎草科、蒺藜科、白花丹科和玄参科）（表 6-1）。其中，包括 3 种半灌木（盐爪爪、珍珠猪毛菜和合头草）、3 种一年生植物（虎尾草、画眉草和盐生草）和 2 种灌木（鬼箭锦鸡儿和白刺），其余 21 种植物（占总数的 72.41%）是多年生植物。

在马粪中检测到的多年生物种的数量（15 ± 2.13）显著大于牛粪（12 ± 1.98）和羊粪（10 ± 1.22）（$P < 0.05$），马粪（2 ± 0.73）和牛粪（2 ± 0.57）中的灌木物种数显著大于羊粪（1 ± 0.23）（$P < 0.05$）。然而，3 种家畜粪便中一年生物种的数量差异不显著（$P > 0.05$）（图 6-3）。

从 3 种家畜粪便中鉴定出的 29 种植物的种子平均质量为 3.64 ± 0.16 mg，最小的是矮火绒草（0.03 ± 0.002 mg），最大的是鬼箭锦鸡儿（47.02 ± 2.02 mg），有 18 种（占总数的 62.07%）物种其种子质量> 1 mg。平均种子形状指数为 0.09 ± 0.02，范围从 0.001 ± 0.00（披针叶黄华）到 0.17 ± 0.04（垂穗披碱草），有 17 个物种（占总数的 58.62%）的种子形状指数≤0.10（球形种子）（表 6-1）。

马、牛和羊 3 种家畜粪便中发现的多年生物种数显著大于一年生、灌木和半灌木物种数（$P < 0.05$）。马粪中半灌木物种数显著大于灌木和一年生（$P < 0.05$）

物种数，牛粪中一年生、灌木和半灌木物种数差异不显著（$P > 0.05$）。羊粪中灌木物种数显著低于半灌木和一年生物种（$P < 0.05$）（图 6-3）。

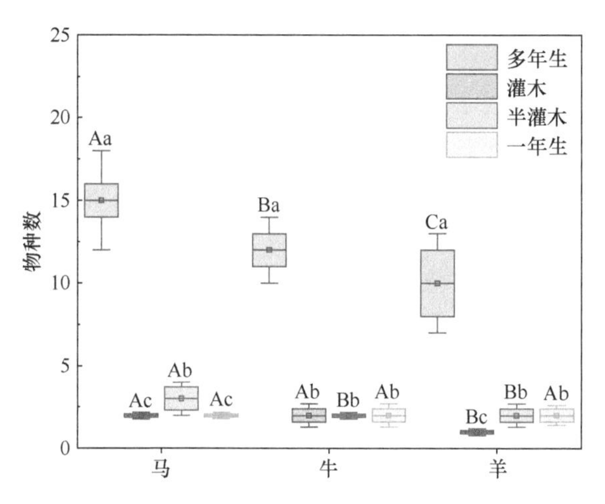

图 6-3　不同家畜粪幼苗生活型

不同小写字母表示同种家畜粪便中不同生活型物种数量差异显著（$P < 0.05$）；不同大写字母表示同种生活型物种数量在不同家畜粪便中差异显著（$P < 0.05$）

种子的大小和形状显著影响种子自身通过动物消化道后的存活率。在祁连山草地中，最适合家畜消化道传播的种子质量为 10～30 mg［图 6-4（a）］，形状指数为 0.04～0.10［图 6-4（b）］。

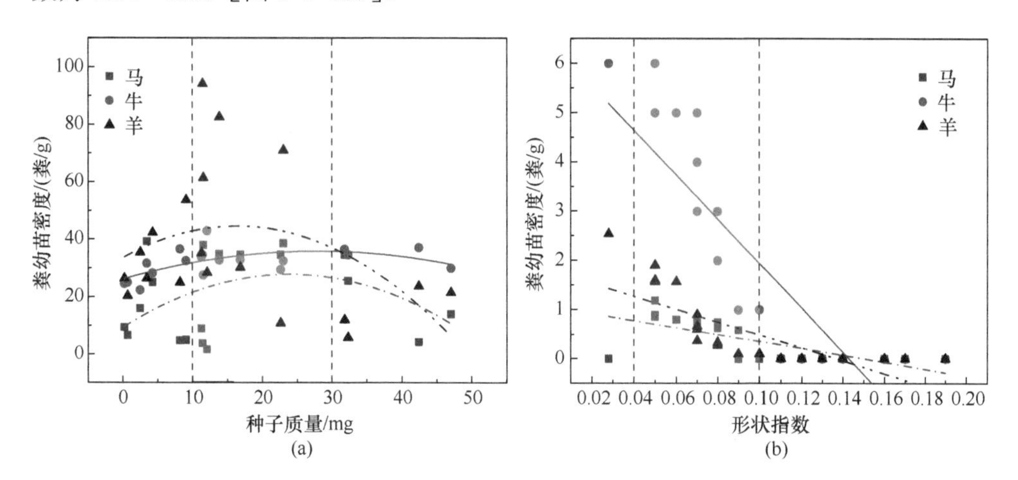

图 6-4　粪幼苗密度与种子质量、形状指数的关系

（a）马：幼苗密度 = − 0.03 质量^2 + 1.54 质量 + 9.33，$R^2 = 0.18$，$P < 0.01$；牛：幼苗密度 = − 0.01 质量^2 + 0.71 质量 + 26.14，$R^2 = 0.37$，$P < 0.01$；羊：幼苗密度 = − 0.04 质量^2 + 1.34 质量 + 33.51，$R^2 = 0.16$，$P < 0.01$。（b）马：幼苗密度 = − 7.07 形状指数 + 1.06，$R^2 = 0.51$，$P < 0.01$；牛：幼苗密度 = − 45.14 形状指数 + 1.06，$R^2 = 0.74$，$P < 0.01$；羊：幼苗密度 = − 13.12 形状指数 + 1.79，$R^2 = 0.59$，$P < 0.01$

6.2.2 祁连山植物生长和繁殖策略对放牧的响应

在不同放牧压力下，草原植物生长和繁殖的策略是它们与有蹄类动物长期协同进化的结果（刘振国和李镇清，2006）。这些策略对于草原植物个体生活史的完成和种群的更新均具有重要的作用。为了适应放牧的干扰，草原植物可以在种群、个体和器官等不同组织水平上做出调节，在种群水平上的调节主要体现在有性繁殖和无性繁殖个体比例的变化。乔丽青等（2014）通过研究放牧对瓣蕊唐松草（*Thalictrum petaloideum*）种群生殖的影响，发现放牧抑制了瓣蕊唐松草有性生殖的更新途径。同时，种群水平种子的资源分配随放牧强度增加而显著降低，在重度放牧条件下几乎没有分化生殖枝，这是因为家畜的采食导致植物种群的生物量减少，植物光合同化产物减少，植物的生殖生长无法得到足够的资源。在个体水平上，前人的研究表明，随着载畜率的增加，牧草的再生能力降低，株高、分蘖数、个体生物量、叶生物量和生长速率均下降，同时草原植物的繁殖过程也会发生显著的变化（Byrne et al.，2018；刘文亭等，2022；古琛等，2017）。生殖分配（reproduction allocation，RA），即同化产物向生殖器官的分配，是衡量植物个体水平有性繁殖能力的重要指标（Wenk and Falster，2015）。一般认为，草原植物在放牧干扰下通过降低生殖分配的比例来维系种群的存活。但也有学者认为，在一定的情况下放牧会对植物的繁殖起促进作用。刘文亭等（2022）发现，混合放牧高寒草地矮生嵩草会增加单位长度生殖枝和营养枝资源。同时 Guo 等（2020）发现，放牧可使食牧草的生殖分配明显增加，毒害草的生物量向茎的分配减少而向叶片的分配增加，但生殖分配几乎不受影响。上述结果说明，不同物种应对放牧干扰的繁殖策略可能并不相同。在器官水平上，植物可以通过促进花芽分化或选择性败育来调节花的数量和大小、种子的数量和大小，从而实现最高的繁殖效率和适合度（包国章等，2002）。尽管植物在面对放牧干扰时，会在种群、个体和器官水平上进行调节，但是由于不同草原植物的遗传背景不同，在群落中的地位不同，而且在不同放牧强度下采取的繁殖对策可能不同，所以它们在上述三个组织水平的调节方向和强度也不相同。随着放牧强度增加，植物个体大小趋于变小，营养器官和繁殖器官的生物量均减少，但营养器官生物量减少的幅度更大，从而导致植物繁殖分配表现出增加的趋势。因为只有在一定范围内减少分配给支持结构（营养器官）的资源比例而提高繁殖器官的资源比例，才能保证繁殖成功，这表明在生存环境更为恶劣的高山地区，繁殖功能被放在了生存选择的优先位置。

1. 对种群的影响

主要表现为：①导致种群密度降低；②导致种群生物量显著降低；③导致该

物种繁殖策略改变，降低生殖生长甚至不再进行生殖生长，这与乔丽青等（2014）关于羊草在重度放牧条件下几乎不分化生殖枝的结果一致。前人的研究表明，草原植物为适应放牧的干扰，在个体的生长上会发生一系列的改变，如株高的改变和生物量分配的调节等（Díaz et al.，2001；Grotkopp et al.，2002；Falster and Westoby，2003）。

放牧会改变群落中植物生长的生物和非生物环境。对禾草类植物的选择性采食改变了群落内种间和种内竞争模式。植物功能特征在放牧生境中发生一系列的改变以适应放牧压力，如植物高度和叶面积等明显变小。这些功能特征的响应变化进而转化为植物表现特征，植物个体更适应于放牧环境，从而得以生长和繁殖。由于各群落组分对于放牧响应的对策不同，从而最终使各物种种群多度格局发生改变，即群落结构发生响应改变，进而影响植被过程和生态系统功能。

2. 对个体的影响

个体上的变化主要表现在以下 4 个方面：①植株小型化，主要表现在株高和单株生物量的降低，植物通过降低株高，可以躲避家畜的采食（古琛等，2017）。这是草原植物面对动物采食时采取的重要策略，特别是在重度放牧干扰下，这种策略对于草原植物适应放牧的干扰尤为重要，是草原植物与食草动物能够协同进化的重要机制（Briske，1986）。②生殖构件的数量减少，主要表现在生殖枝数和花朵数的减少。③单株种子的数量和产量降低。④生物量向籽粒的分配比例增加。Guo 等（2020）发现，放牧干扰导致紫花针茅将更多的能源分配给籽实用于生殖。同时，高寒草甸植物自身的生物学特性和生活史对策可能与典型草原的植物有所不同。前人的大量研究表明，个体大小依赖的调节是植物在个体水平进行生殖分配调节的重要机制（Guo et al .，2020；古琛等，2017）。

3. 对器官的影响

放牧使得植物损失率迅速增大，我们观测到植物普遍通过减小个体的大小以响应放牧干扰。在放牧生境中，植物的个体大小减小不但能够有效地逃避动物啃食，而且个体大小的减小更利于植物在营养限制和干扰下的补偿生长作用。我们也观测到，放牧导致的植物个体大小减小主要是植物茎高度减小和叶片大小减小所致。作者的研究表明，多数群落组分物种以减少茎叶分配，从而增大繁殖分配来响应放牧干扰，即放牧后多数物种选择以减少对叶或茎的投入，从而相对增加对于繁殖的投入。在放牧干扰后，植物群落生产力降低即损失率增加，地表光辐射大量增加，从而使得光不再是植物生长的限制性因子，这促使植物对叶的投入相对减小。放牧后土壤结构和营养的改变可能限制了植物的生长，并且植物经受着较高损失率，这使得平均个体明显减小，而植物个体的减小也促使相对减少了对起主要支撑作用的茎部分的资源投入。这些现象也符合植物资源优化分配理论，但植物在放牧干扰下增加对繁殖器官的投入，就意味着与禁牧地的同种同等大小个体比，放牧地的植物增加了其种子数量或相对增大了种子大小。这样植物在放牧生境中既尽量减少当代世代损失率的同时又增加了其后代的适合度，从而在一定程度上实现了其适合度的最大化。

作者的研究也表明了繁殖分配响应在物种间和功能群间的差异，植物生物量分配对放牧的响应在各群落组分种间和功能群间都有着明显的差异。许多前人的研究也表明，群落种植物对放牧的响应在物种间有着明显的差异，这些差异主要是物种间植物生理、形态和功能特征的差异所致，也有研究发现群落组分种间对放牧的响应差异与植被所在地的气候等有关。总之，物种间对放牧响应的差异主要是物种间的生活史对策不同所致，当然也与生态环境影响有关。作者的研究表明，有些群落组分种对放牧干扰的响应明显，这些物种容易适应放牧干扰，放牧压力使其获得竞争释放，使该物种在放牧生境中生长旺盛，一定意义上说它们是放牧干扰的受益者，如龙胆科獐牙菜的繁殖分配和叶分配对放牧的响应明显。之前作者在该地域内不同生境中比较了 5 种毛茛科植物繁殖分配的情况，研究表明，所研究的几种毛茛科植物的繁殖对策和繁殖分配不易受环境变化和放牧干扰的影响（赵志刚，2006），甚至高原毛茛个体生物量对放牧的响应也不显著。Bazzaz 和 Grace（1997）对种系统演化较先进的菊科风毛菊属的研究结果表明，菊科的繁殖分配模式不易受干扰，并表明一些物种对于干扰和环境变化并不“敏感”，至少在生物量分配上如此。

放牧导致环境的资源限制对各功能群的影响是相同的，但是放牧的选择性采食的影响对于可食的禾草类和不被采食的杂草的影响是不同的。在放牧干扰下，禾草类植物频繁经受生物量损失，使得植物生活史发生调整以减少损失和抵抗干扰，从而这些禾草与邻体植物的竞争能力也被很大程度的削弱。而杂草类植物经受干扰后所受到的损失相对较少，同时放牧抑制禾草类的生长，相对竞争能力也有所增强等，这些原因使得放牧群落中功能群生长竞争的格局不同于禁牧群落中的格局，也就最终导致了植物生活史表型的不同和植被过程及群落结构的不同。当环境改变时，植物通过它们的生活史特点，如资源分配模式和相对生长率来维持它们的竞争、存活和繁殖能力。由于资源限制，各功能群个体都减小，繁殖分配普遍增加。与禁牧地相比，禾草类在长期的放牧干扰下通过采取一种减少叶分配和相应增加茎繁殖分配的对策以减少损失，将生长和繁殖的权衡偏向繁殖，从而适应干扰来增加其在放牧生境中的适合度。杂草由于也经受着相对较少的损失，所以也选择增加繁殖以减少损失适应干扰，但因为杂草的叶经受损失较禾草少得多，所以杂草不如禾草一般以大量减少叶分配的投入为代价来使繁殖分配增加，甚至有的杂草类物种的叶分配因放牧而有所增加。作者研究中的豆科植物是家畜喜食的牧草，如米口袋，结果表明，豆科牧草也以增加繁殖投入来适应放牧，但是其繁殖分配的增加不如禾草及大部分杂草显著，作者认为这与豆科植物的生活型特点相关。放牧啃食抑制了相对较高的禾草类植物，使得高度上相对较矮的豆科植物得以竞争释放，因此豆科物种所获得的受益在一定程度上补偿了因放牧而遭受的损失，所以豆科植物的繁殖分配增加和茎叶分配响应程度较小。在青藏高原高寒草甸，大多数植物的叶是基生叶，有很少的茎生叶。因此，作者认为叶的主要作用是进行光合作用固定资源，增加叶的投入就是提高自己的适合度和对光的竞争力，繁殖分配的增加代表了对子代的投入增加，这样在放牧影响下杂草可以说是一种双赢。在放牧的胁迫环境下，禾草的繁殖和存活能力都增强了，只是通过明显增加繁殖分配来提高子代的适合度而减少叶分配的这种方式必然影响植物的营养生长。然而，作为支持部分的茎有支持繁殖部分的作用，由于禾草繁殖分配显著增加，就不能过多减少茎的投入，所以禾草更多地选择了把原本分配给叶的资源分配给繁殖部分，在放牧影响下禾草的权衡很明显地偏向于繁殖分配。

6.3　祁连山草地生态系统的修复与适应性管理

祁连山生态系统在维护我国西部生态安全方面有着举足轻重的地位，国家领导人对祁连山生态保护多次作出重要指示（王宝等，2019）。但受全球气候变暖和资源过度开发、粗放利用等的影响，祁连山出现冰川消融量逐年增加、雪线退缩越加明显（孙美平等，2015）、水源涵养功能缩减等生态环境问题（王涛等，2017），导致山水林田湖草生态系统发生退化，严重影响了生态系统的稳定性，制约了区域内经济社会的绿色发展。

目前，针对祁连山地区生态环境的研究主要包含水源涵养、气候变化、冰川冻土变化、植被覆盖变化、植被生产力以及生物多样性保护等方面。其中，气温与降水是影响祁连山地区植被变化的主要因子，局部地区的人类活动是影响植被变化的重要因素。上述研究为生态修复提供了理论基础，但是目前大部分研究只是从土壤、植被、水文、气候等环境因子的单一变化展开的，对生态系统的保护与修复缺乏整体性、系统性和综合性的研究。习近平总书记系列讲话多次强调要运用系统论的思想方法管理自然资源和生态系统，把统筹山水林田湖草系统治理作为生态文明建设的一项重要内容来加以部署。因此，如何实施山水林田湖草生态系统的整体保护、系统修复和综合治理已成为众多学者广泛关注的科学问题（郭利刚，2019）。

草地是陆地最大的生态系统之一，约占陆地生态系统的四分之一。根据群落特征，可以划分为草原、稀疏草原、草甸、草本沼泽等类型，它们不仅在调节气候、涵养水源、防风固沙、改良土壤和维持生物多样性等方面发挥着重要作用，还在陆地生态系统碳循环过程中起着关键性作用，对维持陆地生态系统和地球生物圈的稳定与平衡具有重要意义（吴秀芝等，2018）。我国草地面积约为 4.00×10^6 km^2，占国土总面积的 41.70%左右（Akiyama and Kawamura，2007），是世界草地面积最多的国家之一。在全球气候变化和人类活动的干扰下，全球大约有 20%的草地发生了退化，且退化地域分异明显，高纬度部分地区草地退化严重，其中亚洲退化草地面积最大，占全球退化草地总面积的 22%（杨艳林，2019）。我国约有 90%的草地发生了不同程度的退化，严重退化的草地面积占草地总面积 60%左右（刘黎明等，2003），退化的草地主要分布在西北和北方干旱、半干旱草原区及高原草原区。草地退化是指在不利的自然因素或不合理的人类活动干扰下，草地生态系统发生逆向演替、结构简化、稳定性下降、生态功能恢复能力减弱等问题，具体表现为草地生产力的下降、生物多样性的减少等状况。其不仅会导致草地生态系统生态服务功能降低，还会引发水土流失、土地荒漠化、生物多样性减少等一系列生态问题，影响着全球生态系统的安全和可持续发展。

祁连山区地处甘肃、青海省的交界处，是河西三大内陆河石羊河、黑河和疏勒河的发源地，属于典型的干旱高海拔山地生态系统。由于地理位置和气候的独特性，祁连山区承担着调节气候、保护绿洲、防治荒漠、固持土壤、保护物种和储存基因等众多功能，对维持青藏高原生态平衡具有重要作用。草地生态系统是祁连山区主要的生态系统之一，在减少水土流失、涵养水源等方面具有重要作用。近几十年，全球气候变暖，祁连山区冰雪消融、草原退化、动植物种群数量减少、土地荒漠化、水土流失加剧，使得祁连山区生态系统保护与综合治理问题日益突出。加上长期以来对草地资源的不合理利用，载畜量的不断增加，导致草地生态系统环境恶化，草地退化严重，生产力日趋下降（闫月娥等，2010）。为了缓解草地退化对祁连山区生态系统的影响，青海省实施了祁连山区和青海湖流域生态环境保护及湟水流域综合治理等生态保护工程，生态系统的恶化得到了初步遏制，不仅改善了当地人们的生存环境，而且产生了一系列生态效益（王虎威，2017）。

国内外学者对草地退化已经进行了深入研究，从不同方面界定草地退化指标。闫玉春等（2007）建议将草地生态系统结构与功能相结合来评定草地退化；Tong 等（2004）将植被盖度和高度、地上生物量、土壤侵蚀度以及草地的恢复时间作为草地退化的评价指标；冯琦胜等（2011）将地上产草量作为青藏高原草地生长状况的评价指标，对青藏高原的多年草地生长状况进行了遥感监测；徐剑波等（2012）将草地覆盖度、地上生物量、植株高度、土壤有机质和牧草可食率作为黄河源区玛多县草地退化的评价指标。

草地退化驱动力研究是草地退化研究中不可缺失的部分，直接影响草地退化防治措施的提出与有效实施。国内外对草地退化驱动力的分析表明，气候因素和人类活动是草地退化的主要驱动力（魏卫东等，2018）。气候暖干化是草地退化的重要原因，气温和降水在一定程度上决定一个地区的土壤水分条件，从而影响该地区草地的长势。马文红等（2010）研究了温度、降水和中国北方草地生物量变化的关系，发现与温度相比，降水对草地生物量的影响更大。李亚楠等（2013）得到降水量、气温、日照时数、平均相对湿度是藏北地区草地退化的主要因素。吕志邦（2012）定量分析了玛曲县草地退化的主要驱动因素，发现社会经济因子的影响超过了气候因子的影响，人口的快速增长一般会导致不合理人类活动的发生，在很大程度上决定着草地退化的深度和广度。曹鑫等（2006）在研究内蒙古锡林郭勒草原退化原因时发现，20 世纪 90 年代人类活动严重加剧草原退化状况，但退化程度不同。

因此，草地退化是全球气候变化、降水、过度放牧、啮齿动物伤害和其他因素（如道路建设、收集木材作燃料和药用草药）共同作用的结果（Dong et al.，2020）。然而，Hou 等（2002）指出，草地退化是生态系统的四个主要组成部分之间不协调的结果：环境、植被、动物（牲畜和野生动物）和牧民。例如，过度放牧造成的动植物不协调是世界各地草地退化的一个普遍特征，是牲畜承载能力随牧场生产、牲畜营养需求和牧草营养价值的季节性波动而造成的（Zhao et al.，2018）。

近 10 年来，关于草地恢复生态学的理论有了很大的发展，主流理论可能包括最小极限理论、热力学定律、自我设计与设计理论和中间扰动理论（Palmer et al.，2010）等，然而，国内的恢复生态学理论缺乏环境、草地、动物和牧民之间的耦合。生物学家认为草地退化是环境和草地之间发生某种物理过程而产生的一种生态系统状态（Chen et al.，2017）；社会科学家倾向于将退化解释为由文化、塑造的规范和人类决策过程（Li et al.，2013）所决定。草地农业生态系统耦合理论由任继周先生于 1980 年提出，该理论认为，生境–植被、植被–动物和动物–牧民界面构成了一个完整的草地系统，其草地生产具有四个界面层。一般来说，系统耦合是指较大系统中能量、物质和信息输入输出流在人工控制下的两个或多个耦合层，这些耦合层相互耦合形成新的、更高级的结构–功能体（Ren et al.，2016）。在高寒草甸生态系统中，环境、草地、牲畜、牧民和市场之间也存在着重要的物质和能量流动（图 6-5）。

尽管草地农业生态系统耦合理论已被学术界所接受，但草地恢复田间技术的理论与实践之间仍存在着不小的差距。基于草地农业–生态系统耦合理论，作者提出了针对退化高寒草甸管理与恢复的系统集成技术（图 6-6）：①轮牧放牧管理方法，建议放牧、牧场休养或围封；②提出施肥、覆播、撕草等农艺技术；③包括灭鼠和控制焚烧；④冬季用干草补饲。

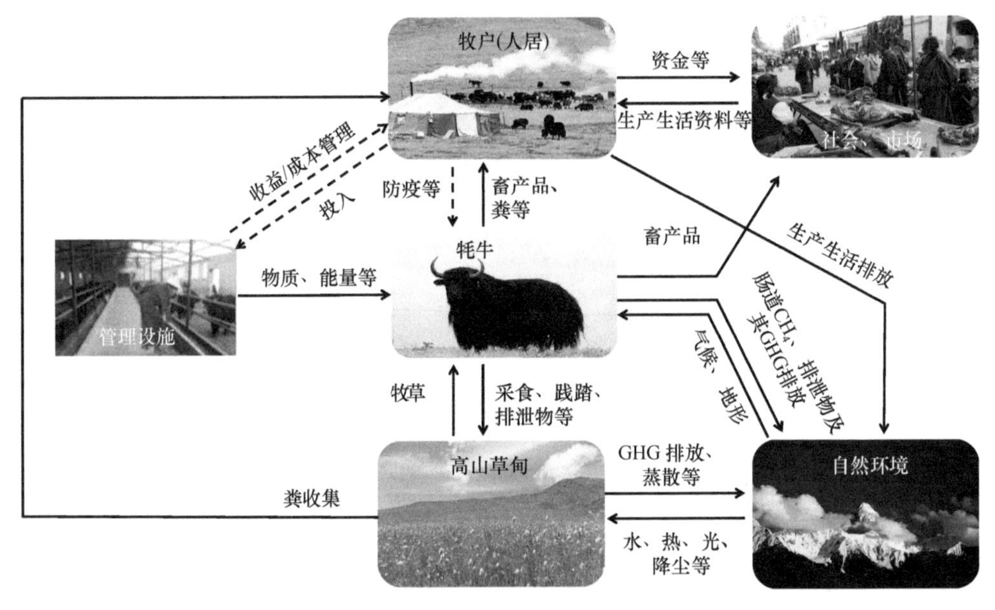

图 6-5　高寒草甸生态系统中物质和能量在环境、草地、牲畜、牧民和市场之间的流动

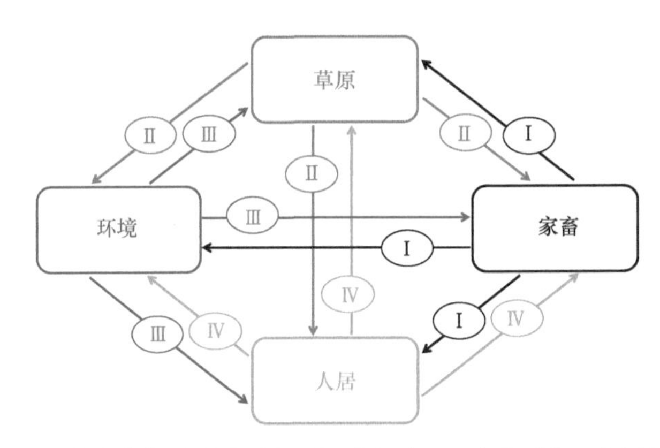

图 6-6　青藏高原退化高寒草甸通过增强主要组成部分（亚生态系统）之间的系统耦合恢复技术示意图

I.目标放牧技术体系；II. 退化草原生态修复综合技术体系；III.鼠害生态防控技术体系；IV.草畜耦合优化调控模式与技术体系

高寒草甸的退化不仅是植被和土壤的退化，还是环境、草地、动物和牧民之间关系的不协调 （Hou et al.，2002）。高寒草甸的恢复是通过促进环境、草地、动物和牧民之间的系统耦合关系，进而通过自然演替或人类活动，回归到偏好状态的过程（Ghazoul and Chazdon，2016）。建立简单易行的综合指标是评价生态系统功能与健康的核心内容，采用生态系统耦合和生态系统多功能性两个综合指标，对退化高寒草甸恢复措施的效果进行评价。一种研究多物种群落

与其环境之间相互作用的方法是分析生态系统耦合程度，它被定义为植物、牲畜和群落与其周围物理化学环境之间基于相关性联系的总体强度（Wang et al.，2019b）。

通常，牧民使用传统的方法来决定载畜率，以最大限度地提高每年的存活数量。然而，这种方法往往导致过度放牧，对草地和动物的生产造成不良后果，收入较低，不可靠（Michalk et al.，2019）。近几十年来，用网状围栏将牲畜排除在外，形成大型围栏，已成为一种常见的减少过度放牧压力的草地管理策略（Wang et al.，2018）。作者的研究结果表明，仅排除牲畜或结合一种农艺措施对生态系统耦合性和多功能性没有多少改善作用。牧草品质指数、生态系统多功能性和生态系统耦合（植物–土壤）的决定因素是放牧，合适的载畜率是恢复退化高寒草甸的关键。为了确定可持续的载畜率，需要在两个主要领域内进行研究，首先需要确定草地对牧草生物量水平的反应，其次必须了解可持续的消费水平，即草原上可以被牲畜食用且不损害生态功能和服务的牧草比例（Michalk et al.，2019）。以高寒草甸为研究对象，结合季节变化对传统放羊率进行了评估，结果表明：7～12 月的最佳放羊率分别为 1.25、3.7、3.0、2.65、2.5 和 0（Du et al.，2017）。

退化的高寒草甸中土壤有机质含量较低，全氮、全磷等养分含量较低，植被稀疏（Dong et al.，2012）。近年来，施肥（尿素和动物粪便作为有机肥料）、覆播（本地植物物种）和草地泛化已成为常见的恢复措施（Zhou et al.，2019）。研究发现，放牧与施肥、复播、翻耕等农艺措施结合的生态系统耦合协调度和生态系统功能最高，而单次或双次恢复的生态系统耦合较差，生态系统功能较差。这表明，与单一的恢复措施相比，多样化的恢复措施将增加生态系统耦合和生态系统多功能性，这与作者的假设一致。综合措施通过草地泛化、覆播和施肥的互补作用促进了生态系统的耦合和功能。其中，除草促进了本地植物从地下繁殖库中的恢复（宝音陶格涛等，2003），草地剥蚀还增加了土壤孔隙度，从而增加了土壤的持水能力，改善了透气性，并保持了土壤的水分。新物种的覆盖可能会改变原有群落成员之间的竞争格局，从而有利于形成一个新的生态位空间，增加物种丰富度（Foster and Tilman，2003）。施肥为植物的生长提供了充足的养分，每公顷添加羊粪 15000 ～ 22500 kg，相当于每公顷土壤投入氮约 170 kg、磷约 75 kg。

耦合更紧密的生态系统可以支持更广泛的功能，这可能与更有效地利用资源和处理有机物有关（Morrin et al.，2017）。此外，生态系统耦合的恢复实践变化如何影响生态系统功能尚不清楚，且生态系统耦合与生态系统多功能性呈显著正相关。通过综合恢复措施，植物、土壤和牲畜之间更强的相互作用应该会使得生态系统功能更大，因为通过系统更有效地传递营养和能量，应该会使得系统承受环境压力的能力更大。作者提出的综合恢复技术体系提供了实用的指导方针，应该允许当地牧民提高他们的产量。综合恢复技术体系也适用于退化高寒草甸的恢复，对于轻度至中度退化的高寒草甸（如我们的研究场地），综合恢复措施包括放牧和农艺技术（施肥、覆播和草地撕裂），从而使生态系统耦合和功能达到最大效应。在草地不退化的情况下，以适当的载畜率轮牧可以维持其生态功能。为了恢复极度退化的高寒草甸，农艺技术是比放牧和围封更有效的恢复措施。

参 考 文 献

包国章, 康春莉, 李向林. 2002. 不同放牧强度对人工草地牧草生殖分配及种子质量的影响. 生态学报, 22: 1362-1366.

宝音陶格涛, 刘美玲, 李晓兰. 2003. 退化羊草草原在浅耕翻处理后植物群落演替动态研究. 植物生态学报, 27(2): 270-277.

曹鑫, 辜智慧, 陈晋, 等. 2006. 基于遥感的草原退化人为因素影响趋势分析. 植物生态学报, (2): 268-277.

冯琦胜, 高新华, 黄晓东, 等. 2011. 2001—2010 年青藏高原草地生长状况遥感动态监测. 兰州大学学报(自然科学版), 47(4): 75-81.

古琛, 赵天启, 王亚婷, 等. 2017. 短花针茅生长和繁殖策略对载畜率的响应. 生态环境学报, 26: 36-42.

郭利刚. 2019. 构建“山水林田湖草”生态保护与修复的内生机制. 中国资源综合利用, 37(11): 133-135.

侯扶江, 杨中艺. 2006. 放牧对草地的作用. 生态学报, 26(1): 244-264.

李儒海, 强胜. 2007. 杂草种子传播研究进展. 生态学报, 27(12): 5361-5370.

李亚楠, 张丽, 廖静娟, 等. 2013. 藏北中部地区草地退化遥感监测. 遥感技术与应用, 28(6): 1069-1075.

连仲民, 徐文轩, 杨维康, 等. 2014. 放牧对草地土壤种子库的影响. 草业科学, 31(12): 2301-2307.

刘黎明, 赵英伟, 谢花林. 2003. 我国草地退化的区域特征及其可持续利用管理. 中国人口·资源与环境, (4): 49-53.

刘文亭, 王芳草, 杨晓霞, 等. 2022. 混合放牧对高寒草地矮生嵩草生殖枝与营养枝性状的影响. 草地学报, 30: 8.

刘振国, 李镇清. 2006. 退化草原冷蒿群落 13 年不同放牧强度后的植物多样性. 生态学报, 26: 475-482.

柳小妮, 孙九林, 张德罡, 等. 2008. 东祁连山不同退化阶段高寒草甸群落结构与植物多样性特征研究. 草业学报, 17(4): 1-11.

鲁为华, 万娟娟, 杨洁晶, 等. 2013. 草食动物对植物种子的消化道传播研究进展. 草业学报, 22(3): 306-313.

吕志邦. 2012. 玛曲县草地退化遥感监测及驱动力研究. 兰州: 兰州大学.

马文红, 方精云, 杨元合, 等. 2010. 中国北方草地生物量动态及其与气候因子的关系. 中国科学: 生命科学, 40(7): 632-641.

乔丽青, 田大栓, 万宏伟, 等. 2014. 不同载畜率下瓣蕊唐松草的生长和繁殖对策. 植物生态学报, 38: 10.

孙美平, 刘时银, 姚晓军, 等. 2015. 近 50 年来祁连山冰川变化——基于中国第一、二次冰川编目数据. 地理学报, 70(9): 1402-1414.

汤萃文, 张忠明, 肖笃宁, 等. 2012. 祁连山石羊河上游山区土壤侵蚀的环境因子特征分析. 冰川冻土, 34(1): 105-113.

汪玺, 铁穆尔, 张德罡, 等. 2012. 裕固族的草原游牧文化(Ⅱ)——裕固族的草原生产. 草原与草坪, 32(1): 76-78.

王宝, 王涛, 王勤花, 等. 2019. 关于确保甘肃省祁连山生态保护红线落地并严守的科技支撑建议. 中国沙漠, 39(1): 7-11.

王海军, 张勃, 靳晓华, 等. 2009. 基于 GIS 的祁连山区气温和降水的时空变化分析. 中国沙漠, 29(6): 1196-1202.

王虎威. 2017. 青海省不同生态区草地退化状况及定量评估研究. 西安: 陕西师范大学.

王树林, 刘越, 秦文科, 等. 2021. 高寒草甸牦牛皮毛种子库大小与组成的模拟研究. 中国草地学报, 43(4): 71-77.

王涛, 高峰, 王宝, 等. 2017. 祁连山生态保护与修复的现状问题与建议. 冰川冻土, 39(2): 229-234.

王雅琼, 张建军, 李梁, 等. 2018. 祁连山区典型草地生态系统土壤抗冲性影响因子. 生态学报, 38(1): 122-131.

魏卫东, 刘育红, 马辉, 等. 2018. 三江源区高寒草甸土壤与草地退化关系冗余分析. 生态科学, 37(3): 35-43.

吴秀芝, 阎欣, 王波, 等. 2018. 荒漠草地沙漠化对土壤–微生物–胞外酶化学计量特征的影响. 植物生态学报, 42(10): 1022-1032.

徐剑波, 宋立生, 赵之重, 等. 2012. 近 15 年来黄河源地区玛多县草地植被退化的遥感动态监测. 干旱区地理, 35(4): 615-622.

闫玉春, 唐海萍, 张新时. 2007. 草地退化程度诊断系列问题探讨及研究展望. 中国草地学报, (3): 90-97.

闫月娥, 王建宏, 石建忠, 等. 2010. 祁连山地区北坡草地资源及退化现状分析. 草业科学, 27(7): 24-29.

杨艳林. 2019. 基于遥感技术的香格里拉草地退化研究. 昆明: 云南师范大学.

臧森. 2015. 放归普氏野马采食斑块选择及栖息地质量评价. 北京: 北京林业大学.

赵志刚. 2006. 青藏高原高寒草甸常见毛茛科植物繁殖对策研究. 兰州: 兰州大学.

Akiyama T, Kawamura K. 2007. Grassland degradation in China: Methods of monitoring. Grassland Science, 53(1): 1-17.

Allan E, Weisser W, Weigelt A, et al. 2011. More diverse plant communities have higher functioning over time due to turnover in complementary dominant species. Proceedings of the National Academy of Sciences, 108(41): 17034-17039.

Arnberg M P, Frank S C, Blaalid R, et al. 2022. Directed endozoochorous dispersal by scavengers facilitate sexual reproduction in otherwise clonal plants at cadaver sites. Ecology and Evolution, 12(1): e8503.

Bai Y F, Zhang L X, Zhang Y, et al. 2002. Variation of plant functional group composition along hydrothermal gradient in steppe communities in Xilin River Basin, Inner Mongolia. Chinese Journal of Plant Ecology, (3): 308-316.

Bazzaz F A, Grace J. 1997. Plant Resource Allocation. New York: Elsevier.

Bennett J, Koch A, Forsythe J, et al. 2019. Resistance of soil biota and plant growth to disturbance increases with plant diversity. Ecology Letters, 23: 119-128.

Briske D D. 1986. Plant response to defoliation: Morphological considerations and allocation priorities//Joss P J, Lynch P W, Williams O B. Rangelands: A Resource Under Siege. Cambridge UK: Cambridge University Press: 425-427.

Byrne N, Gilliland T J, Delaby L, et al. 2018. Understanding factors associated with the grazing efficiency of perennial ryegrass varieties. European Journal of Agronomy 101: 101-108.

Cardinale B J, Duffy J E, Gonzalez A, et al. 2012. Biodiversity loss and its impact on humanity. Nature, 486(7401): 59-67.

Chen Q, Hooper D U, Li H, et al. 2017. Effects of resource addition on recovery of production and plant functional composition in degraded semiarid grasslands. Oecologia, 184: 13-24.

Collins S L, Koerner S E, Plaut J A, et al. 2012. Stability of tallgrass prairie during a 19-year increase in growing season precipitation. Functional Ecology, 26(6): 1450-1459.

Couvreur M, Cosyns E, Hermy M, et al. 2005. Complementarity of epi-and endozoochory of plant seeds by free ranging donkeys. Ecography, 28(1): 37-48.

Cui J, Guirui Y U, Nianpeng H E, et al. 2017. Spatial pattern of grassland aboveground biomass and its environmental controls in the Eurasian steppe. Journal of Geographical Sciences, 27: 3-22.

Díaz F P, Latorre C, Carrasco-Puga G, et al. 2019. Multiscale climate change impacts on plant diversity in the Atacama Desert. Global Change Biology, 25(5): 1733-1745.

Díaz S, Noy-Meir I, Cabido M. 2001. Can grazing response of herbaceous plants be predicted from simple vegetative traits? Journal of Applied Ecology, 38: 497-508.

Doležal J, Šrůtek M. 2002. Altitudinal changes in composition and structure of mountain-temperate vegetation: A case study from the western Carpathians. Plant Ecology, 158(2): 201-221.

Dong Q M, Zhao X Q, Wu G L, et al. 2012. Response of soil properties to yak grazing intensity in a *Kobresia* parva-meadow on the Qinghai-Tibetan Plateau, China. Journal of Soil Science Plant Nutrition, 12: 535-546.

Dong S K, Shang Z H, Gao J X, et al. 2020. Enhancing sustainability of grassland ecosystems through ecological restoration and grazing management in an era of climate change on Qinghai-Tibetan Plateau. Agriculture, Ecosystems and Environment, 287: 106684.

Du W C, Yan T, Chang S H, et al. 2017. Seasonal hogget grazing as a potential alternative grazing system for the Qinghai-Tibetan Plateau: Weight gain and animal behaviour under continuous or rotational grazing at high or low stocking rates. The Rangeland Journal, 39: 329-339.

Engelhardt I C, Welty A, Blazewicz S J, et al. 2018. Depth matters: Effects of precipitation regime on soil microbial activity upon rewetting of a plant-soil system. The International Society for Microbial Ecology Journal, 12(4): 1061-1071.

Falster D S, Westoby M. 2003. Plant height and evolutionary games. Trends in Ecology and Evolution, 18: 337-343.

Fernandez-Going B, Harrison M, Anacker S P, et al. 2013. Climate interacts with soil to produce beta diversity in Californian plant communities. Ecology, 94(9): 2007-2018.

Fischer E M, Beyerle U, Knutti R. 2013. Robust spatially aggregated projections of climate extremes. Nature Climate Change, 3: 1033-1038.

Fischer S F, Poschlod P, Beinlich B. 1996. Experimental studies on the dispersal of plants and animals on sheep in calcareous grasslands. Journal of Applied Ecology, 33(5): 1206-1222.

Foster B L, Tilman D. 2003. Seed limitation and the regulation of community structure in oak savanna grassland. Journal of Ecology, 91: 999-1007.

Francis A P, Currie D J. 2003. A globally consistent richness-climate relationship for Angiosperms. The American Naturalist, 161(4): 523-536.

Fricke E C, Ordonez A, Rogers H S, et al. 2022. The effects of defaunation on plants' capacity to track climate change. Science, 375(6577): 210-214.

García-Palacios P, Gross N, Gaitán J, et al. 2018. Climate mediates the biodiversity-ecosystem stability relationship globally. Proceedings of the National Academy of Sciences, 115(33): 8400-8405.

Ghazoul J, Chazdon R. 2016. Degradation and recovery in changing forest landscapes: A multiscale conceptual framework. Annual Review of Environment and Resources, 42: 1-28.

Gottfried M, Pauli H, Futschik A, et al. 2012. Continent-wide response of mountain vegetation to climate change. Nature Climate Change, 2(2): 111-115.

Grotkopp E, Rejmánek M, Rost T L. 2002. Toward a causal explanation of plant invasiveness: Seedling growth and life-history strategies of 29 pine (*Pinus*) species. The American Naturalist, 159: 396-419.

Guo Y, He X Z, Hou F, et al. 2020. Stocking rate affects plant community structure and reproductive strategies of a desirable and an undesirable grass species in an alpine steppe, Qilian Mountains, China. The Rangeland Journal, 42: 63-69.

Hammouda F M, Afify A H. 1999. Advances in study on C4 pathway in C3 plant. Pakistan Journal of Biological Sciences, 2: 544-552.

Hou F J, Nan Z B, Xiao J Y, et al. 2002. Characteristics of vegetation, soil, and their coupling of degraded grasslands in Chinese. Chinese Journal of Applied Ecology, 13: 915-922.

Huang E, Chen Y, Fang M, et al. 2021. Environmental drivers of plant distributions at global and regional scales. Global Ecology and Biogeography, 30(3): 697-709.

Isbell F I, Polley H W, Wilsey B J. 2009. Biodiversity, productivity and the temporal stability of productivity: Patterns and processes. Ecology Letters, 12(5): 443-451.

Kaarlejärvi E, Eskelinen A, Olofsson J. 2017. Herbivores rescue diversity in warming tundra by modulating trait-dependent species losses and gains. Nature Communications, 8(1): 1-8.

Kavanaugh B, Manning P. 2020. Ivermectin residues in cattle dung impair insect-mediated dung removal but not organic matter decomposition. Ecological Entomology, 45(3): 671-678.

Kazakis G, Ghosn D, Remoundou I, et al. 2021. Altitudinal vascular plant richness and climate change in the alpine zone of the Lefka Ori, Crete. Diversity, 13(1): 2.

Kiviniemi K. 1996. A study of adhesive seed dispersal of three species under natural conditions. Acta Botanica Neerlandica, 45(1): 73-83.

Kovach R P, Muhlfeld C C, Wade A A, et al. 2015. Genetic diversity is related to climatic variation and vulnerability in threatened bull trout. Global Change Biology, 21(7): 2510-2524.

Li D, Miller J E D, Harrison S. 2019. Climate drives loss of phylogenetic diversity in a grassland community. Proceedings of the National Academy of Sciences, 116(40): 19989-19994.

Li F, An J Y, Li X L, et al. 2021. Asymmetric response of aboveground and underground traits to grazing intensity in *Agropyron cristatum*. Chinese Journal of Grassland, 43: 18-25.

Li G, Han H, Du Y, et al. 2017. Effects of warming and increased precipitation on net ecosystem productivity: A long-term manipulative experiment in a semiarid grassland. Agricultural and Forest Meteorology, 232: 359-366.

Li X L, Gao J, Brierley G, et al. 2013. Grassland degradation on the Qinghai Tibet Plateau: Implications for rehabilitation. Land Degradation Development, 24: 72-80.

Liu B, Zhao W, Liu Z, et al. 2015. Changes in species diversity, aboveground biomass, and vegetation cover along an afforestation successional gradient in a semiarid desert steppe of China. Ecological Engineering, 81: 301-311.

Liu L L, Sheng J D, Cheng J H, et al. 2016. Study on the relationship between plant species characteristics and hydrothermal factors in different grassland types in Xinjiang. Acta Prataculturae Sinica, 25: 1-12.

Malo J E. 2000. Hardseededness and the accuracy of seed bank estimates obtained through germination. Web Ecology, 1: 70-75.

Malo J E. 2004. Potential ballistic dispersal of *Cytisus scoparius* (Fabaceae) seeds. Australian Journal of Botany, 52(5): 653-658.

Manzano P, Malo J E, Peco B. 2005. Sheep gut passage and survival of Mediterranean shrub seeds. Seed Science Research, 15(1): 21-28.

Matías L, Castro J, Zamora R. 2010. Soil-nutrient availability under a global-change scenario in a Mediterranean mountain ecosystem. Global Change Biology, 17(4): 1646-1657.

Michalk D L, Kemp D R, Badgery W B, et al. 2019. Sustainability and future food security: A global perspective for livestock production. Land Degradation Development, 30: 561-573.

Milotić T, Hoffmann M. 2016. How does gut passage impact endozoochorous seed dispersal success? Evidence from a gut environment simulation experiment. Basic and Applied Ecology, 17(2): 165-176.

Minden V, Deloy A, Volkert A M, et al. 2017. Antibiotics impact plant traits, even at small concentrations. AoB Plants, 9(2): 1-19.

Morrin E, Hannula S E, Snoek L B, et al. 2017. Soil networks become more connected and take up more carbon as nature restoration progresses. Nature Communications, 8: 14349.

Mouissie A M, Vos P, Verhagen H M C, et al. 2005. Endozoochory by free-ranging, large herbivores: Ecological correlates and perspectives for restoration. Basic and Applied Ecology, 6(6): 547-558.

Murray B R, Thrall P H, Gill A M, et al. 2002. How plant life-history and ecological traits relate to species rarity and commonness at varying spatial scales. Austral Ecology, 27(3): 291-310.

Myers J A, Vellend M, Gardescu S, et al. 2004. Seed dispersal by white-tailed deer: Implications for long-distance dispersal, invasion, and migration of plants in Eastern North America. Oecologia, 139(1): 35-44.

Pachauri R K, Allen M R, Barros V R, et al. 2014. Climate Change 2014: Synthesis Report. Contribution of Working Groups I, II and III to the Fifth Assessment Report of the Intergovernmental Panel on Climate Change. Geneva, Switzerland: IPCC.

Pakeman R J, Digneffe G, Small J L. 2002. Ecological correlates of endozoochory by herbivores. Functional Ecology, 16(3): 296-304.

Palmer M, Ambrose R, Poff L. 2010. Ecological theory and community restoration ecology. Restoration Ecology, 5: 291-300.

Peng D L. 2015. Peer review report 2 on "Drought and spring cooling induced recent decrease in vegetation growth in Inner Asia". Agricultural and Forest Meteorology, 201: 39.

Pennekamp F, Pontarp M, Tabi A, et al. 2019. Biodiversity increases and decreases ecosystem stability. Nature, 563(7729): 109-112.

Picard M, Papaïx J, Gosselin F, et al. 2015. Temporal dynamics of seed excretion by wild ungulates: Implications for plant dispersal. Ecology and Evolution, 5(13): 2621-2632.

Pugnaire F I, Morillo J A, Peñuelas J, et al. 2019. Climate change effects on plant-soil feedbacks and consequences for biodiversity and functioning of terrestrial ecosystems. Science Advances, 5(11):

eaaz1834.

Qi D L, Li F, Xiao J S, et al. 2016. Trend analysis of potential evapotranspiration and surface wettability on the northern and southern slopes of Qilian Mountains in recent 53 years. Drought Meteorology, 34: 26-33.

Ren J Z, Xu G, Li X L, et al. 2016. Trajectory and prospect of China's prataculture. Chinese Science Bulletin, 61: 178-192.

Sánchez A M, Peco B. 2002. Dispersal mechanisms in *Lavandula stoechas* subsp. *pedunculata*: Autochory and endozoochory by sheep. Seed Science Research, 12(2): 101-111.

Shigyo N, Umeki K, Hirao T. 2019. Plant functional diversity and soil properties control elevational diversity gradients of soil bacteria. FEMS Microbiology Ecology, 95(4): fiz025.

Tong C, Wu J, Yong S, et al. 2004. A landscape-scale assessment of steppe degradation in the Xilin River Basin, Inner Mongolia, China. Journal of Arid Environments, 59(1): 133-149.

Unger M, Leuschner C, Homeier J. 2010. Variability of indices of macronutrient availability in soils at different spatial scales along an elevation transect in tropical moist forests (NE Ecuador). Plant and Soil, 336(1-2): 443-458.

Virtanen R, Eskelinen A, Harrison S. 2016. Comparing the responses of bryophytes and short-statured vascular plants to climate shifts and eutrophication. Functional Ecology, 31(4): 946-954.

Wang B C, Smith T B. 2002. Closing the seed dispersal loop. Trends in Ecology and Evolution, 17(8): 379-386.

Wang S L, Delgado-Baquerizob M, Wang D L, et al. 2019a. Diversifying livestock promotes multidiversity and multi-functionality in managed grasslands. Proceedings of the National Academy of Sciences, 116: 6187-6192.

Wang S L, Hou F J. 2021. Short-term study on the yak dung seed bank on the Qinghai-Tibetan Plateau: Effects of grazing season, seed characteristics and forage preferences. Plant and Soil, 465(1): 367-383.

Wang S L, Hou F J. 2022. Precipitation regulates the livestock dung seed bank through above ground vegetation productivity in the Qaidam basin. Land Degradation and Development, 33(10): 1637-1648.

Wang S L, Hu A, Hou F J. 2021. Effect of sheep grazing on seed circulation on the Loess Plateau. Ecology and Evolution, 11(23): 17323-17331.

Wang S L, Hu A, Zhang J, et al. 2019b. Effects of grazing season and stocking rate on seed bank in sheep dung on the semiarid Loess Plateau. The Rangeland Journal, 41(5): 405-413.

Wang S L, Lu W H, Waly N, et al. 2017. Recovery and germination of seeds after passage through the gut of Kazakh sheep on the north slope of the Tianshan Mountains. Seed Science Research, 27(1): 43-49.

Wang Y X, Hodgkinson K C, Hou F J, et al. 2018. An evaluation of government-recommended stocking systems for sustaining pastoral businesses and ecosystems of the Alpine Meadows of the Qinghai-Tibetan Plateau. Ecology Evolution, 8: 4252-4264.

Wenk E H, Falster D S. 2015. Quantifying and understanding reproductive allocation schedules in plants. Ecology and Evolution, 5: 5521-5538.

Williams S C, Ward J S. 2006. Exotic seed dispersal by white-tailed deer in Southern Connecticut. Natural Areas Journal, 26(4): 383-390.

Xu Q, Yang X, Yan Y, et al. 2021. Consistently positive effect of species diversity on ecosystem, but not population, temporal stability. Ecology Letters, 24(10): 2256-2266.

Yu X J, Xu C L, Wang F, et al. 2012. Recovery and germinability of seeds ingested by yaks and Tibetan sheep could have important effects on the population dynamics of alpine meadow plants on the Qinghai-Tibetan Plateau. The Rangeland Journal, 34(3): 249-255.

Zhao X Q, Zhao L, Li Q, et al. 2018. Using balance of seasonal herbage supply and demand to inform sustainable grassland management on the Qinghai Tibetan Plateau. Frontiers of Agricultural Science and Engineering, 5: 1-8.

Zhou J Q, Wilson G W T, Cobb A B, et al. 2019. Phosphorus and mowing improve native alfalfa establishment, facilitating restoration of grassland productivity and diversity. Land Degradation Development, 30: 647-657.

第 7 章

祁连山大气资源安全与适应性管理

马敏劲

兰州大学大气科学学院副教授，主要研究方向为大气边界层、空气污染、数值模拟和创新方法理论及应用，从事领域为气象学

祁连山位于青藏高原东北部，由一系列大致呈 NW—SE 走向的平行山岭和山间盆地组成，是我国西北干旱区的水源涵养功能区、国家重点生态功能区和泛第三极地区的重要组成部分（王涛等，2017；陈发虎等，2017），其生态环境保护和稳定性维持对周边地区的生态安全具有关键的作用，因此也被誉为我国河西走廊的“母亲山”（Dong et al.，2014）。祁连山地处我国干旱和非干旱地区的分界线，受高原季风、西风环流和东亚季风的共同作用，气候系统复杂多变（吕荣芳等，2021）。同时，祁连山是西北荒漠区和青藏高原高寒区的过渡区，受大陆性荒漠气候的影响，具有典型的大陆性气候和高原气候的特征，也具有复杂多样的大气资源。

祁连山是我国经济、文化发展较早的地区之一，其灌溉农业就有 2000 多年的历史，具有丰富的矿产资源、水资源、林草资源和景观资源，养育了甘青各族人民，为西北社会经济发展提供了重要资源支持，其中，大气作为重要的自然资源，发挥同样重要的资源价值，包括开发气象资源、大气水资源、空气资源，减少气象灾害等间接资源内容（吴玮江等，2021）。

7.1　祁连山气候变化及气象资源开发

近一个世纪以来，随着人类工业化进程的增长，各种温室气体被大量地排放到空气当中，导致全球气温不断升高。自 1960 年以来，祁连山地区的气温呈明显上升的趋势，线性升温率为 0.38℃/10a（王忠武等，2018），高出全国气温增长的平均值 0.22℃/10a（任国玉等，2005）。1987 年以前，祁连山地区的气温基本为下降的趋势，虽然在 20 世纪 60 年代出现过短暂的升温趋势，但很微弱，1987 年以后气温上升明显，90 年代以后升温的趋势更加明显，祁连山地区的山区、平原、中部、西部、东部气温变化基本一致，经历了偏低－偏低－偏低－偏高－偏高的阶段，且山区气温升高幅度高于平原，祁连山地区中部气温和西部气温升高幅度高于东部（贾文雄等，2008）。

近半个世纪以来，祁连山地区春、夏、秋、冬四季气温呈现出不同时间的增温特征且各季节增温幅度大不相同。20 世纪 60 年代和 70 年代，祁连山地区春季与夏季气温呈现下降趋势，相反，秋季与冬季气温呈现不同程度升高。80 年代起，冬季相较于其他三个季节增温较早，90 年代开始春、夏、秋三个季节增温变暖，进入 90 年代后祁连山地区各季节的气温都有一个加速上升的趋势（蓝永超等，2001）。祁连山地区四季升温幅度为冬>春>夏>秋，冬季升温幅度最快，春、夏、秋、冬升温贡献率分别为 29.74%、16.71%、13.56%、39.98%（张耀宗等，2009），可能是冬、春季祁连山及周围地区气温主要受到西风带大尺度系统的影响，导致其变化比较一致，而夏、秋季不但受到西风带系统影响，而且受高原系统和东南季风的影响，气温变化相较于冬、春季要复杂。此外，祁连山地区的年平均气温、年最高气温和年最低气温在年际波动中同样呈上升的趋势。

20世纪70年代祁连山地区平均气温相较于60年代平均气温升高了0.1℃，80年代平均气温相较于70年代平均气温同样升高了0.1℃，90年代平均气温相较于80年代平均气温升高了0.3℃，21世纪前5年平均气温相较于20世纪90年代平均气温同样升高了0.3℃。祁连山区气温在80年代发生突变，即以80年代中期为界限，可以分为平均气温慢速增温和平均气温快速增温两个阶段（尹宪志等，2009）。各季平均气温均呈上升趋势，冬季气温的倾向率大于年平均气温倾向率，平均气温倾向率春季最小，年平均气温的升高以冬季贡献率最大。

祁连山区年平均最高气温与平均气温相似，呈上升趋势线性拟合，增长率为0.2℃/10a（贾文雄等，2008），年平均最高气温增长率明显小于年平均气温增长率。

20世纪60年代，祁连山地区的年平均最高气温与多年平均最高气温值持平，70年代年平均最高气温相较于60年代年平均最高气温略偏低0.4℃，80年代年平均最高气温相较于60年代年平均最高气温略偏低0.1℃，90年代年平均最高气温相较于60年代年平均最高气温略偏高0.3℃。冬季平均最高气温上升倾向率最大，秋季次之，春季平均最高气温几乎没有变化，且平均最高气温偏高趋势的倾向率均明显小于平均气温的倾向率，即最高气温升幅不如平均气温升幅明显。

祁连山区年平均最低气温的趋势倾向率大于平均气温和最高气温，最低气温的线性拟合增长率为0.3℃/10a。近半个世纪以来，祁连山年平均最低气温呈现波动式增长，20世纪80年代中期平均最低气温增幅发生突变，突变前期升温慢、后期升温快。四季平均最低气温的趋势倾向率比年平均气温及年平均最高气温的趋势倾向率大得多，这说明最低气温的升高，即夜间气温的升高是导致年平均气温偏高的主要因子。祁连山地区气温存在周期性变换，平均气温、最高气温、最低气温都有23年、11～12年、5年、2年左右的周期，它们的周期有一致性，并且以23年左右的周期最为显著。祁连山地区气温23年和11年左右的周期，可能分别受到太阳黑子22年和11年周期的影响；祁连山地区气温5年周期可能受厄尔尼诺–南方涛动（ENSO）影响，而2年左右的周期可能受到准两年震荡（QBO），即热带平流层风向每2.2年转向的准周期震荡的影响。

祁连山气候变暖带来最直接的影响就是冰川消融，冰川是气候的产物，对气候变化的反应敏感，祁连山地区的冰川处于不断退缩的状态中。冰川作为固体水库，是水循环的重要部分，冰川积累和消融的强度受降水和气温的控制，冰川加速消融，对水循环产生了深刻影响。第二次冰川编目表明，2005～2010年祁连山区共有冰川2684条，面积$1597.81 \pm 70.30\ km^2$，冰储量约$84.48\ km^3$（孙美平等，2015）。近几十年的时间内，祁连山各坡向上的冰川面积均在减少，且正北方向和东北方向冰川的绝对退缩量最多，而东南方向最少。祁连山区过去半个世纪内的气温变化超过了 1℃，在气温变化<0.5℃的情况下，降水变化可以对冰川起较大的作用，当气温变化>0.5℃后，则冰川变化主要取决于气温（高晓清等，2000）。就全球平均来说，近百年升温已经超过 0.5℃，降水增加不超过 100mm，故全球气温升高对冰川的物质平衡变化起主要作用，是半个世纪以来祁连山地区冰川退化的一个主要原因之一。

祁连山处于内陆腹地，不但受到东南季风输送来的暖湿气流影响，而且在盛夏期间一定程度上还受到翻越青藏高原的印度洋暖湿气流的影响（汤懋苍，1985），水汽来源比较复杂，加上山区夏季对流性降水的影响，使得近几十年来祁连山地区降水变化幅度较大，降水在波动中呈微弱的上升趋势，增长幅度为 5.98mm/10a（张耀宗等，2009；刘和斌等，2020）。祁连山地区降水年代际变化比较复杂，自 20 世纪 60 年代以来大致经历了偏少一偏少一偏多一偏少一偏多的阶段，60 年代降水都呈偏少的现象，70 年代表现为减少的趋势，80 年代基本为增加的趋势，跃变发生在 80 年代中期，这与施雅风等（2003）提出的由暖干到暖湿转型结论一致，90 年代降水表现为减少的趋势，2000 年以后降水具有显著增加的趋势。祁连山地区的降水与全国的降水有很好的一致性，与全球的降水变化不同的是祁连山地区的降水增加的趋势要更加提前。

祁连山区降水量由东段向中西段呈递减趋势，由于祁连山东段的降水受东南暖湿气流的影响，降水明显多于西部。从整体看，夏季是雨日最多、雨强最大的季节，冬季反之。这在一定程度上揭示了夏季雨量最大、冬季最小，东部雨量最大、西部最小的现实。按降水强度划分，小雨强度在冬季祁连山地区各地差别不大，但在春季祁连山东南部地区最强，夏秋季祁连山东部和中部地区最强；中雨强度在秋季祁连山东北部地区最强，其余季节在祁连山东南部地区最强；大雨强度在秋季祁连山东部和中部地区最强，其余季节在祁连山东南部地区最强。从降水昼夜分布上看，小雨在白天发生次数多于夜间，但中雨及以上在夜间发生次数明显多于白天；小雨降水强度白天和夜间差别不大，但中雨及以上在夜间的降雨强度略强于白天，夜间近地层的高湿中心和低空急流是降水日变化的重要原因。祁连山地区降水变化周期主要有 8 年、 5 年、 17 年、 23 年、12 年和 2 年左右，不同的是祁连山地区气温变化没有 8 年左右的周期。8 年和 5 年为祁连山地区降水变化的主要周期，祁连山地区降水 23 年左右的周期，11 年左右的周期可能受太阳黑子 22 年的周期和 11 年周期的影响。祁连山地区降水 5 年的周期可能受 ENSO 事件的影响，而 2 年左右的周期受准两年震荡（QBO）的影响。

依据祁连山气温、冰川和降水等变化，对农牧林业进行合理的规划布局，利用气候资源服务当地经济，发展与大气资源相协调的产业，促进技术创新与环境可持续发展相融合。新能源建设上，气象资源也是重要的开发资源，包括风、太阳辐射和湍流动能等。其中，风速和风向变化特征研究是风能资源评估、开发利用和预警预报的重要因素。中国及其大部分地区平均风速均表现为减小趋势（王楠等，2019），祁连山地区平均风速和最大风速同样呈现出下降趋势，下降幅度为 0.07m/（s·10a）和 1.56m/（s·10a）（付建新等，2020）。祁连山地区全区及西部地区的平均风速和最大风速在春季存在年内的峰值区，主要与春季冷暖空气频繁活动有关。祁连山中部及东部地区春季存在平均风速的峰值区，冬季存在最大风速的峰值区，主要是因为祁连山地势由西北向东南倾斜，中部和东部地区受到强冷空气的影响比西部地区大，故中部和东部地区冬季存在最大风速。祁连山平均风速的低值区在秋季和冬季，全区最大风速的低值区在秋季。

祁连山地区平均风速的年代际变化比较复杂，大致经历了增大－增大－减小－减小－减小的阶段，20 世纪 60 年代平均风速呈现增大的现象，70 年代表现为增大的趋势，并且祁连山地区平均风速达到最大，80 年代基本为减小的趋势，90 年代同样表现为减小的趋势，2000 年以后的平均风速呈现不断减小的趋势。祁连山地区平均风速呈现出由东向西递减的趋势，具有 20～22 年的周期性波动。祁连山地区年内最大风速存在南、南西、西南西、南南西四种风向，以西南风和南西南风为主。年际最大风速依然存在南、南西、西南西、南南西四种风向，但以西南风为主。祁连山地区春季最大风速存在南、西、南西、西南西、南南西五种风向，以西南风为主，夏季最大风速的风向主要为南风，秋季最大风速的风向主要为南西南风，冬季则以西南西风为主。

7.2　祁连山天气灾害

自然灾害是当今学术界乃至世界人民普遍面临的难题之一，日益频发的自然灾害严重影响了经济、社会的可持续发展及人们生活水平的提高，受到学术界及多个国际组织的广泛关注（赵映慧等，2017）。中国是全球范围内受自然灾害影响较重的国家之一，自然灾害种类多、受灾范围广、灾害损失较严重（史培军等，2017）。其中，极端降水引发的洪水、山体滑坡、泥石流、雪灾等自然灾害频繁发生，这些灾害冲毁房屋等建筑设施，对经济发展和人民生活造成严重影响和损失（Changnon et al.，2000；Omondi et al.，2014）；冰雹引发的土壤表层板结严重影响着幼苗的发芽和农作物根系的生长，农作物受冻害以后难以恢复到正常生长状态，并还有砸伤农作物和树木的可能，对农业和林业造成极大的危害（谢非等，2021）；受全球气候变暖的影响，中国很多冻土区出现了大规模消退现象，冻土融化可能给当地的水资源调配带来较大影响，甚至可能引发一系列的洪涝灾害（Jin et al.，2000）。研究还发现，冻土的退化减少也可能带来其他的环境问题，如可能影响当地的生物化学过程，破坏人类的工程建筑，甚至造成局部荒漠化等（Wang et al.，2000；Yang et al.，2010）。祁连山地区位于中国西北内陆区和青藏高原的交会地带，由于具有特殊的地理位置，引发的自然灾害是防灾减灾研究领域的重点。

7.2.1 极端降水变化

青藏高原的隆起使我国西风环流被分为南北两支，较强的北支西风急流沿着祁连山的北部向东流，对祁连山周边地区气候造成极大的影响。夏季大气环流形势复杂，西风带的北移，使得来自印度洋的西南季风和来自太平洋的东南季风对其产生影响，祁连山地区降水受季风影响，但由于祁连山位于大陆腹地，四周高山耸立，由南部与东部而来的暖湿气流到达祁连山动力减弱，无法产生过多的降雨。冬季受蒙古高压和西风环流的控制形成动力高压脊，造成气候偏严寒，天气干燥寒冷，多为晴朗低温天气，降水稀少。夏季由于孟加拉湾和青藏高原上空为热源区，在感热加热作用下，大陆热低压发展，蒙古高压衰退，祁连山地区由蒙古高压控制转变为大陆热低压控制，西南气流将印度洋和孟加拉湾水汽输送到河西走廊地区，同时太平洋副热带高压西移，使东南气流向西输送，但是夏季季风仅影响到黑河地区，其以西地区主要受西风带影响（张良等，2007；汤懋苍和许曼春，1984）；在青藏高原热低压的影响下，因环流形势变化而形成若干不同中小尺度气压系统，全年降水主要集中在5～9月，以径向输送水汽为主。

祁连山降水受其地形影响，祁连山位于青藏高原的东北缘，长约850 km，宽约300 km，东起乌鞘岭，西至当金山口，南靠柴达木盆地，北临河西走廊，地势由东北向西南逐渐升高，海拔最高达到5800 m（蓝永超等，2001）。不同的学者针对祁连山南北坡、东段、祁连山内外流区和祁连山某一流域的极端降水开展了相关研究。汪宝龙等（2012）采用线性倾向估计法、反距离加权法、Mann-Kendall检验等方法，通过5种极端降水指数研究了祁连山区的极端降水，发现祁连山极端降水天数、最大的1天和5天降水总量、中雨天数和逐年平均降水强度具有明显的增加趋势。付建新等（2018）针对祁连山南坡的极端降水，使用线性趋势法、相关分析法、多项式趋势法、5年滑动平均、Mann-Kendall检验、滑动t检验、ArcGIS方法对其时间变化与空间分布进行了详细研究，发现多年降水日数与降水强度整体上表现为缓慢波动增长趋势，除了冬季降水日数为增加趋势外，其余季节变化不大，夏季降水强度对全年贡献最大，具有南坡降水明显多于北坡的特点，四季降水强度正增长所占比例较降水日数正增长所占比例大，各站点年代际变化的空间分布存在差异。Chen等（2018）对祁连山北坡降水进行了研究，以祁连山北坡降水实测资料为基础，在1483～4484 m的垂直廓线上进行了最大降水海拔的观测，研究发现，冬季的最大降水高度为2300m，其他季节和全年的最大降水高度为 4200m，最大降水高度从冷干季到暖湿季增加，随降水增加而增加，每年的最大降水高度大约相当于祁连山北坡山顶高度的 7/8。王婷婷等（2018）对祁连山东段的降水研究表明，降水存在准 3 年和准 8 年的高频波动特征，强降水对年降水影响日趋显著，普通日降水强度则反映出区域差异性，持续干燥日数显示本区呈现湿润化。温煜华等（2021）对祁连山极端降水指数时空变化的内在机制进行分析，选用 12 个极端降水指数，采用线性趋势法、Pearson 相关性分析法等，分析了祁连山极端降水指数的时空变化特征，并分析了海拔、大气环流指数对祁连山极端降水指数时空变化的影响机制，探究指出了祁连山极端降水指数与海拔及 11 个大气环流异常因子之间的相关性，各极端降水指数的空间差异性明显，1990 年以后，祁连山、河西内陆河流域、柴达木内陆河流域、黄河流域（外流）极端降水指数在年际间的波动性明显增大，发生极端降水的概率呈现上升趋势，而河西内陆河流域各极端降水指数变化趋势较为稳定。高妍等（2014）针对祁连山托勒河流域的极端降水进行了研究，分析该流域 23 个极端气候指数的时空变化特征，发现极端降水指数增大趋势明显，雨日降水总量、连续五日降水总量和中雨天数均有增大态势，反映出连续降水和极端降水量都显著增大，降水量增加主要是单次降水时间持续加长和中雨日数增加的贡献，且高海拔区极端降水事件发生的频次较大。贾文雄等（2014）选用 13 项极端降水指数，采用线性趋势、10 年趋势滑动、Mann-Kendall 检验等方法对祁连山及河西走廊地区极端降水的时空变化特征进行了研究，表明极端降水日数呈增多趋势，极端降水强度呈减小趋势，极端降水总量呈增加趋势，极端降水变化存在一定区域差异，不同极端降水指数分别在 20 世纪 60 年代中期、70 年代中期、80 年代初期、80 年代中后期、90 年代中期发生了突变，这些突变点与东亚季风、南亚季风、西风环流等大尺度环流系统强弱变化的时间点是一致的。戴升等（2019）利用青海祁连山区极端气候要素和青海湖、哈拉湖及主要河流的水文资料，采用年降水量（强度）、强降水日数、大风日数、暖夜日数以及湖泊水位（面积）、河流流量对祁连山极端天气气候事件的变化特征及演变规律进行研究，表明年降水量 21 世纪初增加趋势最为显著并发生突变，降水量增加幅度中西段大于东段，各量级年降水量对湖泊水位、河流流量增加的贡献显著。

极端降水在祁连山不同地区存在时空变化差异特征，祁连山极端降水从降水日数、降水强度到降水量整体呈上升趋势，进一步证实了制定极端降水导致的一系列自然灾害的防治策略刻不容缓。

7.2.2　冰雹

祁连山区地形复杂，一般在温暖季节地方性热力对流非常强烈时，往往会造成低层与高中层气流不稳定，以至于形成积雨云；或者是受到冷锋、切变线等天气系统影响时，在地形抬升作用下，对流加剧形成积雨云而产生强烈的雷雨或冰雹（陈国文等，2008）。近年来，有学者对祁连山冰雹的成因进行了一系列的分析。李静等（2020）利用常规观测资料、中尺度加密气象站资料以及卫星和雷达产品等资料，对祁连山南麓的一次冰雹天气进行综合分析，认为本次过程是蒙古冷涡旋转过程中底部下滑的冷槽向东南方向移动引导高空冷空气和正涡度平流，配合地面辐合线共同影响造成祁连山区南麓地区的冰雹天气，而且南北较大的湿度梯度与中低层冷空气渗透，使大气层结不稳定度加大，垂直上升运动加强，从而为强对流天气发展提供了有利条件；卫星云图上出现逗点状雹暴云团，是造成冰雹天气的主要中尺度系统；雷达回波强度图上回波具有典型冰雹结构特征，垂直积分液态水含量值出现骤降和陡增的变化趋势，与降雹时间有一一对应关系。扎西才让等（2006）从冰雹发生前的大尺度环流背景、物理量特征出发，并使用闪电定位、卫星云图、多普勒雷达和自动站资料对冰雹的形成进行了较为详细的分析，认为高低空强风速垂直切变有利于不稳定度加大，地面冷锋为不稳定能量爆发提供了很强的外部抬升力。黄志凤等（2019）利用加密地面区域站资料、雷达资料和卫星资料，分析青海祁连山区两次高原冰雹天气形成的基本条件，触发条件主要为天气尺度西风带系统向南输送的地面冷空气，且以沿祁连山山脉北坡山谷地带进入的多股冷空气为主，在其东移南压过程中，伴随有中尺度冷池对其的加强和引导作用，冷空气进入祁连山区后，激发祁连山山脉和达坂山河谷之间暖湿地带的对流风暴，风暴移动方向和地面冷空气以及地面辐合线移动方向较一致，这种β-中尺度系统可能是青海省东北部局地强对流天气的主要触发因素之一。

为了减轻冰雹的危害程度，也有部分学者对祁连山冰雹的防御和预报进行了深入研究与探讨。陈国文等（2008）根据多地的经验总结了 3 种冰雹防御措施：①根据当地冰雹出现的气候规律，选择种植抗雹能力强的苗木，减轻苗木受害损失；②在有条件的地方根据天气预报和群众经验，当得知冰雹来临时，在苗圃地上搭设防雹棚或防雹罩使苗木免受其害；③用人工方法消除冰雹，土炮、土火箭等办法消除冰雹在我国各地早已广为运用。近年来，不少地区使用高炮或火箭发射碘化银弹入云的办法，增加冰晶核使大冰雹不能形成（北京林学院，1984）。杨晓玲等（2008）运用统计学方法对祁连山东部武威市等五站近 50 年的冰雹资料、历史天气图和卫星云图进行分析，得到祁连山东部冰雹天气的地理分布规律、气候特征以及冰雹天气产生的环流形势和云图特征，并在研究的基础上绘制冰雹易发区的冰雹路径图，为人工防雹作业提供重要的决策依据。钱莉等（2016）利用点双序列相关系数法，对不同天气类型下的对流参数与冰雹事件的相关性进行分析，选取与冰雹事件具有较好相关性的因子，且这些因子与因子间关联度较小，作为逐步消空法的候选因子，用逐步消空法得出不同天气类型下冰雹预报指标集，使冰雹这种小概率事件的预报成为可能。加强祁连山地区冰雹天气预报方法的研究，是提高祁连山区冰雹干预活动的基础，可为减轻冰雹带来生活生产危害提供决策指导。

7.2.3　冻土退化

海拔 4500 m 以上的山地终年积雪，是现代冰川的主要分布区（施雅凤和米德生，1988），祁连山地区是中国西北地区高山多年冻土的主要分布区之一（吴吉春等，2009）。祁连山山峰海拔位于 3000～5500 m，平均海拔为 4000 m 左右，高耸的地势使得多年冻土得以发育和保存，但受到全球气候变暖影响，中国很多冻土区包括祁连山冻土出现了大规模消退现象（Li et al.，2008）。

张文杰等（2014）运用高分辨率的高程数据、经度数据、纬度数据、年平均气温数据和气温垂直递减率数据，对祁连山地区近 40 年的多年冻土分布状况进行了数值模拟，在这 40 年中该模型模拟的冻土分布范围呈现明显减少趋势。Zhao S M 等（2012）利用逻辑回归模型分析了祁连山多年冻土变化情况，发现 20 世纪 60 年代、70 年代、80 年代、90 年代和 20 世纪头十年高寒多年冻土模拟面积逐渐减少，高寒多年冻土层的分布呈现出两种轻微波动的整体退化趋势。Zhang 等（2014）基于地形、气象因素和高山多年冻土分布基准图，提出了基于 GIS 的多年冻土经验模型，该模型采用多准则方法推导了祁连山地区近 30 年来每隔 5 年的多年冻土分布，发现模拟的高寒多年冻土分布总体呈退化趋势；从气候变化趋势上看，未来 15 年祁连多年冻土将继续退化。Wang 等（2019）与 Li 和 Cheng（1999）利用高寒冻土区多年冻土分布的响应模型进行模拟，得到祁连山多年冻土模拟面积减少约 $2.63\times10^4 km^2$，平均减少速率为 6.1%/10a，模拟未退化的多年冻土主要分布在祁连山高海拔地区，而退化的多年冻土主要分布在冻土边缘。Zhao 等（2019）基于遥感数据，利用逻辑回归模型，考虑平均年代际气温、地形因子和土地覆盖因子，对 20 世纪 90 年代至 21 世纪 40 年代祁连山多年冻土年代际分布的概率（p）进行了模拟和预测，根据 p 值将冻土分布状态分为“较大可能永久冻土”（$p>0.7$）、“较小可能永久冻土”（$0.7\geqslant p\geqslant0.3$）和“不可能永久冻土”（$p<0.3$），结果表明，20 世纪 90 年代至 21 世纪 40 年代，“较大可能永久冻土”（$p>0.7$）类型主要退化为“较小可能永久冻土”（$0.7\geqslant p\geqslant0.3$）类型，总面积由 7.35×10^4 km^2 退化为 6.65×10^4 km^2。“较小可能永冻土”（$0.7\geqslant p\geqslant0.3$）类型主要退化为“不可能永久冻土”（$p<0.3$）类型，退化面积为 6.5×10^3 km^2，占总面积的 21.3%。

还有学者对祁连山局部地区的冻土进行了研究，吴吉春等（2007a，2007b）

通过实地勘察和分析冻土层钻孔测温曲线得到祁连山东部冻土特征调查结果，结果显示，祁连山东部地区冻土正处于退化之中；王生廷等（2015）基于钻孔数据对大通河源区冻土发育的基本特征及变化趋势进行分析和探讨，发现随着近年来气候变暖与源区人类活动影响的增强，源区冻土正处于退化阶段。这些研究结论与上述模拟结果保持一致，即祁连山地区冻土处于退化之中，气候变暖为重要影响因素。

7.3　气象次生灾害

地质灾害被定义为包括自然因素或者人为活动引发的危害人民生命和财产安全的山体崩塌、滑坡、泥石流、地面塌陷、地裂缝、地面沉降等与地质作用有关的灾害（刘金寿等，2013），地质灾害与气象因素如降水密切相关，一部分地质灾害由气象灾害衍生而成，可以称为气象次生灾害。

7.3.1　地质灾害总述

祁连山是我国地理、地质、生态等多学科的重要研究对象，祁连山地质构造发育新，构造运动强烈，地震频繁且强度大，加上高寒低温的恶劣气候条件，滑坡、崩塌等地质灾害较多，对祁连山生态屏障和水源涵养地产生不利影响。付辉恩（1981）研究表明，祁连山地质灾害对森林产生破坏和影响；白云等（2019）研究祁连山融冻泥流特征和形成机理，发现祁连山也常发生滑坡；周民都等（2003）研究表明，祁连山中东段中强地震基本上发生在节气附近，且发生在月的上旬或下旬，强地震发生前后天气变冷；刘金寿等（2013）通过对祁连山自然保护区地质环境条件、人为活动强度及气候因素的观察和分析，发现山区地质灾害多发时段主要集中在3～9月，其中3～5月为消融期，在部分冻土地带、地下水位较高的地段有发生滑坡、崩塌等灾害的可能，6～9月为汛期，降水量占全年的70%以上，部分高山区大于80%，当降水达到一定强度时（日降水量达50mm以上或连续大雨3天以上），极易诱发堆积层滑坡、黄土滑坡、陡坡地段林地滑坡、公路铁路边坡及施工现场崩塌等地质灾害，汛期里7～8月为主汛期，降水量占全年的40%左右，强降水过程较多，由此而引发崩塌、滑坡、泥石流等突发性灾害的可能性较大。

7.3.2　滑坡

按照物质组成，祁连山滑坡类型主要有岩质滑坡和堆积层滑坡两类。岩质滑坡主要发育在地形高差大、坡度较陡、软弱岩层分布或岩体结构破碎的岩质山体上，切层滑坡和顺层滑坡均有发育，滑坡规模以大、中型为主。祁连山高大雄伟的山脉，为大规模滑坡的孕育提供了有利的地形条件，其发育多处特大型、巨型岩质滑坡，如马营河上游发育 3 处大规模岩质滑坡，其中右岸一处古滑坡前后缘高差 1040m，滑坡长 2000m、宽 2500m，面积约 $4.5km^2$，体积约 3.0 亿 m^3，其滑坡壁高近 700m，发育宽约 400m，高出沟底 340m 的滑坡平台，前缘滑体多次复活滑动；黑河西侧石窝处滑坡平均长 1700m、宽 1500m，面积约 $2.5km^2$，体积约 1.0 亿 m^3；肃南裕固族自治县隆畅河西侧支流摆浪河右岸八个台子滑坡前后缘高差 600m，滑坡长 2800m，平均宽 1300m，面积约 $3.5km^2$，体积也在 1.0 亿 m^3 以上；肃南裕固族自治县祁丰乡观山河左岸巨型古滑坡体积约 3.5 亿 m^3，这些岩质滑坡运动形式上表现出典型的高速远程碎屑流型滑坡特征。

堆积层滑坡发育在缓坡洼地区，部分沿沟谷发育，这些地貌部位不但有风化坡残积物、崩塌体和冰水堆积物等大量堆积，而且也是地下水的富集带，加之季节性冻结滞水促滑作用的影响，孕育了大量堆积层滑坡，其规模以中小型为主，个别为大型。运动形式上，大多数堆积层滑坡在地下水和季节性冻融作用下表现为长期蠕动和低速滑动的特征，滑体滑舌和两侧常出现弧形波浪状和线状滑动痕迹，表现为典型的泥流型滑坡或低速滑动的碎石流型滑坡特征。黑河支流迪亚河右岸堆积层滑坡，长约 700m，宽 60～80m，体积约 $3.0\times10^5m^3$，前舌滑入河道，形成小型堰塞湖。

祁连山滑坡发育历史悠久，在滑坡形成时代，除新近发生的各类新滑坡外，还发育大量晚更新世以来发生的古、老滑坡，以大型、特大型岩质滑坡为主，其大多滑坡外形特征保留完整，清晰可辨，有的滑体多次发生整体或局部复活滑动。祁连山区是河西走廊诸多河流的发源地，祁连山区基岩裂隙水、松散岩类孔隙水和冻结层地下水均较发育，地下水长期软化岩土体，降低力学强度，并产生静水压力和动水压力，促发斜坡变形破坏。祁连山许多滑坡体上有泉水、积水洼地和湿地分布，其形成与地下水关系密切。祁连山区气候寒冷，冬季气温低，除发育浅表层季节性冻融泥流和滑坡外，在地下水和季节性冻结作用的共同作用下，还产生季节性冻结滞水促滑效应，从而影响到斜坡深部，扩大斜坡土体软化范围，并进一步增大静水压力和动水压力，促发较大规模的滑坡发生。随着每年季节性冻结滞水促滑效应的往复进行，滑坡的滑速也呈现季节性波动且滑距累进型增长，并在滑体表面表现出波状塑性流动的特征。阴坡地下水相对丰富，年气温变化也大，季节性冻结滞水促滑效应强烈，较阳坡滑坡发育量大。

近年来，随着祁连山区降水量的增加、气温升高和冰川消融，斜坡区的地下水作用也进一步活跃，滑坡的发生与复活也趋于频繁，如摆浪河流域近年来发生多处滑坡，总体表现出祁连山区滑坡有增强的趋势（吴玮江等，2021）。

7.3.3 泥石流

祁连山东北坡及河西走廊一带山地，以变质岩、火成岩为主，黄土分布较普遍，断裂密集，暴雨型和冰川型泥石流均较发育。在我国泥石流区划上，祁连山属于西部寒冻高原高山冰川泥石流灾害区和暴雨泥石流灾害区，全区各地都有大小不等的泥石流发生，主要分布于浅山荒漠草原区和高山裸岩冰川区。冰雪融水和暴雨是泥石流形成的重要水源，主要有冰川型泥石流和暴雨型泥石流两类，祁连山属多成因型泥石流分布地区，以稀性泥石流为主，泥石流分布零星，暴发频率低，但局部地段会发生较大的泥石流，造成巨大损害。

高山区主要为冰川型泥石流，是指以冰川和积雪消融为主要水源的泥石流。其疏松物质来源主要是古、今冰川堆积物，冲出沟口的堆积物数量多、颗粒粗大。祁连山年均气温在 2℃以下，海拔 4200 m 以上终年积雪，现代冰川发育，海拔 3600 m 以上发育多年冻土。祁连山北坡内陆河源头的冰川有 2194 条，面积 1334.75 km^2，储量 $6.15\times10^{10}m^3$。祁连山分布的冰川为活动性较小的大陆性冰川，其泥石流活跃程度较小，一次泥石流过程持续时间较短。冰川型泥石流不仅可以在大雨、暴雨天气暴发，也经常在无雨高温的晴天暴发，比暴雨型泥石流更具突发性。虽然冰川型泥石流在祁连山区分布范围也很广、破坏力强，但其大多分布在人烟稀少和森林分布上限的高海拔地区，故除局部地区外，总的危害状况比暴雨型泥石流小。

中高山、浅山区主要为暴雨型泥石流，该类型泥石流是以暴雨形成的地表径流为主要水源的泥石流。其疏松物质通常为坡残积、崩塌滑坡堆积及黄土等第四纪堆积物，也有人为排放的各类废渣。这一带是山区人口较集中、经济较繁荣的地区，泥石流造成的危害最大。暴雨型泥石流的规模相差悬殊，最大的一次冲出土石数百立方米，小的也数十立方米（一般为坡面型）。暴雨型泥石流暴发突然、来势凶猛、破坏力强，一次泥石流持续时间一般仅数十分钟到一两个小时，对林业生产的危害主要为埋压沟谷两岸的林地、苗圃地，冲毁林区道路，阻断林区交通，影响护林防火和林区职工、群众生产生活。

此外，还有少量的冻融型泥石流，其主要分布在中高山多年冻土地区，是坡地冻土表层在消融过程中形成的塑性流体，规模小、流动缓慢、危害较轻。近年来，区内修路、开矿等经济活动增加，这些地段的坡体稳定性被破坏，人为造成的泥石流、滑坡等灾害显著增加。林区以降水为主要引发因素形成的滑坡占大多数。泥石流形成的降水临界值为 15 mm/h 或 8 mm/10min，植被破坏严重的前山区和阳坡极易暴发泥石流（刘金寿等，2013）。

7.4　祁连山大气成分研究

祁连山区域大气污染和大气成分研究比较关注黑碳气溶胶、硫酸盐颗粒、持久性有机污染物等，沙尘天气也是偶尔关注的重点。黑碳主要由生物燃料、化石燃料和生物质燃料不完全燃烧产生。黑碳气溶胶对从可见光到红外波长范围内的太阳和大气辐射都有强烈的吸收作用，具有强烈的辐射强迫效应，且可吸附重金属等其他污染物危害生命健康（康世昌和张强弓，2010）。祁连山冰川与生态环境综合观测研究站（QSS）2009～2011 年的间断数据显示，祁连山大气中黑碳浓度按季分，在夏季最高，为 100 ng/m^3；在秋季最低，为 37 ng/m^3；月平均浓度最高 106 ng/m^3，最低为 28 ng/m^3。黑碳本底浓度从低值 18 ng/m^3 到峰值 72 ng/m^3，该区域黑碳浓度变化受到地表风向的影响，北风较高，东南风较低，祁连山西北和北部的工业活动会增大该区域的黑碳浓度，同时，黑碳浓度还可能与湿度存在正相关关系（Zhao S Y et al.，2012）。

挥发性有机物（VOCs）是空气的重要组成成分之一，对区域性的大气臭氧污染和 $PM_{2.5}$ 污染有着重要的影响。白阳等（2016）基于祁连山自然保护区内门源站所采集的大气样本，对该区域内 VOCs 的组成、日变化特征、臭氧生成潜势和污染来源进行分析，发现该区域内 VOCs 占比最大为烷烃，达 58.6%，大部分 VOCs 物种呈现白天浓度低、夜晚浓度高的特征，具有明显的高原特性。

大气气溶胶数量浓度和粒径分布的研究是开展气溶胶污染研究的基础。Xu 等（2013）分析了在祁连山站使用光学粒子计数器（Grimm 1.109）测量的气溶胶数量浓度 N 和粒径分布（$0.25\mu m < d < 32\mu m$）数据集，发现气溶胶浓度表现出明显的季节循环和昼夜变化，分别在 4 月和 8 月达到峰值。4 月的高峰主要与中国北方沙尘暴的频繁发生有关，以河西走廊为例，由于青藏高原对大气环流的阻挡作用，海洋暖湿气流不易到达祁连山东部地区，在高原东北侧形成绕流高压区，导致了河西地区和祁连山东部的干旱气候，进而加剧了沙漠化进程（李国昌等，2002）。过去一段时间内祁连山东部地区的不合理开发、过度放牧和全球范围内气温升高加剧了沙漠化现象，植被生态向中生、旱生甚至是荒漠型生态演进，为沙尘天气发生提供了有利条件。成分分析和反演可以对大气颗粒物源区做出初步判断，在缺少气象观测资料时能有效地进行源区推测，并为分析人类活动影响提供支持。2013 年大雪山地区大气 $PM_{2.5}$ 细粒子中可溶性无机离子组分的研究显示（王泽斌等，2013），祁连山大雪山地区大气中硫酸盐颗粒大部分来自自然源，而非人类活动的影响。董志文等（2013）对祁连山地区老虎沟 12 号冰川、野牛沟十一冰川积雪中大气粉尘进行分析，通过 Sr-Nd 同位素和气团后向轨迹分析法，得出位于北边的巴丹吉林沙漠是祁连山西段冰川区粉尘最可能的源区。张艳阁等（2017）

对老虎沟地区夏季 $PM_{2.5}$ 中水溶性离子特征按是否处于沙尘时期进行了分析，结果表明，硫酸盐颗粒在沙尘时期的主要贡献源为粉尘。在祁连山西段冰川末端地区，SO_4^{2-}、NO_3^-，Ca^{2+}，NH_4^+是大气细粒子中的主要成分，可溶性离子浓度春夏明显高于秋冬，春冬季节粉尘主要来自西北方向，在夏季还受东亚季风和局地热力对流循环影响，周边地区人类活动明显影响着该研究区的大气环境（崔晓庆等，2019）。在前述研究的基础上，余光明等（2020）对老虎沟地区大气颗粒物的运输轨迹及源区进行了更加详细的探索，利用 HYSPLIT-4 后向轨迹模式和轨迹聚类分析得出，研究区主要气流为偏西方向气流，夏季存在部分偏东方向气流影响，佐证了前述研究的结论；利用潜在源贡献因子法（PSCF）分析得知，春季塔里木盆地东部和河西走廊西部的干旱半干旱区是 $PM_{2.5}$ 和 PM_{10} 的主要潜在源区，哈萨克斯坦、准噶尔盆地的颗粒物经远距离传输也能到达该区域，且除西方气流轨迹外，东方气流轨迹也表明河西走廊人类活动对祁连山老虎沟地区大气污染有所贡献。

参 考 文 献

白阳, 白志鹏, 李伟. 2016. 青藏高原背景站大气 VOCs 浓度变化特征及来源分析. 环境科学学报, 36(6): 7.

白云, 谢雷, 陈豪. 2019. 祁连山黑河流域油葫芦段冻土区融冻泥流特征及其形成机理. 资源信息与工程, 34(6): 100-104.

北京林学院. 1984. 气象学. 北京: 中国林业出版社.

陈发虎, 安成邦, 董广辉, 等. 2017. 丝绸之路与泛第三极地区人类活动, 环境变化和丝路文明兴衰. 中国科学院院刊, 32(9): 9.

陈国文, 袁虹, 张忠禄, 等. 2008. 祁连山林区冰雹发生危害概况及预防措施. 甘肃科技, (6): 54-56.

崔晓庆, 任贾文, 王泽斌, 等. 2019. 离子色谱法测定冰川末端大气 $PM_{2.5}$ 可溶性离子及其来源解析. 冰川冻土, (3): 5.

戴升, 保广裕, 祁贵明, 等. 2019. 气候变暖背景下极端气候对青海祁连山水文水资源的影响. 冰川冻土, 41(5): 1053-1066.

董志文, 秦大河, 任贾文, 等. 2013. 祁连山西段冰川积雪中大气粉尘沉积特征. 地理学报, 68(1): 11.

付辉恩. 1981. 祁连山西部(北坡)青海云杉林浅层滑坡规律的初步调查研究. 甘肃林业科技, (3): 29-34.

付建新, 曹广超, 郭文炯. 2020. 祁连山区风速和风向时空变化特征. 山地学报, 38(4): 495-506.

付建新, 曹广超, 李玲琴, 等. 2018. 1960—2014 年祁连山南坡及其附近地区降水时空变化特征. 水土保持研究, 25(4): 152-161.

高晓清, 汤懋苍, 冯松. 2000. 冰川变化与气候变化关系的若干探讨. 高原气象, (1): 9-16.

高妍, 冯起, 李宗省, 等. 2014. 祁连山讨赖河流域 1957—2012 年极端气候变化. 中国沙漠, 34(3): 814-826.

黄志凤, 王振海, 欧建芳. 2019. 祁连山区两次冰雹天气成因基本条件对比分析. 青海科技, 26(6): 68-73.
贾文雄, 何元庆, 李宗省, 等. 2008. 祁连山区气候变化的区域差异特征及突变分析. 地理学报, (3): 257-269.
贾文雄, 张禹舜, 李宗省. 2014. 近 50 年来祁连山及河西走廊地区极端降水的时空变化研究. 地理科学, 34(8): 1002-1009.
康世昌, 张强弓. 2010. 青藏高原大气污染科学考察与监测. 自然杂志, (1): 9.
蓝永超, 康尔泗, 张济世, 等. 2001. 祁连山区近 50 年来的气温序列及变化趋势. 中国沙漠, (S1): 55-59.
李国昌, 李岩瑛, 胥正德. 2002. 祁连山东部沙尘暴天气成因及气候规律分析. 甘肃气象, 20(2): 1-4.
李静, 郭晓宁, 张青梅, 等. 2020. 祁连山南麓一次冰雹天气成因分析. 气象科技, 48(2): 284-291.
刘和斌, 李育, 张新中, 等. 2020. 祁连山东西段不同时间尺度气候差异研究. 兰州大学学报(自然科学版), 56(6): 724-732.
刘金寿, 袁虹, 徐柏林, 等. 2013. 祁连山自然保护区林业地质灾害及防控. 防护林科技, (1): 46-49.
吕荣芳, 赵文鹏, 田晓磊, 等. 2021. 祁连山地区生态系统服务间权衡的社会–生态环境响应机制研究. 冰川冻土, 43(3): 11.
钱莉, 滕杰, 杨鑫, 等. 2016. 逐步消空法在祁连山区东部冰雹预报中的应用. 干旱气象, 34(3): 560-567.
任国玉, 郭军, 徐铭志, 等. 2005. 近 50 年中国地面气候变化基本特征. 气象学报, (6): 942-956.
施雅风, 沈永平, 李栋梁, 等. 2003. 中国西北气候由暖干向暖湿转型的特征和趋势探讨. 第四纪研究, (2): 152-164.
施雅风, 米德生. 1988. 中国冰雪冻土图(1∶4000000). 北京: 中国地图出版社.
史培军, 王季薇, 张钢锋, 等. 2017. 透视中国自然灾害区域分异规律与区划研究. 地理研究, 36(8): 1401-1414.
孙美平, 刘时银, 姚晓军, 等. 2015. 近 50 年来祁连山冰川变化——基于中国第一、二次冰川编目数据. 地理学报, 70(9): 1402-1414.
汤懋苍, 许曼春. 1984. 祁连山区的气候变化. 高原气象, (4): 21-33.
汤懋苍. 1985 祁连山区降水的地理分布特征. 地理学报, (4): 323-332.
汪宝龙, 张明军, 魏军林, 等. 2012. 1960—2009 年青海省极端降水事件的变化特征. 水土保持通报, 32(4): 92-96.
王楠, 游庆龙, 刘菊菊. 2019. 1979—2014 年中国地面风速的长期变化趋势. 自然资源学报, 34(7): 1531-1542.
王生廷, 盛煜, 吴吉春, 等. 2015. 祁连山大通河源区冻土特征及变化趋势. 冰川冻土, 37(1): 27-37.
王涛, 高峰, 王宝, 等. 2017. 祁连山生态保护与修复的现状问题与建议. 冰川冻土, 39(2): 229-234.
王婷婷, 冯起, 李宗省, 等. 2018. 1960—2012 年祁连山东段古浪河流域极端气候事件研究. 冰川冻土, 40(3): 598-606.
王泽斌, 徐建中, 余光明, 等. 2013. 祁连山大雪山地区大气 $PM_{2.5}$ 细粒子中可溶性离子特征. 冰川冻土, 35(2): 336-344.
王忠武, 祁维秀, 白林, 等. 2018. 祁连山地区气候变化特征再分析. 青海草业, 27(2): 42-48.
温煜华, 吕越敏, 李宗省. 2021. 近 60 a 祁连山极端降水变化研究. 干旱区地理, 44(5): 1199-1212.
吴吉春, 盛煜, 李静, 等. 2009. 疏勒河源区的多年冻土. 地理学报, 64(5): 571-580.
吴吉春, 盛煜, 于晖. 2007a. 祁连山中东部的冻土特征(Ⅰ): 多年冻土分布. 冰川冻土, (3): 418-425.
吴吉春, 盛煜, 于晖, 等. 2007b. 祁连山中东部的冻土特征(Ⅱ): 多年冻土特征. 冰川冻土, (3): 426-432.
吴玮江, 张彦林, 杨涛, 等. 2021. 祁连山滑坡灾害初步研究. 甘肃地质, 30(4): 16-29.
谢非, 田小芳, 杨拔涛, 等. 2021. 暴雨、暴雪、冰雹对农业的影响分析. 农业灾害研究, 11(9): 45-47.
杨晓玲, 丁文魁, 钱莉. 2008. 祁连山东部冰雹气候特征及防雹实例效果分析. 干旱区资源与环境, (4): 113-117.
尹宪志, 张强, 徐启运, 等. 2009. 近 50 年来祁连山区气候变化特征研究. 高原气象, 28(1): 85-90.
余光明, 徐建中, 康世昌, 等. 2020. 祁连山老虎沟地区大气颗粒物输送轨迹及潜在源区. 干旱区研究, 37(3): 9.
扎西才让, 张青梅, 邓永龙. 2006. 祁连山区一次罕见的冰雹天气成因分析. 北京: 2006 年灾害性天气预报技术高层研讨会.
张良, 王式功, 尚可政, 等. 2007. 祁连山区空中水资源研究. 干旱气象, (1): 14-20, 47.
张文杰, 程维明, 李宝林, 等. 2014. 气候变化下的祁连山地区近 40 年多年冻土分布变化模拟. 地理研究, 33(7): 1275-1284.
张艳阁, 徐建中, 余光明. 2017. 祁连山老虎沟地区夏季大气颗粒物中水溶性离子的变化特征. 冰川冻土, 39(5): 7.
张耀宗, 张勃, 刘艳艳, 等. 2009. 近半个世纪以来祁连山区气温与降水变化的时空特征分析. 干旱区资源与环境, 23(4): 125-130.
赵映慧, 郭晶鹏, 毛克彪, 等. 2017. 1949—2015 年中国典型自然灾害及粮食灾损特征. 地理学报, 72(7): 1261-1276.
周民都, 郭增建, 许中秋, 等. 2003. 祁连山中东段中强地震发生的天文气象条件. 西北地震学报, 25(2): 155-165.
Changnon S A, Pielke R A, Changnon D, et al. 2000. Human factors explain the increased losses from weather and climate extremes. Bulletin of the American Meteorological Society, 81(3): 437-442.
Chen R S, Han C T, Liu J F, et al. 2018. Maximum precipitation altitude on the northern flank of the Qilian Mountains, northwest China. Hydrology Research, 49(5): 1696-1710.
Dong Z, Qin D, Chen J, et al. 2014. Physicochemical impacts of dust particles on alpine glacier meltwater at the Laohugou Glacier basin in western Qilian Mountains, China. Science of the Total Environment, 493: 930-942.
Jin H, Li S X, Cheng G D, et al. 2000. Permafrost and climatic change in China. Global and Planetary Change, 26(4): 387-404.
Li X, Cheng G D, Jin H J, et al. 2008. Cryospheric change in China. Global and Planetary Change,

62(3-4): 210-218.

Li X, Cheng G D. 1999. A GIS-aided response model of high-altitude permafrost to global change. Science in China Series D-Earth Sciences, 42(1): 72-79.

Omondi P A, Awange J L, Forootan E, et al. 2014. Changes in temperature and precipitation extremes over the Greater Horn of Africa region from 1961 to 2010. International Journal of Climatology, 34(4): 1262-1277.

Wang S L, Jin H J, Li S X, et al. 2000. Permafrost degradation on the Qinghai-Tibet Plateau and its environmental impacts. Permafrost and Periglacial Processes, 11(1): 43-53.

Wang X Q, Chen R S , Han C T, et al. 2019. Response of frozen ground under climate change in the Qilian Mountains, China. Quaternary International, 523: 10-15.

Xu J Z, Wang Z B, Yu G M, et al. 2013. Seasonal and diurnal variations in aerosol concentrations at a high-altitude site on the northern boundary of Qinghai-Xizang Plateau. Atmospheric Research, 120-121: 240-248.

Yang M X, Nelson F E, Shiklomanov N I, et al. 2010. Permafrost degradation and its environmental effects on the Tibetan Plateau: A review of recent research. Earth-Science Reviews, 103(1-2): 31-44.

Zhang W J, Cheng W M, Ren Z P, et al. 2014. Simulation of permafrost distributions in the Qilian Mountains using a multi-criteria approach. Cold Regions Science and Technology, 103: 63-73.

Zhao S M, Cheng W M, Zhou C H, et al. 2012. Simulation of decadal alpine permafrost distributions in the Qilian Mountains over past 50 years by using Logistic Regression Model. Cold Regions Science and Technology, 73: 32-40.

Zhao S M, Zhang S F, Cheng W M, et al. 2019. Model simulation and prediction of decadal mountain permafrost distribution based on remote sensing data in the Qilian Mountains from the 1990s to the 2040s. Remote Sensing, 11(2): 19.

Zhao S Y, Ming J, Xiao C D, et al. 2012. A preliminary study on measurements of black carbon in the atmosphere of northwest Qilian Shan. Journal of Environmental Sciences, 24(1): 152-159.

第 8 章

祁连山生物物种安全与适应性管理

张立勋

兰州大学生态学院教授，主要从事青藏高原、黄土高原和蒙古高原的珍稀濒危动物的保护生物学、繁殖生态学和群落生态学等研究工作

气候变化对物种的分布格局和栖息地连通性有重大影响，探讨气候变化下的物种范围转移和生态廊道的变化对物种保护工作至关重要。祁连山位于青藏高原的东北部，孕育着丰富的有蹄类动物，开展有蹄类动物保护评价和政策规划应重点关注其栖息地对气候变化的响应。本章以祁连山珍稀濒危野生动物为研究对象。结合气候、地形、植被和干扰等环境因子，在当前气候情景下，利用 MaxEnt 模型探讨有蹄类动物潜在生境和栖息地分布格局，采用 Linkage Mapper 模型构建祁连山基于未来 21 世纪 50 年代（2050s）和 21 世纪 70 年代（2070s）两个时期在 RCP4.5 和 RCP8.5 情景下的野生动物生态廊道，预测珍稀濒危野生动物的潜在生境分布和潜在生态廊道，评估气候变化对其适宜栖息地和潜在廊道的影响。最后，基于核心生境斑块和生态廊道的重要性和廊道质量两个指标，评估了祁连山生物物种的生态网络。气候变化导致祁连山野生动物的未来适宜栖息地面积缩小，空间分布格局整体向北部转移或转变。核心生境变化将导致潜在廊道的分布模式、数量以及质量随之改变。结合核心生境斑块和廊道的重要性、生态廊道质量以及物种多样性等综合指标体系，制定并优化祁连山珍稀濒危野生动物的优先保护区，构建基于物种保护的生态网络。本章研究结果为气候变化背景下的多物种保护和栖息地管理规划提供了决策依据，也为其他有蹄类动物以及食肉类动物管理提供了借鉴。

8.1　祁连山生物物种安全与适应性管理概况

气候变化被认为是影响生物多样性的主要因素之一（IPCC，2013），已经在全球范围深刻地影响了大量的分类群（Hughes，2000；McCarty，2001；Walther et al.，2002，2005），导致动植物物种的分布发生变化，并进一步在生态系统和生物多样性中留下“指纹”（Parmesan and Yohe，2003；Root et al.，2003）。诸多证据表明，气候变化迫使动物向更高的海拔和纬度移动，并导致栖息地的丧失和破碎化以及物种范围的收缩（Hickling et al.，2005）。这些影响将会改变生物多样性模式，使动物的地理分布范围变得狭小和孤立，导致物种灭绝风险增加（Wilson et al.，2005）。相比于低海拔地区，高海拔山地被预测更容易变暖，这一变化在高原与山地生态系统中表现得尤为突出（Pepin and Seidel，2005；Gou et al.，2010；Thornton et al.，2014）。青藏高原的升温速度约等于全球变暖速率的 3 倍（Pauli et al.，2007）。山地生物多样性的变化具有指示全球气候变化的意义，高山地区不但是濒危物种的宝库，更集中了全球生物多样性热点区域。高海拔地区的濒危物种保护已经成为中国生物多样性保护的关键问题之一。因此，高山生物多样性对气候变化的响应和适应受到生态学家的高度关注（Cannone et al.，2007；刘洋等，2009）。在中国，高海拔地区的濒危物种比低海拔区域的比例更高（蒋志刚等，2016），因此，了解和预测高山物种对气候变化的响应，对于政策制定者以及保护管理者在不断变化的气候下确定和实施适当的管理策略至关重要（Thuiller，2003）。

青藏高原是地球上最年轻、面积最大、海拔最高的高原，与南极和北极一起被称为地球的“三极”（Liu and Chen，2000；张镱锂等，2002）。祁连山位于青藏高原的东北缘，处于我国动物地理区划上的华北、蒙新和青藏三区交会地带，是生物多样性保护优先区之一和野生动物迁徙的重要廊道，在我国动物地理区划中占有十分重要的地位（刘贤德和杨全生，2006）。珍稀濒危野生动物是生态系统的重要组成成分，也是生态系统中最重要的生态类群和指示物种，在生态系统中发挥能量流动的重要功能，特别是有蹄类动物在祁连山维持着大中型食肉动物种群和食物链（网）的安全（李晟等，2014；Wolf and Ripple，2016）。同时，有蹄类动物还能直接或间接影响植物群落的生长与更新，驱动森林和草原植被的组成与结构变化（Foster et al.，2014；Ramirez et al.，2018）。青藏高原正面临着珍稀濒危物种受威胁和生存状况持续恶化的局面（蒋志刚等，2018），青藏高原有蹄类动物在未来气候变化下将丧失 30%～50%的栖息地，55%～68%的物种将成为濒危种（Luo et al.，2015），物种栖息地连通性的下降程度超过了栖息地的损失（Liang et al.，2021）。

物种分布模型（species distribution models，SDMs）是一种以物种分布数据以及环境因子数据为基础的数学模型（Elith and Leathwick，2009），该类模型在环境因子组成的多维生态空间中，依据采样点提供的统计信息估计物种的生态位需求，然后投射到选定的时空范围内，以概率的形式反映物种对生境的偏好程度（Anderson，2013；Guisan et al.，2017），模型结果通常反映大尺度上物种适宜生境分布。生态位的概念是物种分布模型的理论基础，对各种生态位概念的理解将会影响生态位模型构建的合理性，除了生态位理论外，源–库理论和集合种群理论在物种分布模型的研究中也非常重要（李国庆等，2013）。

Wilson 和 Willis（1975）在岛屿生物地理学说和复合种群理论的基础上提出廊道（corridor）概念。随着景观生态学理论的发展，廊道逐渐成为评估“斑块–廊道–基质”的景观空间格局基本途径和区域生态安全的结构框架（Forman，1995），用于分析景观连通性、生物多样性维持与恢复的重要性（Jongman et al.，2004；Rouget et al.，2006），如喜马拉雅山东部廊道（Chettri et al.，2007）、澳大利亚西南部生态连接带（Jonson，2010）、北美绿道网络（Bowers and McKnight，2012）等。Linkage Mapper 是国际上动物栖息地间生态廊道构建的通用工具。其依托最小费用理论，基于地表阻力面和栖息地核心区域绘制栖息地之间的最低成本路径，结合电路理论模型（CircuitScape）识别生态廊道的重要性、夹点，构建了大尺度的生态廊道和区域物种的生态廊道（Dutta et al.，2015；Benz et al.，

2016；Almasieh et al.，2016；陈强强等，2019；Feng et al.，2021），分析气候变化对野生动物栖息地的影响。

8.2　祁连山生物物种安全研究意义

有蹄类动物作为祁连山的重要生态类群，广泛分布于荒漠、高山裸岩、森林和草原等多种生态系统。同时，有蹄类动物作为雪豹（*Panthera uncia*）等大中型食肉动物的主要食物载体，在祁连山生态系统食物网中扮演着重要角色。在自然生态系统中，野生有蹄类动物通过选择性觅食影响草本、灌木和树木的生长发育，对森林演替、土壤发育、碳循环以及水循环等生态过程产生复杂的影响（Côté et al.，2004），此外，在经济、文化、交流中也扮演着重要角色，如食物、休闲、旅游、狩猎等（Putman et al.，2011；Putman and Apollonio，2014）。祁连山有蹄类物种包括偶蹄目的岩羊、盘羊、白唇鹿、马鹿、马麝、狍、鹅喉羚、普氏原羚、藏原羚、野牦牛和奇蹄目的藏野驴（刘迺发等，2001；杨全生等，2008），占中国有蹄类种数的 17%。在祁连山复合生态系统中，岩羊、白唇鹿、马鹿、马麝和狍等种群数量占绝对优势（马堆芳，2020；马堆芳等，2021）。在时空尺度上开展祁连山珍稀濒危动物适宜生境和生态廊道研究，摸清当前气候变化情景下动物分布状态，并预测未来不同气候变化情景下祁连山珍稀濒危动物的分布以及生态廊道的变化，识别并评估生态网络，可以为祁连山国家公园的生态系统评估和生物多样性保护规划提供决策依据，也可以为以雪豹为代表的珍稀濒危野生动物管理提供科学依据，同时对于区域生物多样性保护与生态安全维护也至关重要（图 8-1）。

8.3　祁连山国家公园物种多样性保护的区域重要性

2017 年 9 月，中共中央办公厅、国务院办公厅印发了《祁连山国家公园体制试点方案》，批准祁连山国家公园体制试点建设，主要以祁连山典型的山地森林、温带荒漠草原、高寒草甸和冰川雪山等符合生态系统和生态过程，以及雪豹为旗舰物种的珍稀濒危物种及栖息地的原真性和完整性为核心目标，推进祁连山生物多样性和生态系统的科学保护。祁连山是我国西部重要的生态安全屏障和重要的水源产流地，也是我国重点生态功能区和生物多样性优先保护区。祁连山呈西北—东南走向，地势呈现西南高、东北低的特点。祁连山的植被在东西分布上存在明显差异，并出现水平地带性规律，祁连山东段的植被基带主要为温性草原，祁连山中西段的植被基带主要为高寒草甸和高寒灌丛，祁连山西段的植被基带主要为高寒荒漠（张富广，2018）。随着海拔的不同，祁连山植被分布也具有明显的

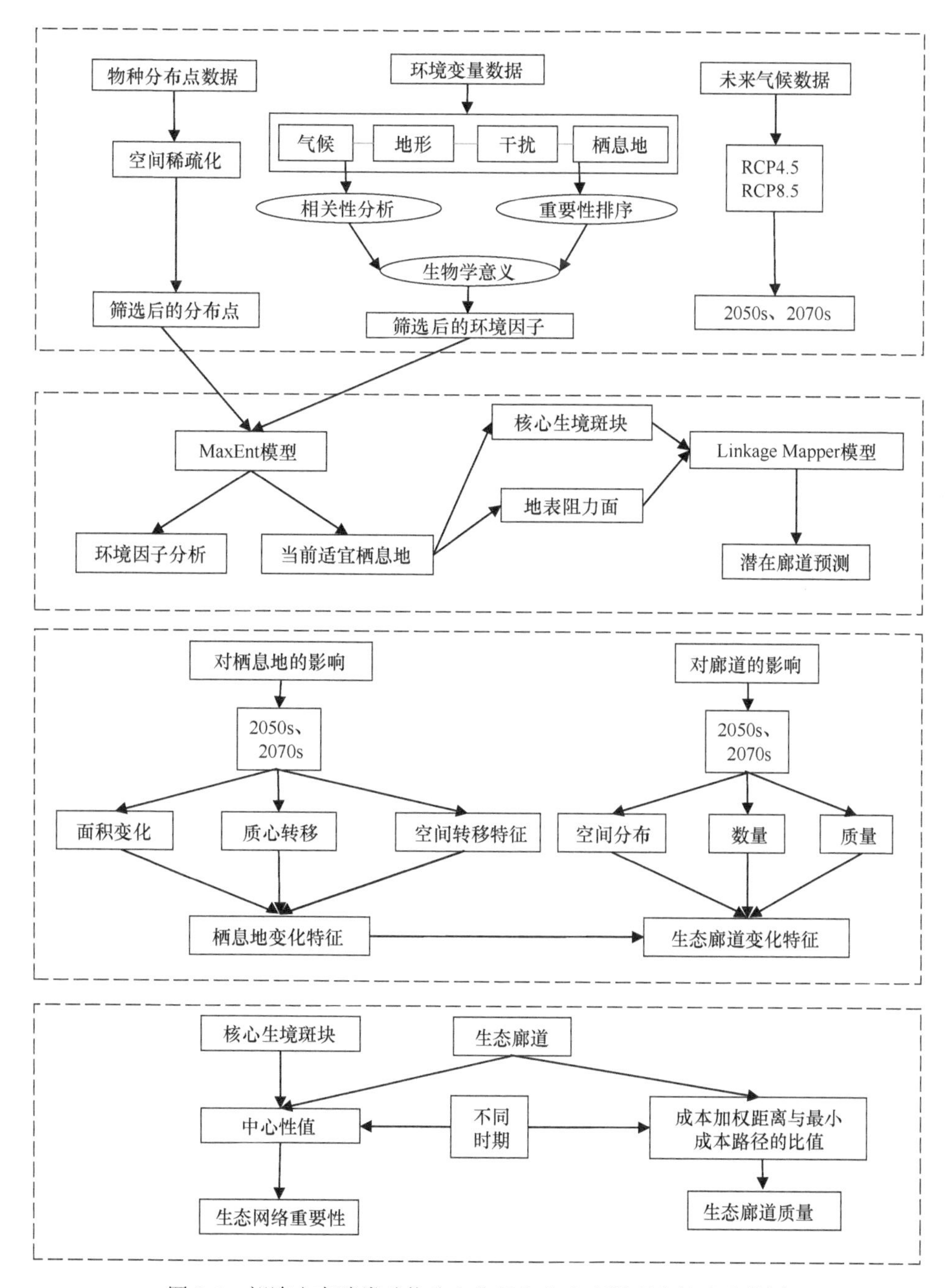

图 8-1　祁连山有蹄类动物分布格局和生态廊道研究技术路线图

垂直差异，海拔从低到高依次为山地荒漠带、山地荒漠草原带、山地森林草原带、高山灌丛草甸带和高山寒漠带（金博文等，2003）。本章研究基于祁连山气候、地形和植被等综合要素，结合六大流域和行政区划范围（田沁花，2006；李岩瑛，2008；徐玲梅，2020；万竹君，2021），为减小边界效应的影响，将祁连山国家公园的边界向外扩展 30 km 进行建模分析，使其生态系统的连通性和完整性得到科学保障（图 8-2）。

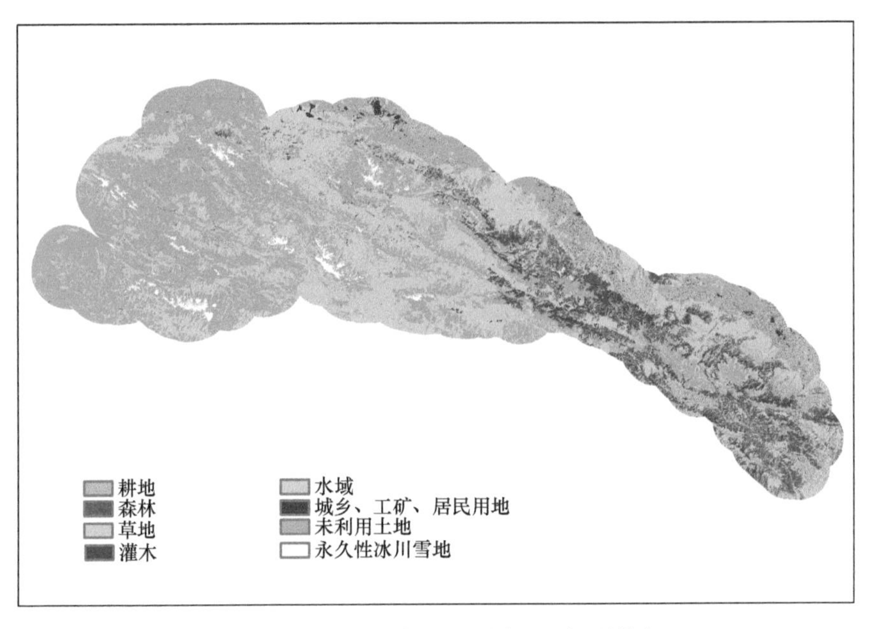

图 8-2　祁连山国家公园范围和研究区域图

8.4　祁连山国家公园珍稀野生动物适宜栖息地分布格局

1999～2000 年祁连山四种珍稀濒危食肉目动物的分布格局研究结果显示（图 8-3），雪豹的适宜栖息地面积约为 9191.27 km^2，主要分布在祁连山 2500～5000 m 的冰川线、高山流石滩、高山草地和针叶林区域，分布区域主要在祁连山中西部高山地带；猞猁的适宜栖息地面积为 5439.15 km^2，主要分布在祁连山的中东部；赤狐的适宜栖息地面积为 8173.63 km^2，在祁连山皆有分布；狼的适宜栖息地面积为 9270 km^2，在祁连山全域均有分布。

当前时期祁连山四种珍稀濒危有蹄类动物的分布格局如图 8-4 所示，其中岩羊的适宜栖息地面积为 12783.07 km^2，主要分布在祁连山 2000～5000 m 的冰川线、高山流石滩、高山草地、高山灌丛和针叶林区域；马鹿的适宜栖息地面积为 11267.75 km^2，主要分布在祁连山的中东部；马麝的适宜栖息地面积为

10022.11 km^2，主要分布在祁连山的中东部；白唇鹿的适宜栖息地面积为 8138.26 km^2，主要分布在祁连山的西部。

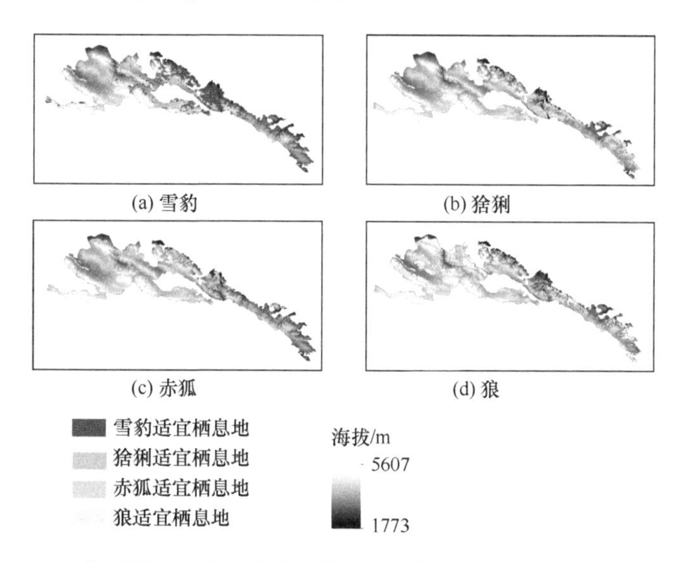

图 8-3　当前时期下祁连山四种珍稀濒危食肉目动物适宜栖息地分布格局

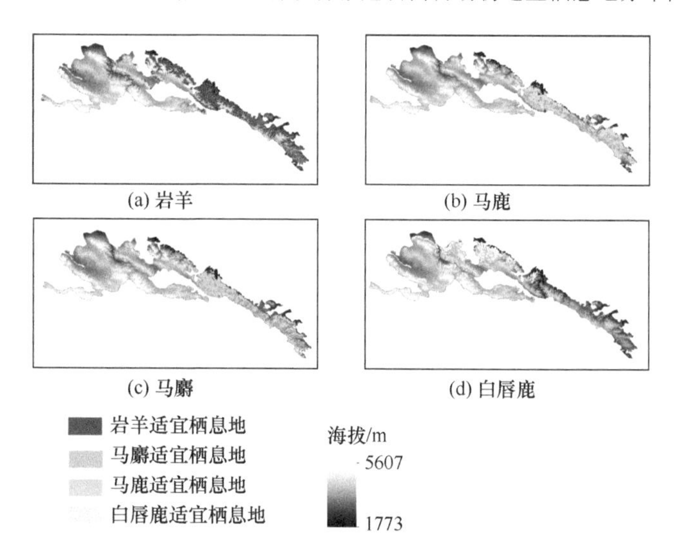

图 8-4　当前时期祁连山四种珍稀濒危有蹄类动物分布格局

当前时期祁连山四种珍稀濒危鸡形目鸟类的分布格局如图 8-5 所示，四个物种的适宜栖息地分布区域主要在祁连山的中东部。其中，蓝马鸡的适宜栖息地面积为 2804.21 km^2；血雉的适宜栖息地面积为 4086.84 km^2；红喉雉鹑的适宜栖息地面积为 1432.57 km^2；斑尾榛鸡的适宜栖息地面积为 4683.08 km^2。

当前时期祁连山珍稀濒危野生动物的热点分布区（图 8-6）主要在祁连山中东部，集中分布于肃南裕固族自治县寺大隆到大河口一带。其中，低适宜区面积为 11354.71 km^2，占研究区的 13.75%；中等适宜区面积为 6949.42 km^2，占研究区的 8.42%；高适宜区面积为 1644.49 km^2，占研究区的 2%。

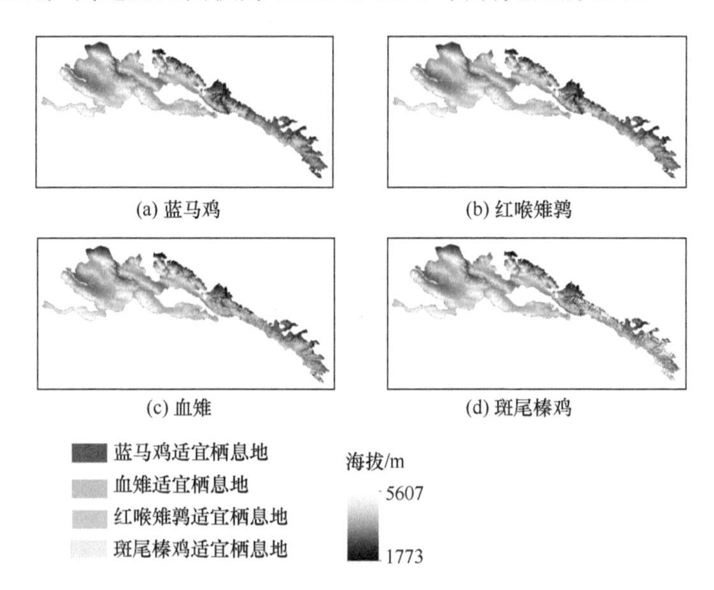

图 8-5　当前时期祁连山四种珍稀濒危鸡形目鸟类分布格局

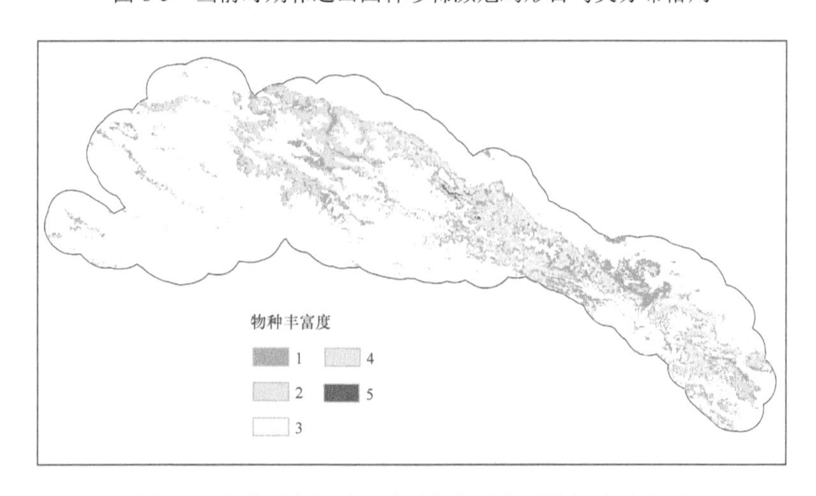

图 8-6　当前时期祁连山珍稀濒危野生动物热点分布区

未来不同气候情景下祁连山五种有蹄类的物种丰富度分布如图 8-7 所示。结果表明，与当前时期一致，祁连山中段的有蹄类物种丰富度最高，东段次之，而西段最低。祁连山的中段和东段存在未来有蹄类动物的热点分布区。与当前时期有蹄类动物的热点分布图对比可知（图 8-4），祁连山有蹄类动物的热点分布区的整体空间分布格局基本不变，但物种丰富度在未来逐渐下降。至 2070s 时期，肃南裕固族自治县中部热点分布区的有蹄类物种数下降为四种或三种。

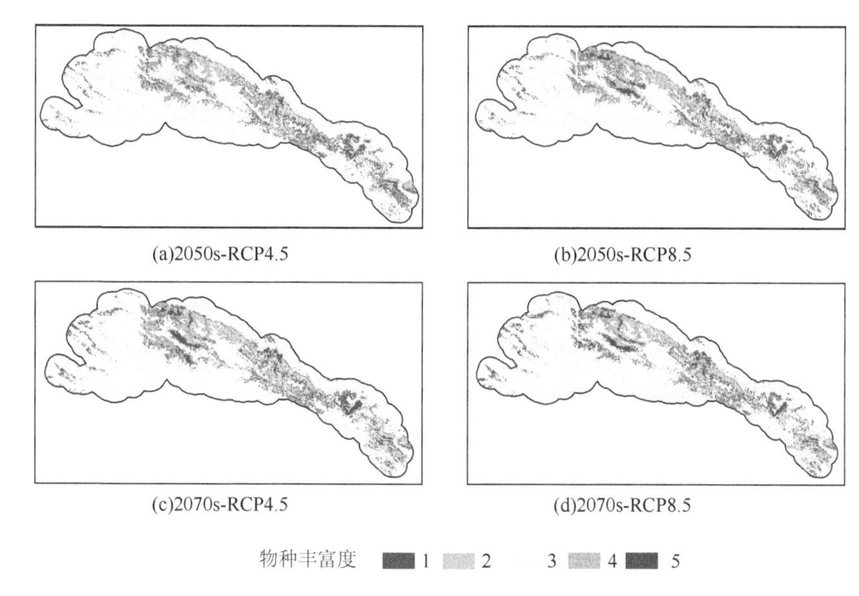

图 8-7　不同气候情景下祁连山珍稀濒危动物热点分布图

8.5　气候变化对祁连山珍稀濒危物种的影响

本研究预测表明，在 RCP4.5 情景下未来 2070s 时期，祁连山岩羊栖息地面积损失 36.24%，海拔变化不明显；马麝栖息地面积损失 24.92%，海拔上升 697.37m；马鹿栖息地面积损失 22.97%，海拔上升 494.37m；白唇鹿栖息地面积损失 9.27%，海拔下降不明显；雪豹栖息地面积损失 20.04%，海拔上升 108.41m；猞猁栖息地面积损失 33.43%，海拔变化不明显；赤狐栖息地面积损失 18.22%，海拔下降不明显；狼栖息地面积损失 15.91%，海拔上升 125.08m；蓝马鸡栖息地面积损失 13.22%，海拔下降不明显；血雉栖息地面积损失 58.03%，海拔上升 711.17m；红喉雉鹑栖息地面积损失 62.31%，海拔上升 590.33m；斑尾榛鸡栖息地面积损失 20.26%，海拔上升 80.06m（表 8-1）。

未来 2070s 时期祁连山珍稀濒危物种栖息地分布格局变化特征如图 8-8 所示，在 RCP4.5 情景下，食肉目在祁连山的西、中、东部皆有生境的损失和增加以及稳定的栖息地；有蹄类在祁连山西部有稳定的栖息地，而在中段和东段出现生境的损失和增加；鸡形目在祁连山的中、东部皆有生境的损失和增加。

表 8-1　祁连山珍稀濒危物种栖息地面积与海拔的变化

物种	时间	模型预测精度		范围/km^2	损失的栖息地/km^2	损失百分比/%	海拔/m		
		平均值	标准差				平均值	标准差	变化
岩羊	当前	0.893	0.011	12783.07	4633.16	36.24	3419.29	405.17	12.42
	2070s	0.899	0.009	8149.91			3431.71	577.3	
马麝	当前	0.972	0.005	10022.11	2498	24.92	3161.45	317.22	697.37
	2070s	0.972	0.006	7524.11			3858.82	207.28	
马鹿	当前	0.956	0.005	11267.75	2587.72	22.97	3176.79	311.11	494.37
	2070s	0.954	0.009	8680.03			3671.16	416.46	
白唇鹿	当前	0.959	0.016	8138.26	754.45	9.27	3602.58	420.04	–13.54
	2070s	0.948	0.014	7383.81			3589.04	378.77	
雪豹	当前	0.97	0.003	9191.27	1842.09	20.04	3462.65	494.21	108.41
	2070s	0.969	0.003	7349.18			3571.06	513.92	
猞猁	当前	0.926	0.021	5439.15	1818.44	33.43	3064.65	424.94	34.87
	2070s	0.93	0.032	3620.71			3099.52	435.72	
赤狐	当前	0.964	0.008	8173.63	1488.89	18.22	3178.22	406.68	–4.09
	2070s	0.941	0.019	6684.74			3174.13	416.76	
狼	当前	0.95	0.019	9270	1474.58	15.91	3571.88	431.48	125.08
	2070s	0.936	0.023	7795.42			3696.96	355.77	
蓝马鸡	当前	0.992	0.002	2804.21	370.84	13.22	3022.6	213.41	–18.27
	2070s	0.992	0.003	2433.37			3004.33	204.31	
血雉	当前	0.987	0.004	4086.84	2371.56	58.03	3048.93	272.39	711.17
	2070s	0.991	0.003	1715.28			3760.1	189.44	
红喉雉鹑	当前	0.991	0.005	1432.57	892.64	62.31	3189.54	278.54	590.33
	2070s	0.991	0.005	539.93			3779.87	217.26	
斑尾榛鸡	当前	0.981	0.008	4683.08	948.79	20.26	2961.87	302.21	80.06
	2070s	0.975	0.008	3734.29			3041.93	300.42	

未来 2070s 时期的祁连山珍稀濒危物种的热点分布图如图 8-9 所示，其中低适宜区面积为 18713.64 km^2，占研究区的 22.66%；中等适宜区面积为 5231.61 km^2，占研究区的 6.34%；高适宜区面积为 57.36 km^2，占研究区的 0.07%。低适宜区面积增加，中等适宜区和高适宜区面积减小，特别是高适宜区，其面积减小至当前时期的 3%。

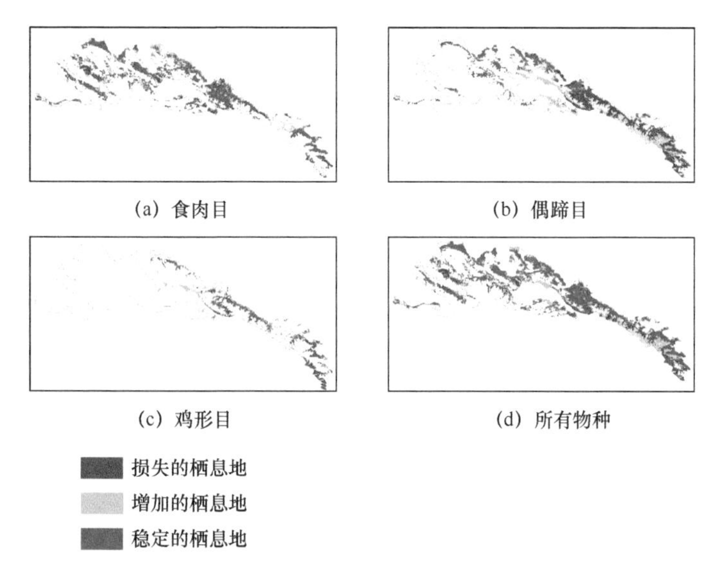

图 8-8　未来 2070s 时期祁连山珍稀濒危物种栖息地分布格局变化特征

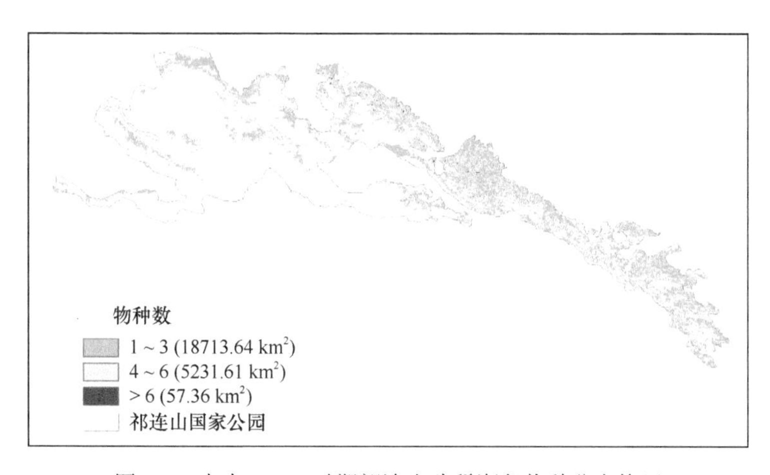

图 8-9　未来 2070s 时期祁连山珍稀濒危物种分布格局

8.6　祁连山珍稀濒危动物潜在生态廊道预测

未来不同气候情景下，珍稀濒危动物的生态廊道结果表明，祁连山珍稀濒危动物的生态廊道在未来发生重大变化，并随着核心生境斑块的变化出现损失与增加。从分布模式来看，雪豹和岩羊在祁连山西段的廊道未来会随着生境丧失而消失，在祁连山中段和东段未来将会产生许多新的生态廊道（图 8-10）。

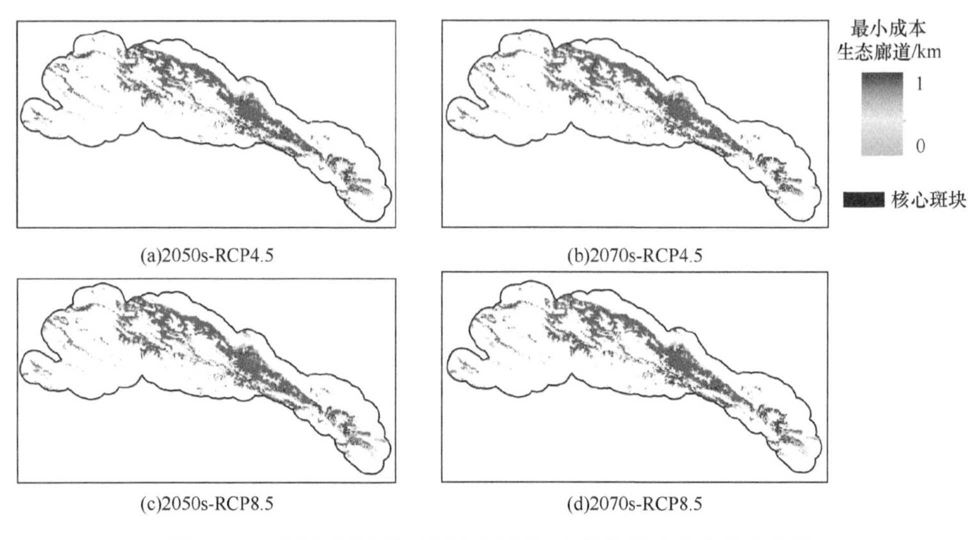

图 8-10 不同气候情景下祁连山雪豹–岩羊的最小成本生态廊道

从数量和质量来看，雪豹–岩羊的生态廊道在 2050s 时期两种排放情景下数量增加，在 RCP4.5 情景下质量提高，在 RCP8.5 情景下质量下降，在 2070s 时期两种排放情景下数量减少，质量提高。研究还发现，祁连山珍稀濒危动物的适宜栖息地在未来整体向北迁移，这与青藏高原有蹄类动物的栖息地在将来会向高纬度地区转移（Luo et al.，2015；Liang et al.，2021；Zhang et al.，2021）、气候变化与食物资源综合影响未来栖息地分布（陈强强等，2019）、优势植物向北迁移（Anderson，2013）等研究结论完全一致，即高原有蹄类动物应对气候变化的纬度扩散机制。本章研究还发现，祁连山珍稀濒危动物未来生境的整体空间变化特征是：边缘变化、中心稳定、北缘增加、南部丧失，与祁连山优势植物的预测结果一致（Anderson，2013），本章研究的物种支持“核心–边缘假说”，即边缘种群易受干扰，对环境变化的响应可能在很大程度决定了该物种对环境变化的响应。

8.7 祁连山珍稀濒危动物生态廊道质量评估

本章研究结果显示，当前时期祁连山雪豹–岩羊所有廊道的成本加权距离（CWD）∶最小成本路径（LCP）的平均比值为 5.82 ± 2.90，其中 CWD∶LCP 比值较低的廊道位于祁连山的中东段，比值较高的廊道位于祁连山的西段。在未来气候情景下，CWD∶LCP 比值较低的廊道主要位于祁连山中东段，CWD∶LCP 比值较高的廊道主要位于祁连山的西段和东段（图 8-11）。

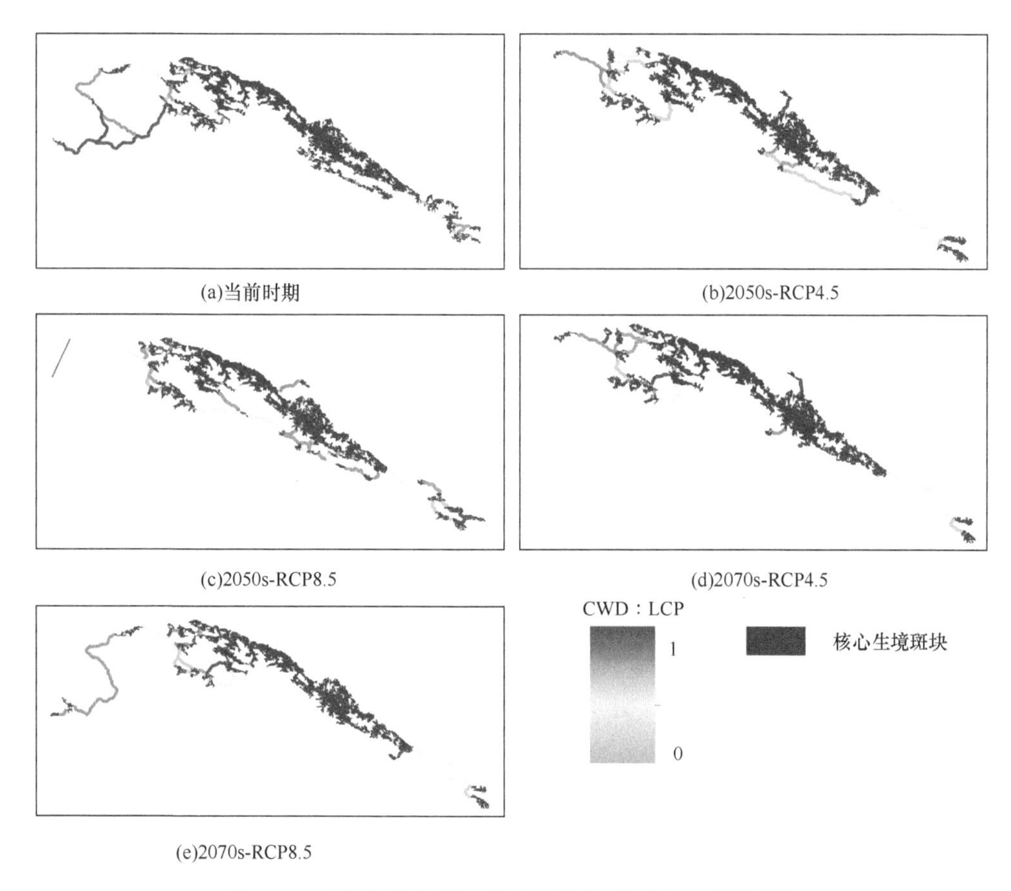

图 8-11　不同气候情景下祁连山雪豹–岩羊生态廊道评估

祁连山珍稀濒危动物生态廊道无论是当前时期还是未来气候情景下，高质量生态廊道主要位于祁连山的中段，中段的植被类型是森林、灌丛、草原与荒漠生态系统的交错带，说明该区域的生境斑块之间扩散时遇到的平均阻力最小。此外，祁连山中段还是当前与未来时期五种有蹄类动物的热点分布区，该区域可能在将来充当祁连山珍稀濒危动物的“气候避难所”，建议将祁连山中段划为优先保护区域和关键保护区域。

8.8　祁连山珍稀野生动物物种保护建议

栖息地为野生动植物提供了生存、繁衍及种群发展所必需的资源，栖息地适宜性评价是对野生动物开展有效保护和管理的关键，可以为相关部门制定有效的物种保护对策提供科学依据。

（1）建立智能化野生动植物多样性监测、保护和管理网络体系。以红外相机、物候相机、无人机等远程终端为科技手段，构建旗舰物种、重点保护物种、珍稀濒危物种及其栖息地生境观测的长期监测体系，开展长时间、大尺度的监测、保护和管理工作，在保证完整性、连续性、连通性的基础上，达到科学化、智能化、实时化的保护与管理。

（2）以生态系统和生物多样性的基本属性为基本原理，针对食物链（网）、生物地理和群落生态位等科学问题，开展祁连山生态系统内珍稀濒危物种间的动态平衡监测与管理，通过长时间、多尺度的系统采集和收集科学数据，构建科学的、准确的物种栖息分布地模型，建立气候变化与人类活动对祁连山珍稀濒危物种多样性预警观测和保护系统，以支撑保护地的管理决策。

（3）关注现阶段祁连山国家公园面临的栖息地破碎化、气候变化及人为干扰等客观事实，同时也要明确祁连山珍稀濒危物种面临种群下降、栖息地萎缩的严峻危险，目前急需开展识别生物多样性热点区域研究并建立保护优先区、完成珍稀濒危物种的迁移廊道保护和规划、构建潜在适宜栖息地及生态廊道网络。

（4）加强祁连山的科学放牧管理，践行“绿水青山就是金山银山”的生态文明建设理念，积极开展家畜与有蹄类动物的草场冲突研究，在国家公园体系划定的优先保护区外，实现科学论证和合理管控的精准动态放牧体系，既保证野生动物适宜栖息地不受破坏，又实现当地居民积极开展放牧活动和生态系统协管任务，达到和谐共生的目标和实现共同富裕的愿景。

（5）重点开展祁连山珍稀濒危动植物的就地保护或迁地保护的科学规划和保护对策制定，科学利用雪豹等食肉类与岩羊等食草动物的生态位重叠特征，以及监测到的岩羊分布数据，建立雪豹就地保护体系，维持雪豹种群活力。因此，在优先保护区、迁移廊道、生态廊道等体系框架下，祁连山开展就地保护策略迫在眉睫，必须实施严格的栖息地核心斑块监测、保护和管理措施。

参考文献

陈强强, 李美玲, 王旭, 等. 2019. 新疆塔什库尔干野生动物自然保护区马可波罗盘羊潜在生态廊道识别. 生物多样性, 27(2): 186-199.

蒋志刚, 江建平, 王跃招, 等. 2016. 中国脊椎动物红色名录. 生物多样性, 24: 500-551.

蒋志刚, 李立立, 胡一鸣. 2018. 青藏高原有蹄类动物多样性和特有性: 演化与保护. 生物多样性, 26(2): 158-170.

金博文, 康尔泗, 宋克超, 等. 2003. 黑河流域山区植被生态水文功能的研究. 冰川冻土, 25(5): 580-584.

李国庆, 刘长成, 刘玉国, 等. 2013. 物种分布模型理论研究进展. 生态学报, 33(16): 4827-4835.

李晟, 张晓峰, 陈鹏, 等. 2014. 秦岭南坡森林有蹄类群落组成与垂直分布特征. 动物学杂志, 49(5): 633-643.

李岩瑛. 2008. 祁连山地区降水气候特征及其成因分析研究. 兰州: 兰州大学.
刘遒发, 张惠昌, 窦志刚. 2001. 甘肃盐池湾国家级自然保护区综合科学考察. 兰州: 兰州大学出版社.
刘贤德, 杨全生. 2006. 祁连山生物多样性研究. 北京: 中国科学技术出版社.
刘洋, 张健, 杨万勤. 2009. 高山生物多样性对气候变化响应的研究进展. 生物多样性, 17(1): 88-96.
马堆芳. 2020. 甘肃祁连山陆生脊椎动物图鉴. 兰州: 甘肃科学技术出版社.
马堆芳, 孙章运, 胡大志, 等. 2021. 基于红外相机技术对甘肃祁连山国家级自然保护区哺乳动物多样性的初步调查. 兽类学报, 41(1): 90-98.
田沁花. 2006. 祁连山区中–西部近 500 年来气候变化的树轮记录. 兰州: 兰州大学.
万竹君. 2021. 基于多源 DEM 的近 50 年来祁连山区冰川储量变化研究. 济南: 山东师范大学.
徐玲梅. 2020. 末次盛冰期以来内流河流域有机碳汇变化及人类活动影响定量评估. 兰州: 兰州大学.
杨全生, 刘建泉, 汪有奎. 2008. 甘肃祁连山国家级自然保护区综合科学考察报告. 兰州: 甘肃科学技术出版社.
张富广. 2018. 气候变化背景下祁连山高寒草甸上界现代分布变化研究. 兰州: 兰州大学.
张镱锂, 李炳元, 郑度. 2002. 论青藏高原范围与面积. 地理研究, 21(1): 1-8.
Almasieh K, Kaboli M, Beier P. 2016. Identifying habitat cores and corridors for the Iranian black bear in Iran. Ursus, 27(1): 18-30.
Anderson R P. 2013. A framework for using niche models to estimate impacts of climate change on species distributions. Annals of the New York Academy of Sciences, 1297(1): 8-28.
Benz R A, Boyce M S, Thurfjell H, et al. 2016. Dispersal ecology informs design of large-scale wildlife corridors. PLoS One, 11(9): e0162989.
Bowers K, McKnight M. 2012. Reestablishing a healthy and resilient North America: Linking ecological restoration with continental habitat connectivity. Ecological Restoration, 30(4): 267-270.
Cannone N, Sgorbati S, Guglielmin M. 2007. Unexpected impacts of climate change on alpine vegetation. Frontiers in Ecology and the Environment, 5 (7): 360-364.
Chettri N, Sharma E, Shakya B, et al. 2007. Developing forested conservation corridors in the Kangchenjunga landscape, Eastern Himalaya. Mountain Research and Development, 27(3): 211-214.
Côté S D, Rooney T P, Tremblay J P, et al. 2004. Ecological impacts of deer overabundance. Annual Review of Ecology Evolution and Systematics, 35: 113-147.
Dutta T, Sharma S, McRae B H, et al. 2015. Connecting the dots: Mapping habitat connectivity for tigers in central India. Regional Environmental Change, 16(1): 53-67.
Elith J, Leathwick J. 2009. Species distribution models: Ecological explanation and prediction across space and time. Annual Review of Ecology, Evolution, and Systematics, 40(1): 677-697.
Feng H M, Li Y H, Li Y Y, et al. 2021. Identifying and evaluating the ecological network of *C. pygargus* (*Capreolus pygargus*) in the Tieli Forestry Bureau, Northeast China. Global Ecology and Conservation, 26(3): e01477.
Forman R T T. 1995. Land Mosaics: The Ecology of Landscape and Regions. Cambridge: Cambridge University Press.
Foster C N, Barton P S, Lindenmayer D B. 2014. Effects of large native herbivores on other animals. Journal of Applied Ecology, 51(4): 929-938.

Gou X H, Chen F H, Jacoby G E, et al. 2010. Rapid tree growth with respect to the last 400 years in response to climate warming, northeastern Tibetan Plateau. International Journal of Climatology, 27(11): 1497-1503.

Guisan A, Thuiller W, Zimmermann N E. 2017. Habitat Suitability and Distribution Models: With Applications in R. Cambridge: Cambridge University Press.

Hickling R, Roy D B, Hill J K, et al. 2005. A northward shift of range margins in British Odonata. Global Change Biology, 11(3): 502-506.

Hughes L. 2000. Biological consequences of global warming: Is the signal already apparent? Trends in Ecology and Evolution, 15(2): 56-61.

IPCC. 2013. Climate Change 2013: The Physical Science Basis. Working Group I Contribution to the IPCC Fifth Assessment Report. Cambridge: Cambridge University Press.

Jongman R H, Külvik M, Kristiansen I. 2004. European ecological networks and greenways. Landscape and Urban Planning, 68(2-3): 305-319.

Jonson J. 2010. Ecological restoration of cleared agricultural land in Gondwana Link: Lifting the bar at 'Peniup' . Ecological Management and Restoration, 11(1): 16-26.

Liang J C, Ding Z F, Jiang Z G, et al. 2021. Climate change, habitat connectivity, and conservation gaps: A case study of four ungulate species endemic to the Tibetan Plateau. Landscape Ecology, 36: 1071-1087.

Liu X, Chen B. 2000. Climatic warming in the Tibetan Plateau during recent decades. International Journal of Climatology, 20: 1729-1742.

Luo Z H, Jiang Z G, Tang S H. 2015. Impacts of climate change on distributions and diversity of ungulates on the Tibetan Plateau. Ecological Applications, 25(1): 24-38.

McCarty J P. 2001. Ecological consequences of recent climate change. Conservation Biology, 15(2): 320-331.

Parmesan C, Yohe G. 2003. A globally coherent fingerprint of climate change impacts across natural systems. Nature, 421(6918): 37-42.

Pauli H, Gottfried M, Reiter K, et al. 2007. Signals of range expansions and contractions of vascular plants in the high Alps: Observations (1994—2004) at the GLORIA master site Schrankogel, Tyrol, Austria. Global Change Biology, 13(1): 147-156.

Pepin N C, Seidel D J. 2005. A global comparison of surface and free-air temperatures at high elevations. Journal of Geophysical Research-Atmospheres, 110(D3): D03104.

Putman R, Apollonio M, Andersen R. 2011. Ungulate Management in Europe: Problems and Practices. Cambridge: Cambridge University Press.

Putman R, Apollonio M. 2014 Behaviour and Management of European Ungulates. Dunbeath, UK: Whittles Publishing.

Ramirez J I, Jansen P A, Poorter L. 2018. Effects of wild ungulates on the regeneration, structure and functioning of temperate forests: A semi-quantitative review. Forest Ecology and Management, 424: 406-419.

Root T L, Price J T, Hall K, et al. 2003. Fingerprints of global warming on wild animals and plants. Nature, 421(6918): 57-60.

Rouget M, Cowlin R M, Lombard A T, et al. 2006. Designing large-scale conservation corridors for pattern and process. Conservation Biology, 20(2): 549-561.

Thornton P K, Ericksen P J, Herrero M, et al. 2014. Climate variability and vulnerability to climate change: A review. Global Change Biology, 20(11): 3313-3328.

Thuiller W. 2003. BIOMOD-optimizing predictions of species distributions and projecting potential future shifts under global change. Global Change Biology, 9(10): 1353-1362.

Walther G R, Berger S, Sykes M T. 2005. An ecological 'footprint' of climate change. Proceedings of the Royal Society B, 272(1571): 1427-1432.

Walther G R, Post E, Convey P, et al. 2002. Ecological responses to recent climate change. Nature, 416(6879): 389-395.

Wilson E, Willis E. 1975. Applied Biogeography and the Evolution of Communities. Boston: Havard University Press.

Wilson R J, Gutiérrez D, Gutiérrez J, et al. 2005. Changes to the elevational limits and extent of species ranges associated with climate change. Ecology Letters, 8(11): 1138-1146.

Wolf C, Ripple W J. 2016. Prey depletion as a threat to the world's large carnivores. Royal Society Open Science, 3(8): 160252.

Zhang J J, Jiang F, Li G Y, et al. 2021. The four antelope species on the Qinghai-Tibet plateau face habitat loss and redistribution to higher latitudes under climate change. Ecological Indicators, 123(15): 107337.

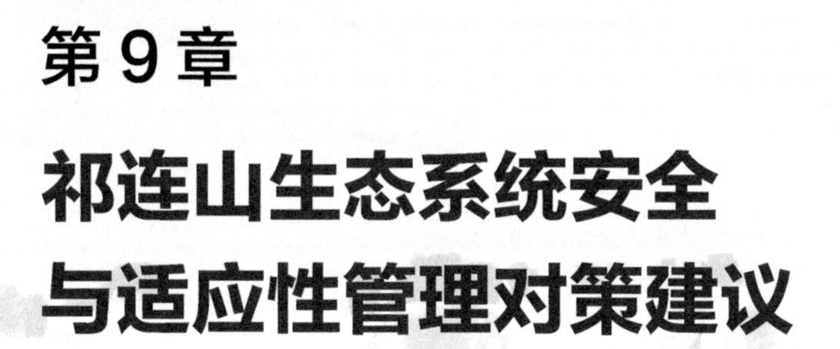

第 9 章

祁连山生态系统安全与适应性管理对策建议

祁连山是青海省东北部与甘肃省西部边境的山脉，是西部地区乃至全国重要的生态安全屏障。目前，祁连山地区人口、资源、环境与生态安全之间依旧存在诸多矛盾，传统管理方法已经无法解决管理过程中的复杂问题，因此亟须探索一种科学、合理且有效的生态安全管理方式。适应性管理是被广泛倡导的生态安全管理方式，是以生态系统可持续性为目标，通过监测、评估、调控等一系列综合活动，不断探索认识生态系统内在规律，从而协调人与自然关系的过程。相比传统的反复实验法，它具有反馈快、能及时揭露长期不良管理弊端的特点；另外，不会对系统产生不可逆转的影响。基于此，适应性管理在美国、澳大利亚的生态系统管理研究中有着广泛应用且研究时序长、发展速度快。已有国内学者借鉴国外生态恢复规划的经验，结合我国的实际情况，提出适应性管理注重恢复的后续管理。生态系统适应性管理以森林、草原、水域生态系统的研究为主，后续又分别运用到陆地、城市、海洋、湿地、矿区生态系统当中。可见，生态系统适应性管理的应用已经得到一定的发展。祁连山生态系统复杂且庞大，适应性管理能从假设、验证、调整和多方参与的思路展开，可以为其提供动态、可调整、随实践和学习完善的管理方案，具有重要的参考意义和实践价值。

9.1 不同视角下分析适应性管理在现实中的应用情景

9.1.1 适应性管理在生态系统中的应用

以中国知网（CNKI）中国期刊全文数据库为研究载体，以不同生态系统的适应性管理，如“森林适应性管理”“草原适应性管理”“湿地适应性管理”等为主题词进行检索，发现生态系统适应性管理中有关河流水域生态系统的最多，森林次之，最后是草原，它们分别占据总数的 49.4%、20.2%、11.8%。对湿地、农田等生态系统的适应性管理研究较少。祁连山区域土地覆盖以草地为主，其次是林地和河流水域。加之适应性管理在这三种生态系统中的运用较多，故本书主要集中围绕在森林、草原与水域三个生态系统进行适应性管理案例的介绍，以期在祁连山地区运用适应性管理方面时能够有所启迪。

1. 森林生态系统应用适应性管理——以大小兴安岭为例

大小兴安岭森林生态系统涉及经济、社会、生态环境等多方面内容，复杂的生态结构存在多维性、客观性、动态性、开放性、非可控性等，因此传统的管理方法和管理模式不能完全适应森林生态功能区组成复杂、不确定性因素影响多、系统内外变化难以掌控、主客体间矛盾突出等特点，故需要从大小兴安岭森林生态功能区具有的基本规律与特点出发，转变管理模式，调整管理手段，借鉴管理科学发展的新理论，探索大小兴安岭森林生态功能区管理的新理念、新模式——适应性管理。

大小兴安岭生态功能区域适应性管理的实施措施有以下三个方面：①及时调整大小兴安岭森林生态功能区适应性规划。按照所制定的森林生态功能区森林生态经济系统适应性规划方案，当森林生态功能区的内部或外部环境发生变化时，管理者应及时实施适应性管理行为，对已有的规划进行调整和完善，使调整后的规划适应森林生态功能区发生的新变化，并制定出变更后的规划的具体措施和管理方式。因为森林生态功能区内的资源情况是不断变化的，加之外部环境变化的不确定性，不能按照原有规划一成不变地实施，应该加强对资源调查和相关专业的科学考察，从实际情况出发，最大限度地追求三大效益。②及时监测大小兴安岭森林生态功能区适应性管理过程。这就需要从正反两方面对适应性管理行为进行监测。监测时需严格按照适应性管理监测体系进行，选取指标，定时测度指标的变化情况，根据各影响因子指标的变化情况及时调整管理手段和管理措施。从正反两个方面进行监测可以科学明晰地反映森林生态功能区的管理过程，促进管理行为的科学化、规范化，更具切合实际操作的意义。③及时评估大小兴安岭森林生态功能区适应性管理的预期和现实反应的差异。分析预期假设和现实结果之间存在的某种相关性，寻找影响差异的不确定因素，总结经验再调整方案，重新循环。因此，适应性管理的实施就是不断重复再调整的过程，不断地反馈信息，规划的修改和完善就是森林生态功能区适应性管理的关键。大小兴安岭特殊的气候条件和生物物种造就了丰富的生物宝库，应改变原有僵化的管理手段和方式，合理利用资源，加强林业人才的培养和引用，更新林业监测技术，加大林业科研投入，加强相关政策的出台与落实，因地制宜地发展林下经济和第三产业（如县域旅游），增加林业企业职工的收入，不断进行各种相关数据的搜集与分析，实施管理、反馈信息，科学制定和调整计划，使之更加符合和促进森林生态功能区的发展（李俊枝和孙镇雷，2014）。

2. 草原生态系统应用适应性管理——以高寒草地研究为例

缓解和治理青藏高原草地退化，实现高寒草地的可持续利用，是关系到生态安全、当地人民生产和生活质量、区域稳定和经济发展的重大战略问题。需要从单一的经济目标向社会、经济和生态的综合功能目标转变，用生态理论指导生产、生活实践，实现草地的科学管理，统筹兼顾，既满足畜牧业发展和牧民生活需要，实现最大的经济效应，又保护草地植物多样性和稳定性，维持草地生态系统正常的生态功效（Dong et al.，2009）。规划、管理和实现草地资源的可持续利用和草地生态系统的保护与恢复，草地生态系统的适应性管理应以生态学理论为基础，从以下三个方面进行实现。

首先，青藏高原草地的可持续利用需要实现草地生态系统生态功能、经济功能和社会功能的协调和统一。对草地进行全局规划，根据不同地区的草地和社会经济特点，划分成生态保护优先区、生态保护–生产发展并重区、生产发展优先区等进行治理（春梅和杨国柱，2012；董世魁等，2002）。Wu 等（2009）提出实施“南草北调”，在藏南水分条件好的地区发展牧草种植，供应藏北牧区发展畜牧业，实现区域优势互补，缓解藏北草畜矛盾，促进退化草地的恢复。

其次，科学养畜，优化畜群年龄结构、畜种比例。以草畜平衡为核心，依据草地生产力确定合理的载畜量、放牧强度和频率（王秀红和郑度，1999）。改变传统粗放型、靠天养畜的放牧模式，实行集约化经营管理的生产方式，采取“春季延迟放牧，夏季游牧，秋季轮牧，冬季自由放牧”的放牧制度（曹广民等，2018）。根据草地生长的时空特点，发展季节性畜牧业，适当延长暖季牧场放牧时间和划区轮牧，提高草地的载牧率；通过冬季暖棚育肥，解决家畜营养需要和牧草生产的季节不平衡问题，减轻冬春放牧草地的压力，实现草地畜牧业的可持续发展（董全民等，2003）。

最后，全面完善并落实《中华人民共和国草原法》等法律法规，实施草地承包责任制，开展高寒草地适应性管理的专题培训和技术示范，培养一批有文化和技术的草地管理人员，实施科学、高效的草地管理制度和开发方式（春梅和杨国柱，2012）。建立高寒草地生态补偿机制，推行围栏草地、人工种草、定居点建设和暖棚建设的“四配套”计划，引导牧民正确管理和使用草地（孙建等，2019）。

3. 水域生态系统应用适应性管理——以太湖流域为例

目前，太湖的水环境污染存在的问题是生活污染和面源污染、新型污染问题凸显且有更难处理的趋势，主要管理协调对象向农民、中小企业和居民偏移变化（刘小峰等，2011），从理论体系和实践案例看，适应性管理可以积极有效应对环境趋势和管理协调对象变化所带来的系统不确定性和复杂性，是一个积极有效的补充方法，主要从适应性管理平台、科学研究与治理决策以及公众参与三方面进行探讨。

适应性管理平台会根据动态问题确定任务并根据现实状况进行任务分解，并不以环境容量为基准自上而下控制太湖水污染物排放，而是从全局静态规划好一切。适应性管理更加强调局部变化对整体的影响，是一种自下而上与自上而下相结合的管理思想；由于人类对水生生态系统了解的不完全性，适应性管理方案的形成必然表现出阶段性。如图 9-1 中，方案的构建具有反复性，管理平台需要安排相关工作人员适时研究、跟踪及评估系统的运行，发现新问题，考虑公众、利益相关者及科学家的意见，逐步修订控制方案，而不是等到规划周期期满后进行系统评估与重新规划。为彰显适应性管理平台的协调功能，宏观层面上，平台以政府组织为主，采取省部级合作方式的联席会议制度（朱德米，2009），通过明确各成员单位的职责、分解任务、沟通信息、交流情况，提高各管理主体的整体行动能力。微观层面上，适应性管理平台更加注重发挥村委会、工业园区、居住小区管委会及各种行业协会等基层单位的作用，突出底层对系统层的支持与贡献。

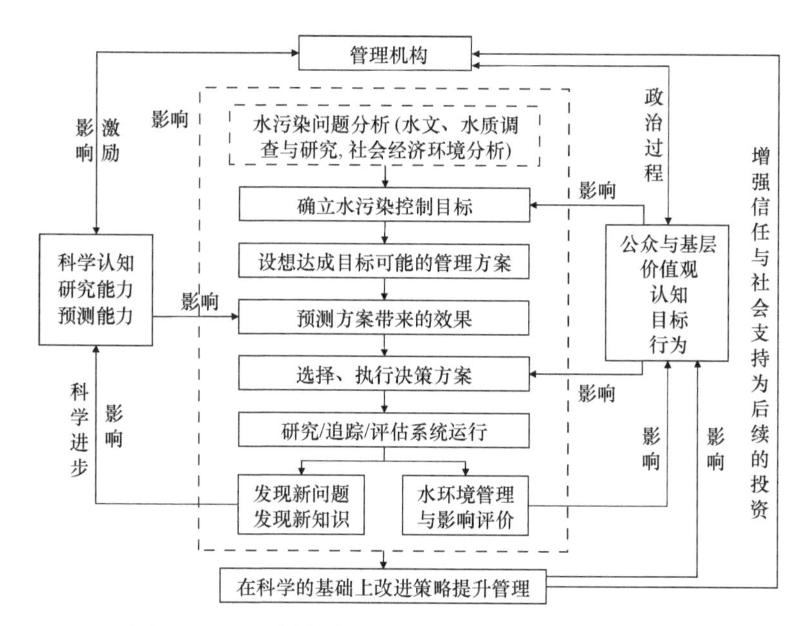

图9-1　基于适应性管理的污染物排放控制方案的构建

与目前少数机构高效完成一种确定性的控制方案不同，基于适应性管理的方案建构中，期望更多科研力量在方案构建、实施、评估与监督中发挥作用。科学研究对太湖水污染排放总量控制应在以下四个方面做出贡献：①科学家通过科学研究认知当前流域社会经济环境状况，在污染物控制过程中及时发现新问题，尽可能及时客观地向决策者和公众提供科学信息；②针对不同控制方案及不同变化情况，建立多种情景探寻理想状态与现实状态之间的差距，预测不同情景的结果，为决策者提供理论支持；③针对太湖水污染物的变化情况同步研究对策，增加方案实施的弹性与灵活性；④研究太湖水污染物控制效果的评估方法，积极宣传环保知识，探寻合理的公众参与方式，引导参与行为。此外，科学研究还应用于污水处理、重大工程技术攻关，对一些基础扎实的技术进行研发、综合集成和示范、应用，开发出多种适应于企业或个人生产生活的目前可行的最佳管理方法。

基于适应性管理的污染物控制方案体系中，公众和基层单位是非常重要的组成部分（图 9-1）。适应性管理注重听取地方环保部门和公众的意见，期望环境管理“从政府直控”转变为“社会制衡”，减轻政府沉重的环境管理压力，认为公众参与是解决生活污染、面源污染及新型污染物控制难的重要途径。因为地方基层和公众的参与一方面可以提高公众的水环境保护意识及其对政策的理解力与执行力，规范人们的流域排污行为；另一方面保证了方案的公平性，利益相关者都参与公正的、有序的决策过程，有助于解决环境争端，形成健康有序的社会秩序。

9.1.2 适应性管理在国家公园中的应用

国家公园作为自然保护地的一种类型，以生态系统的保护与游憩为主要管理目标，系统地管理自然资源（Phillips，2005）。其本身也是一个完整的生态系统，包含生态、经济和社会环境等亚系统，时空结构复杂，各系统之间联系紧密且存在极大的不确定性。对于这种复杂系统，需要运用生态系统管理思想进行动态的适应学习（高林安，2014），从而兼顾生态保护、资源可持续利用和社会经济协调发展。目前，国内外已有诸多实例证明，适应性管理是国家公园成功实践的重要因素。

1. 美国黄石国家公园应用适应性管理的案例

美国黄石国家公园成立于 1872 年，是世界上第一个国家公园。20 世纪 60 年代，人们开始意识到黄石国家公园在传统的自然资源管理过程中出现的问题：一是美国联邦政府划定的黄石国家公园与周边国家森林地带间的土地管理边界在生态意义上是不相符的；二是黄石国家公园资源保护与周边国家森林的管理目标产生矛盾。面对这些问题，环境保护者和生态学家们意识到黄石国家公园不能当作一个封闭的系统管理，而是应该作为一个生态系统来管理。于是，黄石国家公园从生态系统管理的体制出发，分别从管理机构、管理内容与形式及管理途径三方面进行适应性管理。

首先在管理机构上，大黄石地区的联邦土地在行政区划上由国家公园管理局、野生动物局、土地管理局和国家森林局共同管理，前三者隶属于美国内政部，而国家森林局隶属于美国农业部。1964 年，国家公园管理局和国家森林局达成共识，合作共管大黄石地区，并成立了大黄石协调委员会（Greater Yellowstone Coordination Committee，GYCC）。之后，野生动物局和土地管理局分别于 2002 年和 2012 年相继加入 GYCC。GYCC 作为大黄石地区生态系统管理的协作平台，每年召开一次会议，会上四大政府机构的官员与当地利益团体、商业团体、非政府环保组织和科研工作者共同商议区域生态系统管理事务。大黄石地区的生态系统管理的相关组织机构和利益团体及其相互关系如图 9-2 所示。

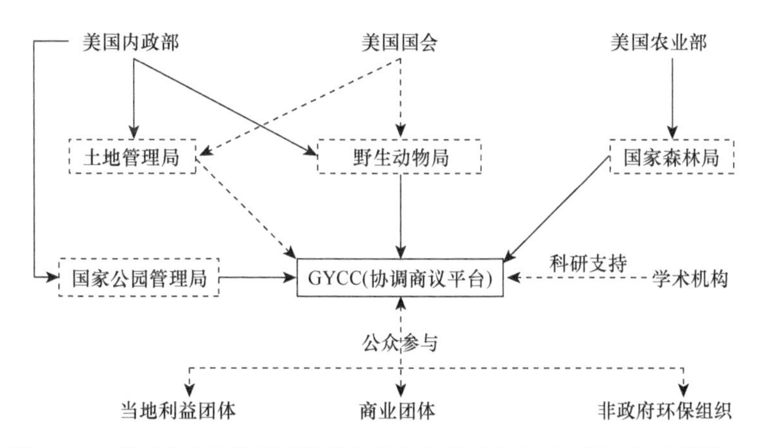

图 9-2　大黄石生态系统重要的组织机构与相互关系示意图（吴承照等，2014）

大黄石生态系统的分析评估、决策机制、项目实施等事项通过 GYCC 进行统筹协调，各部门力图找到交叉的任务，如：①提供公众服务和维持大黄石地区资源方面的领导策略；②协调国家公园、国家森林、国家野生动物保护区和土地管理行政区规划和监测；③设置大黄石生态系统为优先考虑对象，并分配资源来实现目标；④提供联邦、州、地方机构、民间组织和公众之间的互动论坛，鼓励在联邦单位和合作伙伴间的协调和共享；⑤确定并解决持续出现的新问题，运用相互协作的战略思维；⑥减少重复工作，寻求共享信息、资源和数据的机会；⑦在法律允许和机构使命的范围内，制定大黄石地区统一的规则、要求、程序和公众信息等，寻求共同管理大黄石地区资源的机会。

在 GYCC 的统一合作战略目标下，进一步设立多个专业委员会，实现主要生态系统议题的分项管理，包括水生入侵物种合作社、陆生入侵物种小组、清洁空气合作伙伴、防火安全管理团队、渔业团队、水文团队、白皮松委员会、可持续经营委员会等。专业委员会成员来自与大黄石地区相关的联邦、州立、县机构的管理者和专家，还有一些专业组织在 GYCC 的统一协调下参与到大黄石生态系统的管理中。由此可见，目标统一、职能细分的管理形式使 GYCC 兼具综合化和专门化的特点。

在管理内容与形式方面，2009 年，GYCC、美国地质勘探局和来自高校的科学家共同确定了威胁大黄石生态系统的三大外部力量：气候变化、土地使用变化和入侵物种（表 9-1）。针对气候变化、入侵物种、物种保护、土地使用等问题，各小组通过制定清单普查、监测评估、战略计划、实施计划、管理导则、管理手册等文件落实管理，并定期汇报完成成果和下一步的工作重点。

表 9-1　研究需求与管理应对措施

问题	管理应对
（1）生态系统是如何响应气候变化的？	对生物物种或自然灾害在尺度、范围、结构和功能等属性上进行普查、制作清单，评估其状态并建立监测机制
（2）人类如何影响生态系统？例如，如何管理人类聚居以达到对野生动物生态系统的影响最小化？	采用适应性管理策略进行生态系统的维持、保护和修复
（3）是什么促使入侵物种的传播？入侵物种是如何影响大黄石生态系统的？	制定物种管理或灾害防治的管理战略

管理内容细致地考虑了地质、水文、生物资源、气候以及人为要素对大黄石地区生态系统的作用，旨在生态系统保护、生物资源可持续利用和共享生物资源三者之间达到平衡。管理内容既有以生物、环境质量为核心的管理规划，又有将人类及文化的多样性视为生态系统的一部分而进行的管理规划。

在管理途径上，法律与制度是保证管理目标顺利实现的重要基础。早在 20 世纪 60 年代，美国国家森林局与国家公园管理局就达成了大黄石协调管理共识，围绕野生动物问题、火种管理以及装备政策等开展对话协调，也制定了合作计划与实施方案，但效果不佳，直到 1988 年国会进行干预，制定促进协调的法案，加快大黄石协调管理政策的改革，促进国家公园管理局、国家森林局等部门捆绑政策的制定，1988 年大黄石协调委员会成立区域领导团队，负责机构内部以及区域之间长期目标、计划与管理战略的协调等，大黄石生态系统管理才进入实质性的运作阶段。

2. 钱江源国家公园应用适应性管理的案例

钱江源国家公园处于我国东部人口密集、集体林地比例较大的区域，具有实施保护地役权的典型性。国家公园的主要问题是道路修建、经济林种植和村镇阻隔等因素造成的森林生态系统碎片化。试点区内居民具有保护生态环境的良好传统，如当地仍保留着“封山节”“敬鱼节”等民俗文化活动；珍稀的白颈长尾雉（*Syrmaticus ellioti*）等野生动物与当地的采油茶等农事活动形成了人地平衡关系。在借鉴国际经验的基础上，寻求构建适合我国自然保护地现状的保护地役权制度，与生态补偿结合并进行适应性管理，以解决生态系统尺度和景观尺度上连续的自然保护地权属不一致造成的破碎化管理问题，解决社区发展和生态保护之间的矛盾。钱江源国家公园是在构建适应性管理框架的基础上，形成了地役权制度（表 9-2）（王宇飞等，2019）。

表 9-2　钱江源国家公园构建适应性管理框架步骤

框架步骤	具体内容
（1）细化保护需求	明确保护对象（主要指环境本底、生态系统、水质和生态系统服务等），细化保护对象的管理需求（重要区域细化到林班尺度），确定其与原居住民的生产、生活行为之间的关系
（2）确定适宜实施地役权的空间范围	结合森林资源二类调查、动物栖息地范围和活动规律，在地图上标识有差异化保护需求的区域。应重点关注集体所有的土地和重点保护对象有重叠的区域，明确有利于不同类型的林相正向演替的管控措施（如通过建立生态廊道保持生态系统完整性），并在此区域重点开展监测和管制。在自然资源确权基础上，结合土地权属，绘制出适宜地役权的空间范围，同时确定当地居民可参与的方式
（3）制定正负行为清单	在考虑土地类型的差异及其对应的人类行为的基础上，形成当地居民的正负行为清单，并将其作为空间上的正负行为准则。土地类型包括林地、耕地、园地、宅基地和水源地。其中，宅基地的行为清单主要对应的是当地居民的日常生活行为
（4）确定监测指标和方法	参考森林生态系统生物多样性监测和评估规范，确定表征生物多样性保护效果的监测指标以及指示性物种的监测方法

以适应性管理为基础，结合我国生态补偿政策，形成并执行地役权合同，具体包括：制定保护效果的评价方法和补偿标准。为防止传统生态补偿政策一刀切的现象，有必要对当地居民参与的保护行为进行生态绩效评价，并给予补偿。地役权保护效果的评价包括三个方面，分别是：村民正负行为的遵守情况、客观监测指标的改进情况（对部分指标，需要专业科研团队的支持，并且赋予其在重大项目和政策执行方面的一票否决权）和其他能力建设要求（如制度建设等）。运用风险控制理论和生态足迹的原理，结合当地居民生产、生活行为的频率和行为对生态系统的影响，参考东部地区物价水平和地方政府财政承受力，结合经济学中的机会成本法和最小受偿意愿法等，本着“论功行赏、赏罚分明”的原则，量化正负行为的价值，以此为基础制定差异化的生态补偿标准。另外，地役权执行的形式与集体以及个人的参与方式有关，也与土地类型（林地、耕地、园地、宅基地和水源附近土地）有关，具体操作层面可以结合实际情况调整。

形成并执行地役权合同。地役权合同包括保护目标、监测方法、考核方法、供役地人、需役地人、供役地范围、期限以及供役地人与需役地人的权利和义务等内容。地役权合同的签订主要由乡镇政府或国家公园管理委员会推动，需配套建立考核目标体系、考核办法、奖惩机制。

引入社会力量，丰富地役权。社会力量（包括营利和非营利性质的社会组织）的引入是间接补偿的重要环节。营利组织主要参与构建国家公园产品品牌增值体系，品牌增值体系包括产品和产业发展指导体系、产品质量标准体系、产品认证体系和品牌管理推广体系等（苏杨和王蕾，2015）。该体系可以将资源环境的优势转化为产品品质的优势，并通过品牌平台固化，在保护地友好和社区友好的约束下实现单位产品价值的提升。借助特许经营的形式，激励当地居民参与保护，鼓励地方龙头企业参与，培养可持续的产业，将保护和品牌结合，并惠及社区。非营利组织有助于解决跨行政区管理问题，可以作为地役权合同的签订方，规定参与管理的跨界区和国家公园遵循同样科学的管理方法，促进生态系统完整性的保护。

9.2 已有的适应性管理应用对祁连山地区的经验启示

9.2.1 生态系统应用适应性管理的启示

在构建目标方面，生态功能区必须秉承开放与最大限度适应性原则，对现有生态资源进行合理性修复，确保动植物生态多样性，同时提升林草等的可持续发展能力（陆少龄，2017）。另外，要解决当前生态系统环境容量偏小、自然灾害危险性过大的问题，合理平衡城镇城乡的工业化开发与城市化发展。最后要增强生态稳定性与自然灾害防御能力，从水、土壤、空气等各方面来优化改善生态环境质量，结合现实状况与创新技术来兑现、推进保护及管理过程。

在区域范围上，适应性管理关注的焦点是生态系统而不是行政区，即适应性方法采用生态系统边界而非行政管理边界（冯庆，2021）。规划应打破传统的县级行政区划管理界限，“跳出”某个地区，应协调统筹区域内外经济、社会、生态环境问题，以地区为核心辐射带动周边的环境保护治理，实现该地区的保护与区域发展的协同推进。

生态功能区的适应性保护与管理体系应该明确事前、事中、事后控制的方法（李俊枝和吕洁华，2015）。首先是事前控制，建立以数据分析为主的信息反馈平台机构，并实现林草水等保护管理主客体信息交流制度，通过代表性地区局部试点管理来规划全局，减少适应性管理规划设计不合理可能带来的资源损失。其次是事中控制，事先制定生态功能区的适应性管理规划主体中心，同时做到以下三点内容：第一，根据生态功能区域总体状况来实现资源调查和深入了解，解决生态功能区域内资源适应性管理问题；第二，围绕管理主体来提出相关完善的规章制度，优化保护与管理人员素质；第三，考虑生态功能区域利益相关者的利益，分析利益交集与分歧，确保保护与管理工作中的利益平衡。在生态功能区的资源监测工作方面，可以考虑提出周期适应性管理规划设计来辅助监测工作，总结更多资源保护与管理可行性方案。最后是事后控制，为生态功能区构建事后控制系统，配合适应性管理规划进行系统功能调整优化。

9.2.2 国家公园应用适应性管理的启示

在制度上，需要进行跨部门的合作协调。目前，我国学界普遍认同美国国家公园的中央集权垂直管理模式要优于我国保护地分权管理模式的观点（李中晶，

2005）。实际上，美国国家公园的垂直管理模式并不是单向的管理，同样存在农业部门、森林局、土地局、地方利益相关者等多部门协调，大黄石生态系统的跨部门合作协调机制为我国相关管理制度制定与政策实施提供了参考。针对生态系统问题建立统一的战略框架，建立信息和数据的共享机制和平台，加强协调和反馈，政策与法律赋予大黄石协调委员会权力，以保障发展计划的实施。

决策程序上，以大量的科学评估和监测为依据，通过适应性管理框架把科学知识和管理行动统一起来，科学监测和分析能够证实或潜在地改变管理行动（Olliff et al.，2014）。由于生态系统时空尺度变化的多样性，生态系统监测的结果可能是非线性的，具有不确定性，导致生态系统管理措施可能会根据科学研究的进展而不断调整、完善。科研人员一方面通过设计监测模型帮助管理者理解管理行动及其成果，使管理者和科研人员互动；另一方面，在生态资源评估时，管理者可能要求科研人员给出更多信息，使科研人员重新设计数据收集计划，建立监测模型，这就要求科研人员与管理者保持合作，对生态系统进行动态的监测和管理，目的是指导科学研究能够更好地服务管理者，从而不断完善基础数据清单和长期监测项目，揭示地区生态系统现象和所受影响。

体制层面上，通过提高集体林地生态补偿的标准，与社区签订保护地役权合同，保证当地居民生产、生活符合园区内管理要求，以较低的成本使自然资源的统一管理得以快速推进。为避免“一刀切”的模式，在充分考虑各利益相关方诉求的基础上，以试点形式探索地役权制度，以实现更科学的适应性管理模式。这样的制度设计具有一定的普适性，适用于山水林田湖草的一体化管理。

9.3　适应性管理政策在祁连山区域应用的机遇与挑战

9.3.1　适应性管理在祁连山区域应用的机遇

近年来，随着生态可持续发展战略的深入推进，生态保护成为绿色发展时代的主旋律，其中山水林湖草生态修复是提升生态系统稳定性和可持续性的基础保障和重点工作。基于此，习近平总书记多次作出重要指示，强调要“统筹山水林田湖草系统治理”“深入实施山水林田湖草一体化生态保护和修复”（张修玉等，2020）。2016 年，祁连山被列为第一批山水林田湖生态保护修复工程试点区，甘肃省发展和改革委员会通过多渠道累计筹措整合资金 25 亿元，加快林地保护、草地保护、湿地保护、水土保持、冰川保护、生态保护支撑和科技支撑七大工程建设。武威、张掖两市及祁连县制定了山水林田湖生态保护修复工程项目实施方案（丁文广等，2018）。在构建山水林田湖草生命共同体的背景下，适应性管理愈发成为需要研究的热点话题。自然资源部办公厅、财政部办公厅与生态环境部办公厅于2020年9月联合印发颁布的《山水林田湖草生态保护修复工程指南（试行）》中指出，开展适应性管理，将适应性管理贯穿到生态保护与修复的各个环节中，通过学习、调整、再学习、再调整实现生态保护与修复的目标（冯漪等，2021）。

另外，2017年10月，党的十九大报告明确提出建立以国家公园为主体的自然保护地体系。2019年6月，中共中央办公厅、国务院办公厅印发《关于建立以国家公园为主体的自然保护地体系的指导意见》，明确指出自然保护地是生态建设的核心载体、中华民族的宝贵财富、美丽中国的重要象征，系统地提出了总体目标、原则、要求以及构建科学合理的自然保护地体系，去确立国家公园主体地位。国家公园体制建设是祁连山区域实行生态环境管理的重大措施。2017年11月，甘肃省第十二届人民代表大会常务委员会第三十六次会议通过《甘肃祁连山国家级自然保护区管理条例》，完成全省生态环境保护地方性法规的逐项逐条清理，顺利出台《甘肃祁连山地区生态保护红线划定工作实施方案》。以县为单位对祁连山地区生态保护红线进行了划定，进一步加强生态空间管控（丁文广等，2019）。建立健全了生态环境保护制度体系。完善祁连山保护区生态补偿机制，在祁连山地区黑河、石羊河流域开展上下游横向生态补偿试点，建立以祁连山国家公园为主体的自然保护地体系。制定《甘肃祁连山地区自然资源资产负债表编制制度》，完成了祁连山地区自然资源资产负债表编制工作。制定《甘肃省国家重点生态功能区产业准入负面清单（试行）》，将祁连山冰川与水源涵养生态功能区的10个县列入范围，严禁其发展与主体功能定位不相符合的产业。出台《甘肃省生态文明建设目标评价考核办法》，将祁连山地区生态环境保护纳入重点督查考核内容，列入甘肃省政府环保目标责任考核体系，加大考核分值权重，实行“一票否决”。在国家公园体制建设背景下，生态环境的政策法规等日趋完善，这对于适应性管理在祁连山区域生态体制上的融入以及应用打下了坚实的基础。

当前适应性管理研究已经取得一定的成果并且应用于实践当中。对于理论研究，首先，一切适应性管理都将基于包括弹性理论、动态管理理论、可持续理论的三个基础理论展开，利用弹性理论制定有余地的管理策略，基于可持续理论降低生态系统不确定性、调整管理手段实现可持续发展，通过动态管理方式对管理过程和管理结果进行监测评估。其次，与传统管理方式相比，适应性管理是一种创新的管理方式，具有反馈及时、可动态调整的优点，弥补了传统管理方式反馈较慢、不良管理反映滞后、不良影响不可逆转等缺点，运用于我国生态系统保护与绿色发展是大势所趋。对于实践应用，目前我国生态系统适应性管理以森林、草原、湿地、水域等生态系统研究为主，如草原生态系统以青藏高原高寒草地适应性管理研究居多，针对高寒草地承载力差、生产效率低、退化严重等问题，采取适应性管理改善高寒地区的草地管理成效。森林生态系统多以大小兴安岭生态功能区研究为主，针对近年来过度开发等造成该区域生态功能下降问题，采取先进的管理方法进行调整，从而充分发挥其生态功能。祁连山国家公园自然资源丰富，包括草地资源、森林资源、湿地资源、冰川资源、生物资源，因此具有重要的生态地位，借鉴近年来适应性管理在我国各类生态系统应用中的经验教训，针对生态环保理念养成、监测预警防备、环境污染治理、要素功能恢复、发展方式转变、科技创新支撑、内外有机联动以及监督追究问责等方面问题，进行适应性管理，对实现祁连山生态系统安全保护与可持续发展具有积极影响。

9.3.2　适应性管理在祁连山区域应用的挑战

1. 应用的范围具有局限性

在尺度方面，适应性管理的实践多集中于中小尺度，这是由于大尺度的适应性管理会受到资金、成本、利益协调、部门合作、监测等方面的限制，实施相对困难（冯漪等，2021）；在生态系统类型方面，适应性管理的应用集中于草原、森林、河流水域等，而矿区、湿地等生态系统的应用少之又少。祁连山生态系统具有复合性特征，可划分为冰川、寒漠、森林、草原、水域、荒漠等几大自然生态系统和农田生态系统；人类的定居与发展形成了祁连山地区自然生态系统之间、自然生态系统和人工生态系统之间相互交错、相互镶嵌的特点，进而形成复杂多样的祁连山复合生态系统。复杂多样的生态系统使得适应性管理的应用难度加大。

2. 实践应用与理论的结合能力不足

国内适应性管理研究目前仍然处于理论阐释阶段，部分实践应用的探索也受到了理论发展局限性的阻碍，即使是进行理论研究，对于适应性管理的理念仍然存在模糊泛化的现象（王耕和蔡旺红，2020）。例如，将适应性管理解读为适应环境变化的资源管理措施或者对策，而不是随着系统知识的学习调整管理方式的动态管理方法，会导致适应性管理偏离其内涵，并且也会影响其他学者对适应性管理的认识，从而不能发挥适应性管理的优势。在实践应用中，还有一些应用与适应性管理的理念脱节。

3. 祁连山生态系统现状复杂

祁连山年降水量在 400 mm 左右，主要气候特征为冬季寒冷干燥时间长、夏季温暖湿润时间短，植被结构类型比较单一。多数地区主要的生态系统是冰川森林，由于该生态系统的修复能力较弱、容易受到破坏、承载力较低，随着人为因素以及自然因素的不断影响，祁连山的生态系统重负难荷、逐渐弱化。在经济利益的驱使下，人类无节制地破坏祁连山的生态环境，使祁连山的森林、湖泊、草地的面积都在不断减少，生态系统逐渐弱化。

近年来，全球变暖，冻土地区、冰川不断消融以及人为破坏生态环境影响了野生动物的生存环境，导致祁连山拥有的野生动物种类以及数量不断减少，马鹿、白唇鹿、猎隼、马麝等一些稀有物种濒临灭绝。除此之外，冬虫夏草、红景天、黄芪、雪莲、党参等植物资源也在不断减少。灌木林、疏林等林地面积也在不断减少，树木生长受到病虫害侵袭，长势衰弱，生物多样性受到严重威胁，种群数量减少（李贵琴，2021）。

4. 祁连山生态系统安全不确定性高

（1）放牧量超出负荷。近年来，祁连山区畜牧业规模不断扩大，出现大规模放牧现象，超过了祁连山草场的承受能力。草场在短时间内无法获得有效恢复，致使草地面积缩小、产量下降严重，甚至出现草地沙化、退化、盐碱化现象，严重破坏了祁连山的林草资源。草地资源受到破坏以后随之而来的是病虫害频发，除此之外，草场生态资源受到破坏，水源涵养功能下降，导致水土出现大面积流失，从整体上破坏了祁连山的生态环境，增加了生态安全风险。

（2）资源开发过度。祁连山拥有丰富的矿产资源，具有“万宝山”之称。自20世纪末，祁连山出现了违法违规采矿、大规模探矿、采矿现象，使祁连山矿产蕴藏区域的植被受到严重破坏，水土流失严重，部分采矿区还出现了地表塌陷等严重现象，既不利于当地居民的生产发展，同时也破坏了野生动植物的生存环境。同时，祁连山重要能源结构之一——小型水电站建设和运行期间存在诸多不良问题，减少了下游河段的水流量甚至造成断流现象，由此会对下游植被以及动物造成不良影响。矿产资源过度开发、能源结构存在弊端等不合理现象都加剧了祁连山生态环境的恶化程度。

（3）旅游业开发不合理。祁连山拥有丰富的自然资源、人文资源等旅游资源。从自然资源来看，祁连山拥有大量森林草原、雪山冰川、河流瀑布、大漠戈壁、丹霞地貌等，这些自然风景深深地吸引了大量游客前来观赏。从人文资源来看，祁连山拥有久远的历史文化，有大量的宗教寺院、文化遗址、石窟壁画等，具有独特的民族文化、民族风情，促进了祁连山旅游业的发展。但是，随着旅游业规模扩大，旅游项目设施不断在草地、林地修建，破坏了林地、草地的生态环境。除此之外，一些开发商在发展旅游业时，存在未批先建、缺乏规划、管理水平落后等问题，私自建立旅游项目设施，使生态环境受到破坏。

（4）缺乏有效的生态环境监管体系。为了保护当地的生态环境，国家以及当地政府建立了生态环境监管部门，但是，其在开展工作时还存在一定问题，降低了生态监管的力度，使生态环境受到破坏。部分企业在发展自己的工程以及项目时，需要对相应区域的农田、森林、河流、草地、沙漠、湖泊等大量生态系统进行全面监测，但是从目前的生态环境监测工作来看，监测地点具有一定局限性，在监测时以研究为主，没有全面覆盖监测数据，使监测数据存在实用性差、系统性差及时性差等问题，无法将全区的生态总貌及时、准确地反映出来，从而影响了生态环境监测工作的开展，无法及时、全面地评价各生态项目的实施效果。除此之外，因管理体制不完善等客观原因，放宽了对一些企业的要求与监管力度，导致企业我行我素，对生态环境的保护意识十分淡薄，在建设工程时没有按照要求规范建设污水治理项目，将生产中的废水直接排放到河流中，加剧了生态系统的破坏。

9.4　祁连山实施适应性管理的对策建议

9.4.1　基于基础理论的适应性管理路径探索

适应性管理包括弹性理论、可持续理论和动态管理理论三大基础理论。弹性对于生态系统来说是指生态系统在受到干扰后保持其当前状态或恢复其原始状态的能力。弹性理论要求适应性管理制定策略的过程中留有余地，当发生环境变化或意外事件时，能够及时根据情况进行调整，避免对系统造成不可逆转的伤害。可持续理论不仅要求满足当代人的发展要求，更强调不损害后代人满足其自身需要的能力。换言之，可持续发展就是要实现国家公园的经济、社会、资源、环境保护全面协调发展。系统的动态特征要求在管理过程中采用动态的方式研究动态化问题，即通过管理过程的实施和对管理结果的再吸收来调整后续的管理策略（冯漪等，2021）。

适应性管理作为一种动态管理方法，通过对管理结果进行监测、对系统知识进行学习，从而深入了解系统。针对存在的问题进行目标和策略的调整，这也是适应性管理的关键。

1. 制定弹性化、可持续的管理规划

生态系统安全的可持续管理是一种面向目标的管理，确定可持续管理规划的目标体系，首先要确定区域内不确定性因素。从祁连山区域生态系统实际情况出发，结合当前祁连山区域内草地、森林、农田、湿地等资源的现状，对区域内的各种不确定性进行分析。第一，分析地理、水文、气候、降水等自然现象对生态系统安全的不确定性，如影响草地生态系统的主要环境因素为气温和降水，影响森林生态系统变化的环境因素为气候变化等，确定自然界的不确定性，可以有效指导适应性管理规划的制定。第二，分析人口迁移、土地利用与覆被变化、旅游活动等人类活动对生态系统安全的不确定，如破坏草地生态系统的主要人为因素是局部地区的人类放牧与开荒，破坏森林生态系统的主要人为因素是大规模人为砍伐破坏，要充分考虑人类活动的随意性和动态性，防止今后在生态系统安全保护过程中人类活动影响的进一步加剧。第三，分析制定、实施和监测环节等适应性管理规划自身的不确定性，如在制定过程中保护对象的变化、体制因素的调整、管理体制的改变均有可能导致规划的失效，林业、环保、水利等多个部门在执行环节上的差异也会增加规划实施的困难程度。

其次，要制定适应性规划的目标。在筛选出影响祁连山区域生态系统安全的主要不确定因素后，抓住影响祁连山区生态系统功能和社会需要两方面的主要矛盾，有针对性地进行管理目标规划。管理目标不是适应当时条件的一时目标，而是可持续的长远目标；不是针对某一方面的单个目标，而是一个有层级结构的针对整个生态系统的目标体系，生态系统本身的主要特征是动态和变化的，其自身的复杂性、动态性、模糊性以及外界干扰的不确定性，通常会使管理目标在逻辑与实际情况之间存在相互矛盾与冲突（杨荣金等，2004）。因此，对于生态系统安全的管理要具有较大的适应和变化能力，生态系统安全管理的可持续目标要具有一定的弹性和可变性。第一，目标应具有明确性，即具有特定的目标条件，可通过管理者、管理内容、管理原因、管理范围等词语来清晰地表达管理目标，以达到具体化。第二，目标应具有可测量性，即依据目标能形成特定的、容易测量的指标，以便后续进行管理规划监测评估。第三，目标应具有可实现性，即应基于当前被管理的自然资源系统状态和政治、法律或社会制度等来制定管理目标。第四，目标应具有结果导向性，即目标应包含管理成功的条件，如结果导向性的生境目标中应包含目标实现时的生境状态。第五，目标应具有时间固定性，即目标应表明取得管理成效所需的时间范围，当然，管理可能分阶段进行，但总体时间框架应该是明确的。通过制定可持续规划管理目标，从空间上、政策上、系统上解决祁连山区域存在的问题，确保祁连山生态系统可持续发展，保障区域生态安全，实现生态系统安全的可持续发展。

最后，目标确定以后需要对目标的各指标进行测量。根据管理前后的测量结果可以对管理效果进行评价，根据评价结果或调整管理手段和管理方法或调整管理的边界和尺度，直至调整或修改管理的目标进入生态系统可持续管理的又一次循环过程。通过生态系统可持续管理的各个环节的不断调整，以适应不断变化的生态系统和生态系统外部环境以及人类需求，实现生态系统总体目标——可持续性。

2. 不断完善祁连山生态系统安全适应性管理过程

适应性管理是一个动态变化、需要不断调整的管理方法。第一，要保证信息获取的真实性，为适应性管理目标的设计及设计适应性管理方案作铺垫；第二，设计适应性管理规划，在规划过程中要注重根据不同的管理目标设定不同的管理方案，借用智囊团对方案进行优中选优并实施；第三，对适应性管理规划实施的效果与之前设定的目标进行对比，寻找出存在的问题和产生问题的原因；第四，要根据适应性管理过程中出现的问题以及对产生原因的分析，对适应性管理进行调整，最终实现适应性管理目标（李俊枝和吕洁华，2015）。

3. 建立健全适应性管理监测和评估体系

对祁连山生态系统适应性管理的目标、方案执行情况、监测情况以及方案调整情况进行动态监测与评估，以便实时掌握生态系统适应性管理基本情况。

首先，要建立区域性、周期性和适用性监测体系。第一，对生态系统进行监测。国家公园内部包含丰富的自然与人文资源，它不单单是一个自然保护区，而且是一个集生态保护、旅游开发、文化传播、经济发展的综合体。当前在祁连山区域内的监测研究总体上是零散的、片段化的，没有统一的标准规范，缺乏长期性、系统性、持续性的研究。生态系统时空尺度变化的多样性，使得生态系统监测的结果可能是非线性的，具有不确定性，要对生态系统进行动态监测和管理（吴承照等，2014），因此必须完善祁连山国家公园生态系统安全“天空地”一体化、动态化监测网络体系，提升国家公园监测评估专业技术水平（许昌等，2021）。例如，可利用小型无人机等现代化监测手段，结合卫星遥感技术，对区域内各项情况进行动态监测，规范化、信息化、智能化建设祁连山国家公园监测体系。建立长期的定位监测点，随时掌握生态系统变化趋势与变化规律，采取相应的治理措施进行修复治理（唐可兰和邹征欧，2015）。持续的监测可以加深科学认知和理解，并帮助调整管理策略或操作，进而促进生态环境修复目标的实现（卢锟，2021）。同时，还可以建议政府通过委托独立的监测评估机构，对保护区进行监测评估，为保护区实施科学保护、依法保护提供依据。第二，对适应性管理水平进行监测。定时调查统计祁连山生态系统适应性管理建设过程中的实施情况，如管理队伍方面有无专业技术与管理人员学历结构等，基础设施方面有无保护管理、科研监测、宣传教育开展基站等。

其次，要对祁连山国家公园适应性管理监测结果进行评估。当前祁连山区域监测评估体系尚未健全完善，应完善监测指标体系和技术体系，构建祁连山国家公园基础数据库及统计分析平台，明确不同时期监测与评估的对象。通过长期持续监测，深入了解国家公园生态系统状况、生物多样性、环境质量变化、旅游活动的影响等多方面的监测。根据生态系统现状，及时做出调整，进而进行影响评估、优化管理策略（李奕和丛丽，2021），达到保护生态系统安全、实现适应性管理的总体目的。

最后，在充分运用云计算、“互联网＋”等新兴技术推动覆盖全国生态信息反馈网和监督网形成的同时，要强化生态安全失责追究机制，尤其要对领导干部实行生态环境损害责任终身追究及自然资源资产离任审计制度。要贯彻落实生态环境损害赔偿、自然资源资产负债表编制、奖励惩罚问责等一系列政策措施。要实行最严格的源头保护、环境治理、生态修复和终身追究制度，坚持“谁使用谁保护”“谁经营谁负责”“谁污染谁治理”的基本原则（李喜童等，2020）。

9.4.2 基于善治理论的祁连山适应性管理路径探索

1. 实施协同化管理措施，推动利益相关者共同参与

祁连山国家公园的“协同化管理”是指在管理过程中，其成员不仅仅是自然保护区机构本身，还包括当地社区机构（如乡村行政机关、社区居民）、其他利益组织（如保护区的加工企业）及科研学者、环保主义者等。不同的利益相关者具有不同的利益诉求，不同的利益相关者在适应性管理过程中也具有不同的能动性和影响力。各利益相关者积极参与进来是实现适应性管理的必备条件和基本要求。为了促进祁连山国家公园生态系统的可持续发展，实现各利益相关者的协同管理至关重要（李婧和韩锋，2020）。

适应性管理是在不确定因素突出，追求动态化、弹性化、可持续化目标背景下出现的一种管理策略，是允许利益相关者在祁连山生态系统适应性管理系统中，共同承担管理责任的一个动态、持续的组织过程。国家公园的各利益相关者适应性协同管理，以处于强势地位的政府来组织，以协调与协同为核心，以跨越政府管理主体边界和时空尺度为主要特征，广泛吸纳生产人员、专业研究人员、管理人员、政府，以及其他利益相关者组成管理决策群体，融合协同管理与适应性管理的原则，更加强调通过学习与协作，增强管理政策和方案的合理性，更好地实现动态化、弹性化、可持续化管理目标。

通过组织方式、参与机制和制度建设三方面建立适应性协同管理，可以很好地将政府责任、企业责任和公众责任融合在一起，增强各利益相关者参与生态系统适应性管理的主动性和积极性。组织方式可以采取自上而下与自下而上有机结合，促使物质、能量、信息顺畅流动和传递；参与机制可以采取行政协调机制，市场竞争与合作机制，公开听证、民意调查、咨询委员会多元结合的监督机制等；制度建设要以我国目前大力推行的生态文明建设为导向，以我国相关的法律、法规、政策为依据，最大限度地反映各利益相关者的意愿并获得他们的自觉拥护和全力支持。

建立健全祁连山管理信息沟通保障机制。掌握准确可靠的信息是进行科学研判和正确决策的基本前提和有力保障。要将信息的监测汇总—分析—加工—运用—反馈的循环反复过程作为生态危机治理政策制定的基本依据。生态危机治

理的信息交换是信息上行和下行的双向有效互动。在生态危机事件处置活动中，既要做到及时、准确、全面的信息上报和发布，更要在此基础上结合各自权责和危机演化规律，果断临机决策和有效处置（李喜童等，2020）。

2. 创建“生态移民”，改变移民思路

当前，在善治理论的基础上，针对祁连山国家公园内移民问题，我们需要改变固有思维模式中“生态移民”概念，将传统“生态移民”转化为培育“生态移民”，即将原来只要谈到自然地保护就想到将保护区内原有居民搬迁的传统思维转换成创新性地探索“生态移民”的作用，从而更好地使“生态移民”真正参与到居住地的生态环境保护中。根据国际经验，一般移民会涉及许多棘手问题，且成本高，往往得不偿失，适得其反。因此，建议将自然保护地的原有居民转换为“生态移民”，让其成为自然保护地生态事业建设的主体，从事当地农田生态系统、水域生态系统等的重塑和维护工作。培育“生态移民”作为生态系统安全的适应性管理的一个有效举措，既能实现保护生态系统安全和可持续发展的目标，又能节约大量成本，是一个多赢模式。

3. 完善激励约束制度，增强科技与管理创新

首先，制定兼顾各利益相关者的共同利益与差异性的激励与约束政策。对利益相关者的科学激励与有效约束是保证适应性管理规划及政策顺利实施的重要组成要素，各利益相关者在国家公园生态系统安全中既具有促进系统持续提供各类服务的相同的价值偏好，也具有追求利益最大化的不同的价值偏好，因此，制定兼顾各利益相关者的共同利益和差异性的激励和约束政策能够充分调动利益相关者参与生态系统安全适应性管理的积极性（李奕和丛丽，2021）。

其次，制定以祁连山区生态保护红线为基线的激励与约束政策。以生态红线为基线的约束机制可有效推进红线区生态保护与整治修复，严格监管红线区污染排放，以及大力推进红线区监视监测和监督执法能力建设，有效推动适应性管理。

最后，推进技术创新和管理创新也将有力促进适应性管理的顺利实施。技术创新和管理创新将会降低生产成本，提高生产效益，这在很大程度上能够激励利益相关者更愿意增进相互之间的包容与合作，履行祁连山国家公园生态系统安全保护的社会责任，促进适应性管理目标的实现（陈东景和孙艳，2021）。

4. 实施绿色金融，实现可持续发展

绿色金融指“金融部门把环境保护作为基本国策，通过金融业务的运作来实现可持续发展战略，从而促进资源环境保护以及经济的协调发展，并以此实现金融可持续发展”的一种金融营运战略。其助力祁连山国家公园生态系统安全与适

应性管理的实施，是发挥祁连山生态安全屏障、实现“绿水青山”转化为“金山银山”的必由之路。

祁连山国家公园实施动态化、弹性化、可持续化的生态系统安全适应性管理离不开金融业的大力支持。祁连山区域生态系统安全问题很大一部分来自企业，如水电企业运行过程中存在下泄生态水水量不足，导致所在河流水源枯竭甚至完全断流；矿产企业违规建设运营，导致祁连山自然保护区生态环境受到严重破坏等。资金是企业的生命线，企业的大部分资金来自银行贷款。鼓励金融机构在贷款时充分考虑企业对环境的影响，通过规范企业行为，控制企业污染，发展绿色金融，实现可持续发展。通过有力促进银行将保护环境的责任和自身业务结合起来，督促企业更加注重环境效益，进一步履行企业的环境和社会责任等，实现保护人类赖以生存的环境、维护生态安全的目标。

无论是在祁连山生态系统安全适应性管理的规划、实施、监测和评估期间，还是在开展生态移民工作期间，都离不开经济的支持，都需要充分考虑绿色金融的推动力作用，分析当前祁连山国家公园生态系统安全管理所需要的经济支持情况，提炼绿色金融支撑祁连山国家公园内生态系统安全与适应性管理的合理可行做法，探索绿色金融助力祁连山国家公园生态系统安全适应性管理的有效路径，让绿色金融在祁连山生态系统安全适应性管理过程中充分发挥作用。

9.4.3 祁连山适应性管理机制发展运行的保障措施

1. 健全法律法规体系

我国的法律法规是国家自然保护地有效管理的基本保障（王宇飞等，2019），是捍卫国家生态安全底线的基本手段。法律框架可以明确各利益相关者的权利和责任，增加正式或非正式组织的对话机会，促进管理和合作机制的完善，提高国家公园应对复杂性和不确定性的生态能力和社会能力（郑月宁等，2017）。

国家立法及地方性法规、管理办法或条例的实施，可以更好地保障祁连山区域生态系统安全适应性管理、监督、评估和研究结构的协调，有利于健全区域评估体系，确保“保护”得以有效实施。

2. 建立志愿者参与机制

生态安全管理必须得到公众的支持和参与，应对公众进行生态文化、环境意识的教育，使他们能够支持和参与生态安全管理计划，发挥他们的监督作用（李贤伟和陈小红，2002）。

社会公众是生态环境保护的重要力量，也是生态环境监督的重要力量。尽管中国在公众参与和政府信息公开方面取得了比较明显的进展，但公众参与范围和模式仍然受到限制。受中国自上而下的决策模式、公众参与立法和技术操作有待完善等的影响，公众参与方式被限制在信访与环境影响评估听证会、大众媒体与互联网信息发布、环境非政府组织（NGO）及专家对政府政策与决定的介入等方面。因此，在祁连山生态系统安全与实用性管理过程中，要建立志愿者参与机制，鼓励公众积极参与涉及公共利益和自身利益的环境政策与治理活动，推动适应性管理的规划与实施（丁文广等，2018）。

3. 加强解说教育系统建设

祁连山拥有大量生态资源，由于多数生态资源都是不可再生的，人们应该树立“绿水青山就是金山银山”的理念，将保护生态文明放在第一位，在保护环境以及资源的同时发展经济。归根结底，生态问题是“人”的问题，要解决人的意识、观念和生存问题，使人们树立良好的绿色发展理念，才能进行有序且持续的保护（丁文广等，2018）。全社会要积极创造良好的生态环保氛围，形成共同的生态文化价值认同（李喜童等，2020）。自然保护区的管理工作要想得到群众的配合和社会的支持，就需要采取媒体宣传、社区宣传、校园宣传等多种形式的宣传手段，向公众宣传自然保护与社会经济发展的相互关系，逐步引起社会对自然保护事业的关注，增强公众的保护意识。同时，宣传的过程也是一个科学技术的普及过程，通过宣传，群众掌握了一定的自然保护和科学技术知识，这对加快社区经济发展步伐，促进自然资源的保护均具有积极的作用。需要在祁连山国家公园管理局设置宣传教育科，加大宣传力度，制定综合的公民生态系统安全保护意识教育计划。

参考文献

曹广民, 林丽, 张法伟, 等. 2018. 长期生态学研究和试验示范为高寒草地的适应性管理提供理论与技术支撑. 中国科学院院刊, 33(10): 1115-1126.

陈东景, 孙艳. 2021. 海洋生态经济系统适应性管理模式构建与实现路径. 中国海洋大学学报(社会科学版), 34(1): 40-48.

春梅, 杨国柱. 2012. 青藏高原草地畜牧业可持续发展策略的思考. 草业与畜牧, 33(6): 52-55.

丁文广, 勾晓华, 李育. 2018. 祁连山生态绿皮书: 祁连山生态系统发展报告(2018). 北京: 社会科学文献出版社.

丁文广, 勾晓华, 李育. 2019. 祁连山生态绿皮书: 祁连山生态系统发展报告(2019). 北京: 社会科学文献出版社.

董全民, 赵新全, 徐世晓, 等. 2003. 高寒牧区牦牛冬季暖棚育肥试验研究. 青海畜牧兽医杂志, 33(2): 5-7.

董世魁, 刘自学, 贠旭疆. 2002. 我国草地农业可持续发展及关键问题探讨. 草业科学, 19(4): 46-49.

冯庆. 2021. 流域水污染防治的适应性管理探讨——基于滇池流域水污染防治规划. 生态经济, 37(6): 178-184.
冯漪, 曹银贵, 耿冰瑾, 等. 2021. 生态系统适应性管理: 理论内涵与管理应用. 农业资源与环境学报, 38(4): 545-557, 709.
高林安. 2014. 基于旅游地生命周期理论的陕西省乡村旅游适应性管理研究. 长春: 东北师范大学.
李贵琴. 2021. 祁连山生态环境现状与保护措施分析. 智慧农业导刊, 1(20): 1-3.
李婧, 韩锋. 2020. 自然保护地社区适应性协同管理路径研究与启示. 绿色科技, 11(10): 172-175.
李俊枝, 吕洁华. 2015. 森林生态功能区适应性管理问题探讨. 学术交流, 31(6): 151-156.
李俊枝, 孙镇雷. 2014. 大小兴安岭森林生态功能区适应性管理研究. 安徽农业科学, 42(35): 12552-12553, 12555.
李喜童, 马小飞, 冯洁, 等. 2020. 危机管理视域下的甘肃生态安全问题治理机制——以祁连山国家级自然保护区为例. 公关世界, (8): 45-46.
李贤伟, 陈小红. 2002. 试论西部地区的生态安全管理//中国农学会. 中国青年农业科学学术年报. 北京: 中国农业出版社: 418-422.
李奕, 丛丽. 2021. 适应性管理视角的国外国家公园野生动物保护与游憩利用案例研究. 中国生态旅游, 11(5): 691-704.
李中晶. 2005. 我国国家公园的建立及其管理体制研究. 秦皇岛: 燕山大学.
刘小峰, 盛昭瀚, 金帅. 2011. 基于适应性管理的水污染控制体系构建——以太湖流域为例. 中国人口 • 资源与环境, 21(2): 73-78.
卢锟. 2021. 基于适应性管理的矿区生态环境修复制度优化研究. 中国矿业, 30(7): 58-63.
陆少龄. 2017. 当前环境下的森林保护及管理技术探讨. 农技服务, 34(8): 94-95.
苏杨, 王蕾. 2015. 中国国家公园体制试点的相关概念、政策背景和技术难点. 环境保护, 43(14): 17-23.
孙建, 张振超, 董世魁. 2019. 青藏高原高寒草地生态系统的适应性管理. 草业科学, 36(4): 933-938.
唐可兰, 邹征欧. 2015. 衡阳市农田生态系统安全现状及其防治对策. 作物研究, 29(1): 72-73.
王耕, 蔡旺红. 2020. 基于文献计量分析的生态系统适应性管理研究综述. 辽宁师范大学学报(自然科学版), 43(3): 401-410.
王秀红, 郑度. 1999. 青藏高原高寒草甸资源的可持续利用. 资源科学, 21(6): 38-42.
王宇飞, 苏红巧, 赵鑫蕊, 等. 2019. 基于保护地役权的自然保护地适应性管理方法探讨: 以钱江源国家公园体制试点区为例. 生物多样性, 27(1): 88-96.
吴承照, 周思瑜, 陶聪. 2014. 国家公园生态系统管理及其体制适应性研究——以美国黄石国家公园为例. 中国园林, 30(8): 21-25.
许昌, 李少柯, 孙丽, 等. 2021. 国家公园监测体系构建研究. 农业开发与装备, 27(4): 63-66.
杨荣金, 傅伯杰, 刘国华, 等. 2004. 生态系统可持续管理的原理和方法. 生态学杂志, 23(3): 103-108.
张修玉, 施晨逸, 裴金铃, 等. 2020. 积极践行“山水林田湖草统筹治理”整体系统观. 中国环境报, 2020-12-08 (03).
郑月宁, 贾倩, 张玉钧. 2017. 论国家公园生态系统的适应性共同管理模式. 北京林业大学学报(社会科学版), 16(4): 21-26.

郑宗柱. 2020. “绿水青山就是金山银山”的生动实践——生态扶贫模式. 皮革制作与环保科技, 1(7): 84-86.

朱德米. 2009. 构建流域水污染防治的跨部门合作机制——以太湖流域为例. 中国行政管理, 25(4): 86-91.

Phillips A. 2005. 保护区国家系统规划. 王智, 刘祥海, 译. 北京: 中国环境科学出版社.

Dong S K, Lassoie J, Shrestha K K, et al. 2009. Institutional development for sustainable rangeland resource and ecosystem management in mountainous areas of northern Nepal. Journal of Environmental Management, 90(2): 994-1003.

Olliff T, Plumb G, Kershner J, et al. 2014. A Science Agenda for the Greater Yellowstone Area. http://www.greateryellowstonescience.org/download_product/1028/0. [2022-07-01].

Wu J S, Shen Z X, Zhang X Z. 2009. Advances in grassland ecosystem research in northern Tibetan Plateau. Agricultural Science & Technology, 10(3): 148-152.